应用型本科计算机类专业系列教材

应用型高校计算机学科建设专家委员会组织编写

# 操作系统原理

主　编　徐云龙　李　莉　圣文顺

副主编　葛　坤　刘向玲　苏　梦

　　　　孙靓亚　叶　倩　曹　晋

南京大学出版社

# 内容简介

操作系统主要涉及对计算机软、硬件资源的控制和管理。本书对操作系统的实现原理进行深入的分析,力求做到对操作系统阐述的全面性、系统性、准确性和通俗性,在书中引入了大量的实例以及延伸阅读,以便加深理解操作系统的设计思想,深化对基本概念的掌握。全书共分6章,主要包括:操作系统概述、处理机管理、处理机调度与死锁、存储器管理、设备管理和文件管理。本书可作为高等院校计算机及相关专业的操作系统课程教材,也可作为从事计算机工作及报考计算机相关研究生人员的参考资料。

**图书在版编目(CIP)数据**

操作系统原理 / 徐云龙,李莉,圣文顺主编. —南京 : 南京大学出版社,2022.6

应用型本科计算机类专业系列教材

ISBN 978 - 7 - 305 - 25864 - 0

Ⅰ. ①操… Ⅱ. ①徐… ②李… ③圣… Ⅲ. ①操作系统－高等学校－教材 Ⅳ. ①TP316

中国版本图书馆 CIP 数据核字(2022)第 100835 号

出版发行 南京大学出版社
社　　址　南京市汉口路 22 号　　　　　邮　编　210093
出 版 人　金鑫荣

**书　　名　操作系统原理**
主　　编　徐云龙　李　莉　圣文顺
责任编辑　苗庆松　　　　　　　编辑热线　025 - 83592655
照　　排　南京开卷文化传媒有限公司
印　　刷　南京人文印务有限公司
开　　本　787×1092　1/16　印张 12.75　字数 320 千
版　　次　2022 年 6 月第 1 版　　2022 年 6 月第 1 次印刷
ISBN　978 - 7 - 305 - 25864 - 0
定　　价　39.80 元

网　　址:http://www.njupco.com
官方微博:http://weibo.com/njupco
官方微信号:njupress
销售咨询热线:(025)83594756

# 前　言

　　操作系统是管理和控制计算机硬件与软件资源的计算机程序,是用户和计算机的接口,同时也是计算机硬件和软件的接口,能使计算机系统所有资源最大限度地发挥作用,故操作系统是计算机专业的一门核心课程,在计算机本科教学中占有十分重要的地位。操作系统涉及计算机软件和硬件,其理论性强,内容抽象,需要通过缜密、细致的逻辑思维来想象微观世界中处理器与设备的运行与管理,为此本书对操作系统的实现原理及有关技术进行了深入分析,力求做到通俗易懂,便于读者理解和掌握。

　　本书围绕操作系统主要功能,从原理出发,详细介绍了操作系统有关内容,注重操作系统理论的发展与传承、知识的连贯性与拓展性,并通过精选的示例和图例来帮助读者理解和掌握操作系统知识,对深入理解操作系统原理提供了很好的帮助。

　　全书共分6章:第1章操作系统概述,主要介绍操作系统的基本概念、操作系统的发展过程、操作系统的分类、操作系统运行的硬件环境以及操作系统与用户的接口;第2章处理器管理,主要介绍进程概念、进程状态及转换、进程同步与互斥、临界区的使用、Wait & Signal 操作、进程通信、管程和线程;第3章处理机调度与死锁,主要介绍进程调度、调度算法和进程死锁及预防;第4章存储管理,主要介绍存储管理的基本概念、各种存储管理技术、虚拟存储的思想及实现方法;第5章设备管理,主要介绍 I/O 设备的硬件结构和软件组成、I/O 设备控制方式、设备分配、设备处理和设备管理有关技术;第6章文件管理,主要介绍文件的概念、文件的逻辑结构和物理结构、文件目录、文件存储空间的组织和管理以及文件的共享和保护。

本书结构清晰、内容丰富、取材新颖，既强调知识的实用性，也注重理论的完整性。本书是编者多年在操作系统课程方面获得教学实践成果的总结，同时也汲取了国内外优秀操作系统教材的精华。本书可作为高等院校计算机及相关专业的操作系统课程教材，也可作为从事计算机工作及报考计算机相关研究生人员的参考资料。

限于编者水平，书中难免有疏漏之处，敬请读者赐教。

编　者

2022 年 3 月

# 目　录

第1章　操作系统概述 ············· 001

1.1　计算机系统概述 ········· 001

1.2　操作系统概述 ············· 002

1.2.1　操作系统的定义 ········· 002

1.2.2　操作系统的目标 ········· 003

1.2.3　操作系统的功能 ········· 003

1.3　操作系统的发展 ········· 005

1.3.1　初级阶段 ············· 005

1.3.2　多道程序设计技术 ····· 006

1.3.3　分时技术 ············· 006

1.3.4　实时技术 ············· 007

1.3.5　推动操作系统发展的因素

················ 007

1.4　操作系统的分类及实例 ········ 008

1.4.1　批处理系统 ············· 008

1.4.2　分时系统 ············· 009

1.4.3　实时系统 ············· 010

1.4.4　PC 操作系统 ········· 010

1.4.5　网络操作系统 ········· 010

1.4.6　分布式操作系统 ········· 011

1.4.7　并行操作系统 ········· 012

1.4.8　嵌入式操作系统 ········· 012

1.5　研究操作系统的主要观点 ····· 013

1.5.1　资源管理的观点 ········· 013

1.5.2　进程的观点 ············· 013

1.5.3　使用者的视角 ········· 013

1.6　操作系统的特性及评价 ····· 014

1.6.1　操作系统的特征 ········· 014

1.6.2　操作系统的性能 ········· 014

1.7　小结 ············· 015

思考与习题 ············· 015

拓展阅读 ············· 015

第2章　处理机管理 ············· 020

2.1　进程的引入 ············· 020

2.1.1　单道程序执行及其特点 ··· 020

2.1.2　多道程序并发执行及其特点

················ 021

2.2　进程的描述 ············· 022

2.2.1　进程的定义与特征 ········· 022

2.2.2　进程状态及其转换 ········· 023

2.2.3　进程控制块 ············· 025

2.3　进程控制 ············· 028

2.3.1　操作系统内核 ············· 029

2.3.2　处理机执行状态 ········· 029

2.3.3　进程控制 ············· 030

2.4　进程互斥与同步 ········· 033

2.4.1　临界资源 ············· 033

2.4.2　临界区 ············· 034

2.4.3 进程的互斥 ………… 034
2.4.4 进程同步 ………… 040
2.5 信号量 ………… 041
2.5.1 信号量机制 ………… 041
2.5.2 记录型信号量 ………… 042
2.5.3 信号量实现互斥 ………… 043
2.6 经典进程同步问题 ………… 044
2.6.1 生产者/消费者问题 ………… 044
2.6.2 读者/写者问题 ………… 045
2.6.3 哲学家进餐问题 ………… 048
2.7 进程通信 ………… 049
2.7.1 进程通信的概念 ………… 049
2.7.2 进程通信的方式 ………… 049
2.7.3 Linux 系统的通信机制 … 050
2.8 管程 ………… 051
2.8.1 管程的引入 ………… 051
2.8.2 基本概念 ………… 051
2.8.3 利用管程解决生产者/消费
者问题 ………… 052
2.9 线程 ………… 054
2.9.1 线程的概念 ………… 054
2.9.2 线程管理的实现机制 ……… 055
2.10 小结 ………… 056
思考与习题 ………… 056
拓展阅读 ………… 057

第3章 处理机调度与死锁 …… 062

3.1 多级调度方式 ………… 062
3.1.1 作业调度 ………… 062
3.1.2 内存调度 ………… 063
3.1.3 进程调度 ………… 063
3.2 进程调度 ………… 063
3.2.1 调度的时机 ………… 063

3.2.2 调度的方式 ………… 064
3.2.3 调度的设计准则及性能衡量
………… 065
3.3 调度算法 ………… 068
3.3.1 先来先服务和短进程优先
调度算法 ………… 069
3.3.2 最高响应比优先调度算法
………… 069
3.3.3 时间片轮转调度算法 ……… 070
3.3.4 优先级调度算法 ………… 070
3.3.5 多级反馈队列调度算法 … 075
3.4 死锁 ………… 076
3.4.1 死锁的定义 ………… 076
3.4.2 产生死锁的原因 ………… 076
3.4.3 产生死锁的必要条件 ……… 077
3.4.4 处理死锁的基本方法 ……… 078
3.4.5 死锁的预防 ………… 086
3.4.6 死锁的检测与解除 ………… 087
3.5 小结 ………… 088
思考与习题 ………… 089
拓展阅读 ………… 089

第4章 存储器管理 ………… 091

4.1 存储器管理概述 ………… 091
4.1.1 计算机系统存储层次 ……… 091
4.1.2 从程序到准备执行 ………… 092
4.2 存储管理的功能 ………… 092
4.2.1 存储空间的分配和回收 … 092
4.2.2 主存空间的保护 ………… 095
4.2.3 主存空间的共享 ………… 095
4.2.4 主存空间的扩充 ………… 095
4.3 单一连续存储管理 ………… 096
4.4 分区存储管理 ………… 098

4.4.1 固定分区存储管理 ········ 098

4.4.2 可变分区存储管理 ········ 099

4.4.3 分区分配算法 ············ 100

4.4.4 碎片问题及拼接技术 ····· 103

4.5 分页存储管理 ············ 104

4.5.1 分页存储管理基本思想

·················· 104

4.5.2 分页存储管理的地址变换

·················· 105

4.5.3 相联存储器 ············ 106

4.5.4 基本分页存储系统中的有效

访问时间 ············ 107

4.5.5 多级页表 ············ 108

4.6 分段式存储管理 ············ 110

4.6.1 分段式存储管理基本思想

·················· 110

4.6.2 分段存储管理的地址变换

·················· 110

4.6.3 段的共享与保护 ········· 112

4.6.4 分段存储管理的优缺点

·················· 113

4.7 段页式存储管理 ········· 114

4.7.1 段页式存储管理的实现原理

·················· 114

4.7.2 段页式存储管理的地址变换

·················· 115

4.7.3 段页式存储管理的优缺点

·················· 115

4.8 虚拟存储技术 ············ 116

4.8.1 虚拟存储器概述 ········· 116

4.8.2 请求分页存储管理方式

·················· 116

4.8.3 页面置换算法 ········· 118

4.8.4 抖动问题与工作集 ········ 123

4.8.5 请求分页存储系统中的有效

访问时间 ············ 125

4.8.6 请求分段存储管理方式

·················· 126

4.9 小结 ·················· 127

思考与习题 ·················· 127

拓展阅读 ·················· 129

第5章 设备管理 ············ 133

5.1 设备与设备管理 ············ 133

5.1.1 设备管理概述 ········· 133

5.1.2 I/O设备分类 ············ 134

5.1.3 设备管理的目标与功能

·················· 135

5.2 I/O系统硬件 ············ 136

5.2.1 I/O系统的结构 ········· 136

5.2.2 设备控制器 ············ 137

5.2.3 I/O通道 ············ 137

5.2.4 I/O控制方式 ············ 139

5.3 缓冲区管理 ············ 141

5.3.1 引入缓冲的原因 ········· 142

5.3.2 缓冲的分类 ············ 142

5.4 设备分配 ·················· 146

5.4.1 设备分配概述 ········· 146

5.4.2 设备分配中的数据结构

·················· 146

5.4.3 设备分配的策略和分配方式

·················· 147

5.4.4 设备分配的步骤 ········· 149

5.4.5 设备分配的安全性 ········ 149

5.5 虚拟设备 ·················· 150

5.5.1 SPOOLing系统 ········· 150

5.5.2 SPOOLing 的组成 ········ 150

5.5.3 SPOOLing 工作步骤 ······ 151

5.6 设备处理 ············· 151

5.6.1 设备驱动程序 ········· 151

5.6.2 设备驱动程序的功能 ····· 152

5.6.3 设备处理方式 ········· 153

5.7 I/O 软件 ············· 153

5.7.1 I/O 软件的目标和作用

············· 153

5.7.2 I/O 软件层次 ········· 153

5.7.3 设备无关性 ··········· 154

5.8 磁盘存储管理技术 ······· 154

5.8.1 磁盘存储器结构 ······· 155

5.8.2 磁盘的性能参数 ······· 155

5.8.3 磁盘调度算法 ········· 156

5.8.4 提高磁盘 I/O 速度的方法

············· 158

5.9 小结 ············· 160

思考与习题 ············· 160

拓展阅读 ············· 161

第 6 章 文件管理 ············ 165

6.1 概述 ············· 165

6.1.1 文件的概念 ········· 165

6.1.2 文件的分类 ········· 165

6.1.3 文件系统的引入原因 ····· 166

6.1.4 文件系统的基本功能 ····· 166

6.1.5 文件系统的层次结构 ····· 167

6.1.6 文件系统的实例 ········· 167

6.2 文件的存取方式与逻辑结构

············· 168

6.2.1 文件的存储介质 ········· 168

6.2.2 文件的存储方式 ········· 168

6.2.3 文件的逻辑结构 ········· 169

6.3 文件的物理结构 ········· 169

6.3.1 物理结构概述 ········· 169

6.3.2 文件的物理组织 ········· 170

6.4 目录管理 ············· 175

6.4.1 文件目录 ········· 175

6.4.2 单级目录 ········· 176

6.4.3 二级目录 ········· 176

6.4.4 多级目录 ········· 177

6.4.5 目录查询技术 ········· 178

6.5 文件存储空间的管理 ······ 179

6.5.1 空闲盘块表 ········· 179

6.5.2 空闲块链表 ········· 180

6.5.3 位示图 ········· 180

6.6 文件的操作与使用 ······· 181

6.6.1 文件的操作 ········· 181

6.6.2 文件的使用 ········· 183

6.7 文件的共享 ············· 183

6.7.1 共享文件的形式 ········· 184

6.7.2 共享文件的实现 ········· 184

6.8 文件的保护与保密 ······· 185

6.8.1 文件的保护 ········· 185

6.8.2 文件保护措施 ········· 186

6.8.3 文件的保密 ········· 187

6.9 小结 ············· 188

思考与习题 ············· 188

拓展阅读 ············· 189

参考文献 ············· 193

# 第 1 章

# 操作系统概述

计算机发展到现在,从个人计算机到巨型计算机,全都配置了一种或多种操作系统。本章主要阐述操作系统概念及功能等,为了阐明这些问题,扼要地回顾操作系统的形成和发展过程是必要的。为便于今后的学习,首先介绍操作系统的类型及特点,然后研究操作系统的几种观点,最后介绍操作系统的特性及评价机制。

## 1.1 计算机系统概述

计算机系统由硬件(子)系统和软件(子)系统组成。前者是借助电、磁、光、机械等原理构成的各种物理部件的有机组合,是系统赖以工作的实体。后者是各种程序和文件,用于指挥全系统按指定的要求进行工作。

自 1946 年第一台电子计算机问世以来,计算机技术在元器件、硬件系统结构、软件系统、应用等方面,均有惊人进步,现代计算机系统小到微型计算机和个人计算机,大到巨型计算机及其网络,其形态、特性多种多样,目前已广泛用于科学计算、事务处理和过程控制,日益深入到社会生活各个领域,对社会的进步产生了深刻影响。

图 1-1 为计算机系统的层次结构。计算机系统的内核是硬件系统,是进行信息处理的实际物理装置。最外层是使用计算机的人,即用户。人与硬件系统之间的接口界面是软件系统,它大致可分为系统软件、支撑软件和应用软件三层。

硬件系统主要由中央处理机、存储器、输入输出控制系统和各种外部设备组成。中央处理机是对信息进行高速运算处理的主要部件,其处理速度可达每秒几亿次操作。存储器用于存储程序、数据和文件,常由快速的内存储器(容量可达数 GB,甚至数十 PB)和慢速海量外存储器(容量可达数十 GB 到数百 PB 以上)组成。各种输入输出外部设备是人机间的信息转换器,由输入输出控制系统管理外部设备与主存储器(中央处理机)之间的信息交换。

软件可分为系统软件、支撑软件和应用软件。系统软件由操作系统、实用程序、编译程序等组成,操作系统实施对各种软硬件资源的管理控制。实用程序是为方便用户所设计,如文本编辑程序等。编译程序的功能是把用户用汇编语言或某种高级语言所编写的程序,翻译成机器可执行的机器语言程序。支撑软件有接口软件、工具软件、数据库等,它能

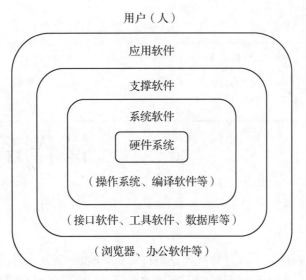

**图1-1　计算机系统的层次结构**

支持软件开发环境,提供软件研制工具,支撑软件也可认为是系统软件的一部分。应用软件是用户按其需要自行编写的专用程序,它借助系统软件和支撑软件来运行,是软件系统的最外层。

## 1.2　操作系统概述

操作系统(OS,Operating System)是管理计算机硬件与软件资源的计算机程序,同时也是计算机系统的内核与基石。操作系统需要处理如管理与配置内存、决定系统资源供需的优先次序、控制输入设备与输出设备、操作网络与管理文件系统等基本事务。操作系统也提供一个让用户与系统交互的操作界面。

### 1.2.1　操作系统的定义

操作系统的宗旨是提高计算机系统的效率、方便用户的使用。为了充分利用计算机系统的各类资源、发挥整个计算机系统的效率,操作系统采用并行处理技术,让多个用户程序同时执行。这是一个资源共享的问题,共享必将导致对资源的竞争。资源共享是指多个计算任务对计算机系统资源的共同使用,资源竞争是指多个计算任务对计算机系统资源的争夺。为了保证系统资源的竞争有条不紊,保证大量的用户程序正确执行,必须有一套科学的、完整的分配策略和方法,其策略和方法就是由操作系统实现的。

操作系统将系统资源很好地管理起来以便充分发挥它们的作用,这不仅是经济上的需要,也是方便用户的需要。比如,若系统不提供文件管理的功能,用户想把程序存放到磁盘上就必须事先了解磁盘信息的存放格式,具体考虑应把自己的程序存放在磁盘的哪一道、哪一个扇区内,诸如此类的问题将使用户望而生畏。特别是多用户的情况下,让用户直接干预各个设备的具体工作更是不可能的,这些工作只能由操作系统来实施。配置了操作系统后,用户通过操作系统使用计算机。用户要使用计算机系统的各类资源,再也不是直接操作物理部件。

## 1.2.2　操作系统的目标

在计算机系统上配置操作系统,其主要的目标是:方便性、有效性、可扩充性和开放性。

### 1. 方便性

一个未配置操作系统的计算机系统是很难使用的。用户如果想直接在计算机硬件上运行自己所编写的程序,就必须用机器语言编写程序。但如果在计算机硬件上配置了操作系统,系统便可以使用编译命令将用户采用高级语言编写的程序翻译成机器代码,或者直接通过操作系统所提供的各种命令操纵计算机系统,极大地方便了用户,使计算机变得易学易用。

### 2. 有效性

有效性所包含的第一层含义是提高系统资源的利用率。在早期未配置操作系统的计算机系统中,诸如处理机、输入/输出设备等都经常处于空闲状态,各种资源无法得到充分利用,因此在当时,提高系统资源利用率是推动操作系统发展的主要动力。有效性的另一层含义是,提高系统的吞吐量。操作系统可以通过合理地组织计算机的工作流程,加速程序的运行,缩短程序的运行周期,从而提高了系统的吞吐量。

方便性和有效性是设计操作系统时最重要的两个目标。在过去很长的一段时间内,由于计算机系统非常昂贵,有效性显得特别重要。然而,随着硬件越来越便宜,在设计配置在微机上的操作系统时,更加重视如何提高用户使用计算机的方便性。因此,在微机操作系统中都配置了深受用户欢迎的图形用户界面,以及为程序员提供大量的系统调用,方便用户对计算机的使用和编程。

### 3. 可扩充性

为适应计算机硬件、体系结构以及计算机应用发展的要求,操作系统必须具有很好的可扩充性。可扩充性的好坏与操作系统的结构有着十分紧密的联系,由此推动了操作系统结构的不断发展:从早期的无结构发展成模块化结构,进而又发展成层次化结构,近年来操作系统已广泛采用微内核结构,微内核结构能方便地增添新的功能和模块,以及对原有的功能和模块进行修改,具有良好的可扩充性。

### 4. 开放性

随着计算机应用的普及,计算机硬件和软件的兼容性问题日益突出,世界各国相应地制定了一系列的软、硬件标准,使得不同厂家按照标准生产的软、硬件都能在本国范围内很好地相互兼容。这无疑给用户带来了极大的方便,也给产品的推广、应用铺平了道路。随着Internet 的迅速发展,计算机操作系统的应用环境由单机环境转向了网络环境,其应用环境就必须更为开放,进而对操作系统的开放性提出了更高的要求。

所谓开放性,是指系统能遵循世界标准规范,特别是遵循开放系统互联(OSI)国际标准。事实上,凡遵循国际标准所开发的硬件和软件,都能彼此兼容,方便地实现互联。开放性已成为 20 世纪 90 年代以后计算机技术的一个核心问题,也是衡量一个新推出的系统或软件能否被广泛应用的至关重要的因素。

## 1.2.3　操作系统的功能

操作系统的功能是管理和控制计算机系统中所有软、硬件资源,合理地组织计算机工作流程,并为用户提供一个良好的工作环境和友好的接口。计算机系统的主要硬件资源有处理机、存储器、输入/输出设备等。软件和信息资源往往以文件形式存储在外存储器上。下面我们从资源管理和用户接口的观点分五个方面来说明操作系统的基本功能。

**1. 处理机管理**

在单道作业或单用户的情况下,处理机为一个作业或一个用户所独占,对处理机的管理十分简单。但在多道程序或多用户的情况下,要组织多个作业同时运行,就要解决对处理机分配调度策略、分配实施和资源回收等问题,这就是处理机管理功能。正是由于操作系统对处理机管理策略的不同,其提供的作业处理方式也就不同,包括批处理方式、分时处理方式和实时处理方式。呈现在用户面前,就成为具有不同性质的操作系统。

**2. 存储器管理**

存储器管理的主要工作是对存储器进行分配、保护和扩充。

(1)内存分配。在内存中除了操作系统等系统软件外,还有一个或多个用户程序。如何分配内存,以保证系统及各个用户程序存储区互不冲突,这是内存分配问题。

(2)存储保护。系统中有多个程序在运行,如何保证一道程序在执行过程中不会有意或无意地破坏另一道程序? 如何保证用户程序不会破坏系统程序? 这是存储保护问题。

(3)内存扩充。当用户作业所需要的内存量超过计算机系统所提供的内存容量时,如何把内部存储器和外部存储器结合起来管理,为用户提供一个容量比实际内存大得多的虚拟存储器,使用起来和内存一样方便,这就是内存扩充所要完成的任务。

**3. 设备管理**

(1)通道、控制器、输入/输出设备的分配和管理。现代计算机常常配置有种类繁多的输入/输出设备,这些设备具有很不相同的操作性能,特别是它们对信息传输和处理的速度差别很大。并且,它们常常是通过通道控制器与主机发生联系的。设备管理的任务就是根据一定的分配策略,把通道、控制器和输入/输出设备分配给请求输入/输出操作的程序,并启动设备完成实际的输入/输出操作。为了尽可能发挥设备和主机的并行工作能力,经常需要采用虚拟技术和缓冲技术。

(2)设备独立性。输入/输出设备种类繁多,使用方法各不相同。设备管理功能应该为用户提供一个良好的统一界面,以使用户能方便、灵活地使用这些设备。

**4. 文件管理**

上面三种管理都是针对计算机硬件资源的管理,而文件管理则是对系统的软件资源的管理。

我们把程序和数据统称为信息或者文件。一个文件在暂时不用时,就被放到外部存储器如磁盘、磁带、光盘等上面保存起来。这样,外存上保存了大量的文件。对这些文件如果不能很好管理,就会引起混乱,甚至遭受破坏,这就是文件管理需要解决的问题。

信息的共享、保密和保护,也是文件系统要解决的问题。如果系统允许多个用户协同工作,那么就应该允许用户共享信息文件,但这种共享应该是受控制的,应该有授权和保密机制,故文件管理还要有一定的保护机制以免文件被非授权用户调用和修改,即使在意外情况下,如系统失效以及用户对文件使用不当,也能尽量保护信息免遭破坏。

### 5.用户接口

前述的四项功能是操作系统对资源的管理。操作系统还为用户提供了方便灵活地使用计算机的手段，即提供一个友好的用户接口。一般来说，操作系统提供两种方式的接口来与用户发生关系，为用户提供服务。

一种用户接口是程序一级的接口，即提供一组广义指令供用户程序和其他系统程序调用。当这些程序要求进行数据传输、文件操作或请求其他资源时，通过这些广义指令向操作系统提出申请，并由操作系统代为完成。

另外一种接口是作业一级的接口，提供一组控制操作命令（如 UNIX 的 Shell 命令）供用户去组织和控制自己作业的运行。典型的作业控制方式分为两大类，分别为脱机控制和联机控制。操作系统提供脱机控制作业语言和联机控制作业语言。

## 1.3　操作系统的发展

操作系统是由客观的需要而产生的，随着计算机技术的发展、计算机体系结构的变化和计算机应用的日益广泛而不断地发展和完善。它的功能由弱到强，在计算机系统中地位也不断提高，以至于成为系统的核心。操作系统的发展与当时的硬件基础和软件技术水平有着密切的关系。

操作系统的发展过程经历了初级、形成和进一步发展三个阶段。操作系统发展的初级阶段可分为早期批处理、脱机批处理和执行系统三个过程。操作系统形成的标志性特征是采用了多道程序设计技术和分时技术，这一阶段出现了批处理操作系统、分时操作系统和实时操作系统。20 世纪 80 年代以来，操作系统得到了进一步的发展，出现了功能更强、使用更为方便的各种不同类型的操作系统。

### 1.3.1　初级阶段

1946 年至 20 世纪 50 年代后期，计算机的发展处于电子管时代，计算机的运算速度很慢（只有几千次/秒）。早期计算机由主机、输入设备、输出设备和控制台组成。人们在早期计算机上采用手工操作方式控制数据的输入或输出，通过设置物理地址启动程序运行，这些手工操作称为"人工干预"。在早期计算机中，由于计算机的运算速度慢，这种人工干预的影响还不算太大。

在 20 世纪 50 年代后期，计算机进入晶体管时代，计算机的速度、容量、外设的品种和数量等方面和电子管时代相比都有了很大的提高，这时手工操作的低速度和计算机运算的高速度之间形成了人机矛盾。表 1-1 所示为人工操作时间与机器有效运行时间的关系，可见人机矛盾的严重性。

表 1-1　人工操作时间与机器有效运行时间的关系

| 机器速度 | 作业在机器上计算所需时间 | 人工操作时间 | 人工操作时间与机器有效运行时间比 |
|---|---|---|---|
| 1 万次/秒 | 1 小时 | 3 分钟 | 1:20 |
| 60 万次/秒 | 1 分钟 | 3 分钟 | 3:1 |

为了解决人机矛盾,必须去掉人工干预,实现作业的自动处理。人们编制了一个小的核心代码,称为监督程序。监督程序实现了作业的自动处理,它常驻内存。这个监督程序就是操作系统的萌芽。

## 1.3.2 多道程序设计技术

批处理系统利用终端和通道技术实现了中央处理机和输入/输出设备的并行操作,解决了高速处理机和低速外部设备的矛盾,提高了计算机的工作效率。但在批处理系统使用过程中发现这种并行还是有限的,并不能完全消除中央处理机对外部传输的等待。虽然中断和通道技术为中央处理机和外部设备的并行操作提供了硬件支持,但是能否实现 CPU 的计算与外部传输的并行操作还依赖于程序的运行特征。如果一个程序只需要 CPU 进行大量的计算,外部设备就无事可做;如果一个程序需要的是大量输入/输出传输,CPU 就不得不处于等待状态。为了解决这一问题,操作系统采用了多道程序设计技术。

多道程序设计技术是在计算机主存中同时存放多道相互独立的程序,它们在操作系统控制下,相互穿插运行。当某道程序因某种原因不能继续运行下去时(如等待外部设备传输),操作系统便将另外一道程序投入运行,这样可以使 CPU 和各外部设备尽可能地并行操作,从而提高计算机的使用效率。

## 1.3.3 分时技术

在批处理系统中引入了多道程序设计技术后,实现了多道批处理。在这样的系统中,大量的用户程序以作业为单位成批进入系统,而用户使用计算机的方式为脱机操作方式。在脱机方式下,程序运行过程中用户不能直接实施控制,必须在程序提交给系统时考虑程序运行中有可能出现的问题和处理的方法。用户使用系统提供的作业控制语言写好操作说明书,连同程序和数据一起提交给系统。以脱机方式使用计算机,对用户来说非常不方便。

人们希望能直接控制程序的运行,这种操作方式称为联机操作方式。在此方式下,一方面,操作员可以通过终端向计算机发出各种控制命令;另一方面,系统在运行过程中输出一些必要的信息,如给出提示符、报告运行情况和操作结果等,让用户根据这些信息决定下一步的工作,这样用户和计算机之间就可以"交互会话"。

计算机技术和软件技术发展到 20 世纪 60 年代中期,主机速度不断提高,使一台计算机同时为多个终端用户服务成为可能。操作系统采用了分时技术,使每个终端用户都能够在自己的终端设备上以联机方式使用计算机,好像自己独占机器一样。

所谓分时技术,是把处理机时间划分成很短的时间片(如几百 ms)轮流地分配给各个用户程序使用,如果某个用户程序在分配的时间片用完时还未完成计算,该程序就暂停执行,等待下一时间片继续计算,此时处理机让给另一个用户程序使用。这样每个用户的各自要求都能得到快速响应,给每个用户的印象都是独占一台计算机。采用分时技术的系统称为分时系统,分时系统的响应时间一般为 ms 级。

在多道程序设计技术和分时技术的支持下,出现了批处理系统和分时系统,在这两类系统中配置的操作系统分别称为批处理操作系统和分时操作系统,这两类操作系统的出现标志着操作系统的形成。

## 1.3.4　实时技术

计算机开始用于生产过程的控制中,形成了实时系统。随着计算机性能的不断提高,计算机的应用领域越来越广泛。例如,炼钢、化工生产的过程控制,航天和军事防空系统中的实时控制。更为重要的是计算机广泛应用于信息管理,如仓库管理、医疗诊断、气象监控、地质勘探等。

实时处理的"实时"是指计算机对于外来信息能够在被控对象允许的截止期限内做出反应。实时系统的响应时间是根据被控对象的要求决定的,一般要求秒级、毫秒级、微秒级,甚至更快的响应时间。

## 1.3.5　推动操作系统发展的因素

操作系统自 20 世纪 50 年代诞生后,经历了由简单到复杂、由低级到高级的发展过程。在短短几十年的时间里,操作系统在各方面都有了长足的进步,能够很好适应计算机硬件和体系结构的快速发展,以及应用需求的不断变化。推动操作系统发展的主要因素如下:

### 1. 不断提高计算机资源利用率

在计算机发展的初期,计算机系统特别昂贵,人们必须千方百计提高计算机系统中各种资源的利用率,这就是操作系统最初发展的推动力。由此形成了能自动对一批作业进行处理的多道批处理系统。20 世纪 60 和 70 年代又分别出现了能够有效提高 I/O 设备和 CPU利用率的 SPOOLing 系统,以及极大地改善存储器系统利用率的虚拟存储器技术,此后在网络环境下,通过在服务器上配置网络文件系统和数据库系统的方法,将资源提供给全网用户共享,又进一步提高了资源的利用率。

### 2. 方便用户对程序进行调试和修改

当资源利用率低的问题得到基本的解决后,用户在上机、调试程序时的不方便性便成了主要矛盾。这又成为继续推动操作系统发展的主要因素。20 世纪 60 年代,分时系统的出现,不仅提高了系统资源的利用率,还能实现人机交互,使用户能像早期使用计算机时一样,感觉自己是独占全机资源,对其进行直接操控,极大地方便了程序员对程序进行调试和修改的操作。90 年代初,图形用户界面(GUI)的出现受到用户广泛的欢迎,进一步方便了用户对计算机的使用,这无疑又加速推动了计算机的迅速普及和广泛应用。

### 3. 器件的不断更新换代

随着 IT 信息技术的飞速发展,尤其是微机芯片的不断更新换代,使得计算机的性能快速提高,从而也推动了操作系统的功能和性能迅速增强和提高。例如当微机芯片由 8 位发展到 16 位、32 位和 64 位,此时,相应操作系统也就由 8 位操作系统发展到 16 位和 32 位,进而又发展到 64 位操作系统,操作系统的功能和性能也都有了显著的增强和提高。

与此同时,外部设备也在迅速发展,操作系统所能支持的外部设备也越来越多,如现在的微机操作系统已能够支持种类繁多的外部设备,除了传统的外设外,还可以支持光盘、移动硬盘、闪存盘、扫描仪、数码相机等。

### 4. 计算机体系结构的不断发展

计算机体系结构的发展,也不断推动着操作系统的发展,并产生了新的类型。例如当计算机由单处理机系统发展为多处理机系统,相应地,操作系统由单处理机发展为多处理机。又如当出现了计算机网络后,配置在计算机网络上的网络操作系统也就应运而生,它不仅能有效地管理好网络中的共享资源,而且还向用户提供了许多网络服务。

### 5. 不断提出新的应用需求

操作系统能如此迅速发展的另一个重要原因是,人们不断提出新的应用需求。例如,为了提高产品的质量和数量,需要将计算机应用于工业控制中,此时在计算机上就需要配置能进行实时控制的操作系统,由此产生了实时操作系统。此后,为了能满足用户在计算机上听音乐、看电影或者玩游戏等需求,又在操作系统中增添了多媒体功能。另外,由于在计算机系统中保存了越来越多的重要信息,致使能够确保系统的安全性也成为操作系统必须具备的功能。尤其是随着超大规模集成电路(VLSI, Very Large Scale Integration)的发展,计算机芯片的体积越来越小,价格也越来越便宜,大量智能设备应运而生,这样,嵌入式操作系统的产生和发展也成了一种必然。

## 1.4 操作系统的分类及实例

随着计算机技术和软件技术的发展,形成了各种类型的操作系统,以满足不同的应用要求。根据其使用环境和对作业处理方式不同,操作系统可分为如下几种基本类型:

(1) 批处理操作系统;

(2) 分时操作系统;

(3) 实时操作系统;

(4) PC 操作系统;

(5) 网络操作系统;

(6) 分布式操作系统;

(7) 并行操作系统;

(8) 嵌入式操作系统。

### 1.4.1 批处理系统

批处理操作系统是一种早期的大型机操作系统,不过现代操作系统大都具有批处理功能。图 1-2 给出了批处理系统中作业处理的步骤及状态。

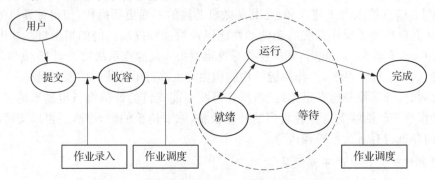

图 1-2 批处理系统中作业处理的步骤及状态

批处理系统的主要特性如下：

### 1. 用户脱机使用计算机

用户提交作业之后直到获得结果之前就不再和计算机打交道。作业提交的方式可以是直接交给计算中心的操作员，也可以是通过远程通信线路提交。提交的作业由系统外存收容成为后备作业。

### 2. 批处理

操作员把用户提交的作业分批进行处理。每批中的作业将由操作系统或者监督程序负责作业间自动调度执行。

### 3. 多道程序设计

按多道程序设计的调度原则，从一批后备作业中选取多道作业调入内存并组织它们运行，称为多道批处理。

多道批处理系统的优点是由于系统资源为多个作业所共享，其工作方式、作业之间自动调度执行，并在运行过程中用户不干预自己的作业，从而大大提高了系统资源的利用率和作业吞吐量。其缺点是缺乏交互性，用户一旦提交作业后就失去了对其运行的控制能力，而且成批处理后，作业周转时间长，用户使用不方便。

## 1.4.2 分时系统

分时系统一般采用时间片轮转的方式，使一台计算机为多个终端用户服务。对每个用户能保证足够快的响应时间，并提供交互会话能力。因此它具有下述特点：

### 1. 交互性

交互会话工作方式给用户带来了许多好处。首先，用户可以在程序动态运行的情况下对其加以控制，从而加快调试过程，提供了软件开发的良好环境。其次，提交作业方便，特别对于远程终端用户，不必将其作业交给机房，在自己的终端上就可以提交、调试、运行程序。最后，分时系统还为用户之间进行合作提供方便，它们可以通过文件系统、电子邮件或其他通信机制彼此交换数据和信息，共同完成某项任务。

### 2. 同时性

多个用户同时在自己的终端上上机，共享 CPU 和其他资源，充分发挥系统的效率。

### 3. 独立性

由于采用了时间片轮转方式，使一台计算机同时为多个终端服务，对于每个用户的操作命令能快速响应，因此，客观效果上用户彼此之间都感觉不到别人也在使用该台计算机，如同自己独占计算机一样。

分时操作系统是一个联机的多用户交互式的操作系统。UNIX 是当今最流行的一种多用户分时操作系统，其前身有 CTSS（Compatible Time Sharing System）和 MULTICS（MULTiplexed Information and Computing System）。前者是一个实验性的分时系统，在1963 年由 MIT 研制成功。后者是由 MIT、Bell 实验室、GE 公司联合在 1965 年开始设计的，尽管它并没有取得最后成功，但对 UNIX 的研制是有影响的。

### 1.4.3 实时系统

实时系统是另外一类联机的操作系统,它主要随着计算机应用于实时控制和实时信息处理领域中而发展起来的。

实时系统的主要特点是提供及时响应和高可靠性。系统必须保证实时信息的分析和处理的速度比其进入系统的速度要快,而且系统本身要安全可靠,因为像生产过程的实时控制、武器系统的实时控制、航空订票、银行业务等实时事务系统,信息处理的延误或丢失往往会带来不堪设想的后果。实时系统往往具有一定的专用型,它大多用于嵌入式计算中。与批处理系统、分时系统相比,实时系统的资源利用率可能比较低。

设计实时操作系统要考虑如下一些因素:

(1) 实时时钟管理(定时处理和延时处理)。

(2) 连续的人机对话,这对实时控制往往是必需的。

(3) 过载保护。在实时系统中进入系统的实时任务的时间和数目有很大的随意性,因而在某一时刻有可能超出系统的处理能力,这就是所谓过载问题,要求采取过载保护措施。例如对于短期过载,把输入任务按一定的策略在缓冲区排队,等待调度;对于持续性过载,可能要拒绝某些任务的输入。在实时控制系统中,则及时处理某些任务,放弃某些任务或降低对某些任务的服务频率。

(4) 高度可靠性和安全性需采取冗余措施。双机系统前后台工作,包括必要的保密措施等。

### 1.4.4 PC 操作系统

个人计算机(PC,Personal Computer)上的操作系统是联机的交互式单用户操作系统,它提供的联机交互功能与通用分时系统所提供的很相似。由于是个人专用,因此在多用户和分时性对处理机调度、存储保护方面的要求要简单很多。然而,由于 PC 的应用普及,对于提供方便友好用户接口的要求会愈来愈迫切。

多媒体技术已迅速进入 PC 系统,多媒体计算机给办公室、家庭和个人提供声、文、图、数据等全面的信息服务。它要求计算机具有高速信号处理、大容量的内存和外存、大数据量宽频带传输等能力,能同时处理多个实时事件。要求有一个具有高速数据处理能力的实时多任务操作系统。目前在 PC 上用的操作系统以 Windows 系列和 Linux 系列为主。

### 1.4.5 网络操作系统

计算机网络是通过通信设施将物理上分散的具有自治功能的多个计算机系统互联起来的,实现信息交换、资源共享、可互操作和协作处理的系统。它具有如下四个特征:

(1) 计算机网络是一个互联的计算机系统的群体。这些计算机系统在物理上是分散的,可在一个房间里,在一个单位里,在一个城市或几个城市里,甚至在全国或全球范围内。

(2) 这些计算机是自治的,每台计算机有自己的操作系统,各自独立工作,它们在网络协议控制下协同工作。

(3) 系统互联要通过通信设施(硬件、软件)来实现。

(4) 系统通过通信设施执行信息交换、资源共享、互操作和协作处理,实现多种应用要求。互操作和协作处理是计算机网络应用中更高层次的要求特征。它需要有一个支持互联的网络环境下的一种计算机系统之间的进程通信，实现协同工作的应用集成。

网络操作系统的研制和开发是在原来各自计算机操作系统的基础上进行的。按照网络体系结构的各个协议标准进行开发，包括网络管理、通信、资源共享、系统安全和多种网络应用服务等达到上述方面的要求。

由于网络计算的出现和发展，现代操作系统的主要特征之一就是具有上网功能，因此，除了在 20 世纪 90 年代初期，Novell 公司的 Netware 等系统被称为网络操作系统之外，人们一般不再特指某个操作系统为网络操作系统。

## 1.4.6　分布式操作系统

分布式操作系统通过通信网络将物理上分布的具有自治功能的数据处理系统或计算机系统互联起来，实现信息交换和资源共享，协作完成任务。与计算机网络系统相比，区别如下：

（1）作为计算机网络，有明确的通信网络协议体系结构及一系列协议簇。无论是广域网 WAN、局域网 LAN，即 ISO/OSI 开放式系统互联体系结构及一系列标准协议（或 IEEE、CCITT 相应的标准），计算机网络的开发都遵循协议，而对于各种分布式操作系统并没有指定标准的协议。

（2）分布式操作系统要求统一的操作系统，实现系统操作的统一性。为了把数据处理系统的多个通用部件合并成一个具有整体功能的系统，必须引入一个高级操作系统。各处理机有自己的私有操作系统，必须有一个策略使整个系统融为一体，这就是高级操作系统的任务，它可以有两种形式出现：一种形式是在每个处理机的私有操作系统之外独立存在，私有操作系统可以识别和调用它；另一种是在每个处理机私有操作系统的基础上加以扩展。对于各个物理资源的管理，高级操作系统和每个私有操作系统之间，不允许有明显的主从管理关系。在计算机网络中，实现全网统一管理的网络管理系统已成为越来越重要的组成部分。

（3）系统的透明性。分布式操作系统负责全系统的资源分配和调度、任务划分、信息传输控制协调工作，并为用户提供一个统一的界面与标准的接口，用户通过这一界面实现所需要的操作和使用系统资源，至于操作最终在哪一台计算机上执行或使用哪台计算机的资源则是系统的事，用户是无需知道的，也就是系统对用户是透明的。但是对计算机网络，若一个计算机上的用户希望使用另一台计算机上的资源，则必须明确指明是哪台计算机。

（4）分布式系统的基础是网络。它和常规网络一样具有模块性、并行性、自治性和通用性等特点，但它比常规网络又有进一步的发展。因为分布式系统已不仅是一个物理上的松散耦合系统，同时还是一个逻辑上紧密耦合的系统。分布式系统由于更强调分布式计算和处理，因此对于多机合作和系统重构、坚强性和容错能力有更高的要求，希望系统有更短的响应时间、高吞吐量和高可靠性。

（5）分布式系统还处于研究阶段，目前还没有真正实用的系统。而计算机网络已经在各个领域得到广泛的应用。20 世纪 90 年代出现的网络计算已使分布式系统变得越来越现实。特别是 SUN 公司的 Java 语言和运行在各种通用操作系统之上的 Java 虚拟机和 Java 操作系统的出现，更进一步加快了这一趋势。另外，软件构件技术的发展也加快了分布式操作系统的实现。

### 1.4.7 并行操作系统

并行操作系统是一种挖掘现代高性能计算机和现代操作系统潜力的计算机操作系统，能够最大限度地提高并行计算系统的计算能力。并行操作系统是针对计算机系统的多处理机要求设计的，它除了完成单一处理机系统同样的作业与进程控制任务外，还必须能够协调系统中多个处理机同时执行不同作业和进程，或者在一个作业中由不同处理机进行处理的系统协调。因此，在系统的多个处理机之间活动的分配、调度也是操作系统的主要任务。

并行操作系统是随着并行计算机的发展而发展的。早期的并行计算机只是简单地利用向量板或数组机来提高串行计算机的性能，此时操作系统最多只需要做一些诸如加载的简单操作，并不算并行操作系统。最早的并行操作系统应该是美国的卡内基梅隆大学于 1975 年在 16 台 PDP11/40 互联而成的 C.mmp 上实现的 Hydra 系统。

并行操作系统在发展初期具有一个较明显的特征，即大量地使用专门的汇编语言来编写专用操作系统。这样做的原因，一是当时高级语言对并行的描述还不完善；二是发展较成熟的操作系统如 UNIX 通常存在巨大的系统开销，这与并行机的系统结构和昂贵代价不适应，因此要使并行机达到较高的性能必须采用高效的汇编语言，以针对并行计算机的自身特点和其特殊的应用领域来编写操作系统。

随着并行计算机的普及，传统的 UNIX 厂商（从 USL 到 NOVELL、SCO、HP）为了自身的生存，均对传统的 UNIX 的结构进行修改，吸收许多的新技术、新功能，以适应并行计算机市场的需要。例如推出了支持多处理机的 UNIX System V Release 4.2 for MP 以及 UNIX Ware 2.0。在 1998 年 2 月，SCO 和 HP 还联合发布了下一代 64 位 UNIX 的开发计划，在该计划中，首次提出了操作系统的三维体系结构（3DA）构想，从而更好地有利于操作系统的并行性的开发。

### 1.4.8 嵌入式操作系统

嵌入式操作系统（Embedded Operating System，EOS）是一种用途广泛的系统，过去它主要应用于工业控制和国防系统领域。EOS 负责嵌入系统的全部软硬件资源的分配、任务调度、控制、协调并发活动。随着 Internet 技术的发展、信息家电的普及应用及 EOS 的微型化和专业化，EOS 开始从单一的弱功能向高专业化的强功能方向发展。嵌入式操作系统在系统实时高效性、硬件的相关依赖性、软件固化以及应用的专用性等方面具有较为突出的特点。

嵌入式操作系统将是未来嵌入式系统中必不可少的组件，其未来发展趋势包括以下六个方面：

（1）定制化：嵌入式操作系统将面向特定应用提供简化型系统调用接口，专门支持一种或一类嵌入式应用。嵌入式操作系统将具备可伸缩性、可裁减的系统体系结构，提供多层次的系统体系结构。嵌入式操作系统将包含各种即插即用的设备驱动接口。

（2）节能化：嵌入式操作系统继续采用微内核技术，实现小尺寸、微功耗、低成本以支持小型电子设备。同时，提高产品的可靠性和可维护性。嵌入式操作系统将形成最小内核处理集,减小系统开销,提高运行效率,并可用于各种非计算机设备。

(3) 人性化:嵌入式操作系统将提供精巧的多媒体人机界面,以满足不断提高的用户需求。

(4) 安全化:嵌入式操作系统应能够提供安全保障机制,源码的可靠性越来越高。

(5) 网络化:面向网络与特定应用,嵌入式操作系统要求配备标准的网络通信接口。嵌入式操作系统的开发将越来越易于移植和联网。嵌入式操作系统将具有网络接入功能,提供 TCP/UDP/IP/PPP 协议支持及统一的 MAC 访问层接口,为各种移动计算设备预留接口。

(6) 标准化:随着嵌入式操作系统的广泛应用的发展,信息交换、资源共享机会增多等问题的出现,需要建立相应的标准去规范其应用。

## 1.5　研究操作系统的主要观点

上面几节,我们讨论了操作系统的基本概念、操作系统的目标、操作系统的发展以及操作系统的分类,使我们认识到,操作系统是计算机资源有效使用的管理者和为用户提供的接口。这实质上代表了一种讨论操作系统的观点。下面我们简单讨论一下操作系统研究中的不同观点,这些观点并不矛盾,只是代表了对同一事物站在不同角度来看待。每一种观点都有助于理解、分析和设计操作系统。

### 1.5.1　资源管理的观点

前面已经指出操作系统就是用来管理和控制计算机系统软、硬件资源的程序的集合,它提供了处理机管理、存储管理、设备管理和文件管理等功能。对每种资源的管理都可以从资源情况记录、资源分配策略、资源分配和资源回收等几个方面来加以讨论。

### 1.5.2　进程的观点

把操作系统看作计算机系统的资源管理者,实际上是一种静态的观点,这种观点没有提出一个程序在系统中运行的本质过程和管理资源的各种子程序存在的关系。实质上操作系统调用当前程序运行是一个动态过程,特别是现代操作系统的一个重要特征是并发性。并发性是指操作系统控制很多能并发执行的程序段。当然这些并发执行的程序是在多处理机系统中可能是真正并行执行的,但在单处理机情况下则是宏观并行、微观顺序执行的。它们可以完全独立运行,也可间接或者直接方式互相依赖和制约。因此只用"操作系统是资源管理程序"这一概念不能解释它们在系统中活动联系及其状态变化,从而引进"进程"概念,有时也称为"任务"或者"活动"。所谓进程是指并发程序的执行。

用进程观点来研究操作系统就是围绕进程运行过程,即用并发程序执行过程来讨论操作系统,那么我们能讨论清楚"这些资源管理程序在系统中进行活动的过程",对操作系统功能就能获得更多的认识。

### 1.5.3　使用者的视角

对于用户来说,对操作系统的内部结构并没有多大的兴趣,他们最关心的是如何利用操作系统提供的服务来有效地使用计算机。因此操作系统提供了什么样的用户界面成为关键问题,即用户的接口问题。

## 1.6 操作系统的特性及评价

为了充分利用计算机系统的资源,操作系统一般采用多个同时性用户共享的策略。由于当前计算机系统结构大多数仍然是以顺序计算为基础的存储程序式计算机,因此操作系统在解决并行处理问题时,采用了多道程序设计和分时技术等。

### 1.6.1 操作系统的特征

#### 1. 并发

并发是指在某一时间间隔内计算机系统内存在多个程序活动。并发与并行是两个相似又有区别的概念。并行是指在同一时刻计算机内有多个程序都在执行,这只有在多 CPU 的系统中才能实现。在单 CPU 的计算机系统中,多个程序是不可能同时执行的。并发是从宏观上看是多个程序的运行活动,这些程序在串行地、交错地运行,由操作系统负责这些程序之间的运行切换,人们从外部宏观上观察,有多个程序都在系统中运行。

#### 2. 共享

共享是指多个计算任务对系统资源的共同享用。进入系统的各应用程序在其活动期间,都需要各类系统资源,如申请使用 CPU、请求文件信息的读写、请求数据的输入/输出等,操作系统必须解决资源分配的策略、分配方法等问题。对信息资源的共享还需要提供保护手段,如实施存取控制等措施,以保证信息资源的安全。

#### 3. 虚拟

操作系统向用户提供了比直接逻辑简单方便得多的高级的抽象服务,从而为程序员隐藏了硬件操作复杂性,这就相当于在原先的物理计算机上覆盖了一至多层系统软件,将其改造成一台功能更强大而且易于使用的扩展机或虚拟机。例如,分时系统就是把一个计算机系统虚拟为多台逻辑上独立、功能相同的系统,SPOOLing 系统可以将一台输入/输出设备虚拟为多台逻辑设备,或将一台互斥共享设备虚拟成同时共享设备。一条物理信道也可虚拟为具有很多"端口"的多个逻辑信道。

#### 4. 不确定性

操作系统能处理多个事件,如用户在终端上按中断按钮、程序运行时发生错误、一个程序正在运行、点击发出中断信号等。这些事件的产生是随机的(即随时都有可能发生),而且大多数情况下,发生的先后次序又有多种可能,即时间组成的序列数量是巨大的,操作系统可以处理各种事件序列,使用户的各种计算任务正确完成。

### 1.6.2 操作系统的性能

操作系统的性能主要从以下八个方面来进行评价:

(1) 可靠性:系统在正常条件下不发生故障或失效的概率。

（2）可维护性：用平均故障修复时间来度量。

（3）可用性：正常工作的概率。

（4）系统吞吐量：单位时间内完成的作业数量。

（5）系统响应时间：从输入到回应所需的时间。

（6）资源利用率：资源（CPU、内存、I/O 设备）实际使用比例。

（7）可移植性：将操作系统移植到另一机型所需工作量。

（8）方便用户：用户界面友好，使用灵活方便。

## 1.7　小结

一个完整的计算机系统是由硬件和软件组成的，硬件是软件建立活动的基础，而软件是对硬件功能的扩充。

操作系统的基本特征为并发性、共享性、虚拟性和不确定性。操作系统一般有如下功能：处理机管理、存储器管理、设备管理、文件管理等。我们要从以下几个方面理解操作系统：操作系统是一种软件；操作系统为用户提供服务；操作系统是一种虚拟机；操作系统是一种资源管理器。

从操作系统的类型看，操作系统分为批处理操作系统、分时操作系统、实时系统、PC 操作系统、网络操作系统、分布式操作系统、嵌入式操作系统等。目前使用最为广泛的操作系统有 UNIX 操作系统、Linux 操作系统和 Windows 操作系统。

## 思考与习题

**1.** 操作系统的作用可表现在哪几个方面？

**2.** 操作系统的主要功能是什么？

**3.** 操作系统主要有哪几种分类，并且分别应用到何种领域？

**4.** 操作系统有哪几大特征？其最基本的特征是什么？

**5.** 操作系统的性能主要从哪几个方面进行评价？

 **拓展阅读**

### 操作系统的发展历程

操作系统有：DOS 操作系统；MS-DOS 操作系统；Windows 系统；UNIX 系统；Linux 系统；OS/2 系统。

1. DOS 操作系统

DOS 是 Disk Operating System 的缩写，意思是磁盘操作系统。DOS 是 1981～1995 年的个人电脑上使用的一种主要的操作系统。由于早期的 DOS 系统是由微软公司为 IBM 的个人电脑（PC）开发的，故而称之为 PC-DOS，又以其公司命名为 MS-DOS，因此后来其他公司开发的与 MS-DOS 兼容的操作系统，也沿用了这种称呼方式，如：DR-DOS、Novell-DOS，以及国人开发的汉字 DOS(CC-DOS)等等。

DOS 的发展,从早期 1981 年不支持硬盘分层目录的 DOS 1.0,到当时广泛流行的 DOS 3.3,再到非常成熟支持 CD-ROM 的 DOS 6.22,以及后来隐藏到 Windows 9X 下的 DOS 7.X,前前后后经历了 20 年,至今仍然活跃在 PC 舞台上,扮演着重要的角色。

### 2. MS-DOS 操作系统

最基本的 MS-DOS 系统由一个基于主引导记录(硬盘才有主引导记录,软盘没有主引导记录)启动扇区位于第 0 磁道的扇区中,内容上与硬盘的 MBR 略有不同的 BOOT 引导程序和三个文件模块组成。这三个模块是输入/输出模块(IO.SYS)、文件管理模块(MSDOS.SYS)及命令解释模块(不过在 MS-DOS 7.0 中,MSDOS.SYS 被改为启动配置文件,而 IO.SYS增加了 MSDOS.SYS 的功能)。除此之外,微软还在零售的 MS-DOS 系统包中加入了若干标准的外部程序(即外部命令),这才与内部命令一同构建起一个在磁盘操作时代相对完备的人机交互环境。

1980 年,西雅图电脑产品公司(Seattle Computer Products)的一名 24 岁的程序员蒂姆·帕特森(Tim Paterson)花费了四个月时间编写出了 86-DOS 操作系统。1981 年 7 月,微软以五万美元的代价向西雅图公司购得该产品的全部版权,并将它更名为 MS-DOS。最早在 1979 年底,Seattle Computer 公司开发了第一款基于 8086 芯片的操作系统 CP/M-86,经过改进后推出了 QDOS,并在 1980 年推出了 86-DOS 0.3 版,比尔·盖茨以极低的价格买下了 86-DOS 的销售经营权。1981 年 4 月,Seattle Computer 正式发布了 86-DOS V1.0 版,微软在当年 7 月将 86-DOS 的版权和其他所有权利买断,并将其改名为 MS-DOS 向市场发布。这是微软赖以发迹的第一个成功的操作系统产品。

### 3. Windows 发展历史

Windows 起源可以追溯到 Xerox 公司进行的工作。1970 年,美国 Xerox 公司成立了著名的研究机构 Palo Alto Research Center(PARC),从事局域网、激光打印机、图形用户接口(GUI,Graphical User Interface)和面向对象(OO,Object Oriented)技术的研究,并于 1981 年宣布推出世界上第一个商用的 GUI 系统 Star8010 工作站。但如后来许多公司一样,由于种种原因,技术上的先进性并没有给它带来所期望的商业上的成功。当时,Apple Computer 公司的创始人之一 Steve Jobs 在参观 Xerox 公司的 PARC 研究中心后,认识到了图形用户接口的重要性以及广阔的市场前景,开始着手进行自己的 GUI 系统研发工作,并于 1983 年研制成功第一个 GUI 系统 Apple Lisa。随后不久,Apple 又推出第二个 GUI 系统 Apple Macintosh,这是世界上第一个成功的商用 GUI 系统。Apple 公司在开发 Macintosh 时,出于市场战略上的考虑,只开发了 Apple 公司自己微机上的 GUI 系统,而此时,基于 Intel x86 微处理机芯片的 IBM 兼容微机已渐露峥嵘。这样,就给 Microsoft 公司开发 Windows 提供了发展空间和市场。

Microsoft 公司早就意识到建立行业标准的重要性,在 1983 年春季就宣布开始研发 Windows,希望它能够成为基于 Intel x86 微处理芯片计算机上的标准 GUI 操作系统。它在 1985 年和 1987 年分别推出 Windows 1.03 版和 Windows 2.0 版。但是,由于当时硬件和 DOS 操作系统的限制,这两个版本并没有取得很大的成功。此后,Microsoft 公司对 Windows 的内存管理、图形界面做了重大改进,使图形界面更加美观并支持虚拟内存。

Microsoft 于 1990 年 5 月推出 Windows 3.0 并一炮打响。这个"千呼万唤始出来"的操作系统一经面世便在商业上取得惊人的成功：不到 6 周，Microsoft 公司销出 50 万份 Windows 3.0 拷贝，打破了任何软件产品的 6 周销售纪录，从而一举奠定了 Microsoft 在操作系统上的垄断地位。

### 4. UNIX 系统

UNIX 系统自 1969 年踏入计算机世界，虽然目前市场上面临一些操作系统（如 Windows）强有力的竞争，但是它仍然是笔记本电脑、PC、PC 服务器、中小型机、工作站、大巨型机及群集、SMP、MPP 上全系列通用的操作系统。而且以其为基础形成的开放系统标准（如 POSIX）也是迄今为止唯一的操作系统标准，即使是其竞争对手或者目前还尚存的专用硬件系统（某些公司的大中型机或专用硬件）上运行的操作系统，其界面也是遵循 POSIX 或其他类 UNIX 标准的。从此意义上讲，UNIX 就不只是一种操作系统的专用名称，而成了当前开放系统的代名词。

UNIX 系统的转折点是 1972 年到 1974 年，因 UNIX 用 C 语言写成，把可移植性当成主要的设计目标。1988 年开放软件基金会成立后，UNIX 经历了一个辉煌的历程。成千上万的应用软件在 UNIX 系统上开发并施用于几乎每个应用领域。UNIX 从此成为世界上用途最广的通用操作系统。UNIX 不仅大大推动了计算机系统及软件技术的发展，从某种意义上说，UNIX 的发展对推动整个社会的进步也起了重要的作用。

### 5. Linux 操作系统

Linux 是一种自由和开放源代码的类 UNIX 操作系统。定义 Linux 的组件是 Linux 内核，该操作系统内核由林纳斯·托瓦兹在 1991 年 10 月 5 日首次发布。严格来讲，术语 Linux 只表示操作系统内核本身，但通常采用 Linux 内核来表达该意思，Linux 则常用来指基于 Linux 内核的完整操作系统，包括 GUI 组件和许多其他实用工具。

### 6. OS/2 操作系统

OS/2 是 Operating System 2 的缩写，意思为第二代操作系统。在 DOS 于 PC 上的巨大成功后，以及 GUI 图形化界面的潮流影响下，IBM 和 Microsoft 共同研制和推出了 OS/2 这一当时先进的个人电脑上的新一代操作系统。

### 7. 我国操作系统的发展

从 PC 时代到移动互联网，操作系统的国产化之路走得格外艰难。简单梳理一下，我们会发现国产操作系统经历了两个成长期：

（1）从无到有

从 80 年代 PC 进入中国市场，到桌面互联网蓬勃发展，这之后的时间里，Windows 雄踞全球 PC 市场，中国的 IT 产业自然只能亦步亦趋，跟随微软操作系统的脚步。无论是从业者的技术能力与认知时差，还是整体的开发与测试环境，并不足以支撑中国 IT 产业在独立研发上走向繁荣。

直到 2001 年，以国家力量联合产业界与学术界（国防科大、中软、联想、浪潮、民族恒星），推出了最早的商业闭源操作系统——麒麟操作系统（Kylin OS），打响了国产操作系统的第一枪。

此后数年间,接连出现了威科乐恩 Linux、起点操作系统、凝思磐石安全操作系统、共创 Linux、思普、中科方德桌面、普华 Linux、中兴新支点等多个国产操作系统方案。

总的来说,这一阶段新系统看起来层出不穷,但都是基于开源系统 Linux 的变种,对其进行改进和强化,比如在 ATM 机上广泛使用的红旗 Linux;同时,Windows 的人才虹吸效应太强,与软硬件厂商也形成了稳定的利益联动,导致国产系统根本无法获取到足够发展的产业链上下游资源,因此也只能是小打小闹一番,众多系统相加也比不上"巨无霸"微软的市场当量。

(2) 壮志难酬

以手机为代表的移动智能终端崛起,似乎到了为 PC 系统失利"挽尊"的关键历史时刻。然而,直到 2020 年,移动互联网终端的操作系统,依然被苹果 iOS 和谷歌安卓两大阵营牢牢地掌握在手里。值得注意的是,在这一阶段,国产操作系统并非集体屏弱。事实上,这一时期不仅华为海思、中星国际等半导体厂商相继发力,推出了自研的麒麟处理机;以"中华酷联"为代表的手机厂商,以及 BAT 等互联网巨头,也相继加入了第三方 ROM,试图在操作系统上分一杯羹。而需要基于安卓手机架构和接口进行开发的国产手机厂商,自然也只能在安卓系统上进行小修小改的微创新,比如小米的 MIUI。

回顾中国人的操作系统往事,可以发现两个亦喜亦悲的趋势:一是产业基础日渐深厚,技术研发人才、商业力量、软硬件设施等都在逐渐壮大;二是接连败于生态,无论是计算机系统、商业操作系统,还是智能手机系统,都曾有过不少亮点,但接连被巨头不断繁荣优化的生态体系而悄无声息地吞没。

再度出发:驶向 AI 地基上的"无人区"

从 PC 互联网到移动互联网,可以说国产操作系统已经形成了动辄被卡脖子的不利景象。但显然,经过这 30 年在基础系统设计上的长期被压制之后,面对这一次的 AI 热潮,中国科技企业更加警醒,也更具能量。

首先,和移动互联网不同,AI 对云计算提出了更高的要求,WINTEL 紧密耦合的垄断优势正在消失,而具备后发优势的中国云服务厂商,反而有机会通过云操作系统来重新划分市场格局,比如华为云开始探索云计算的虚拟化基础系统 FusionCompute。反观国外,微软才刚在去年将 Windows 并入云计算部门。

另外,海量物联网设备与汽车等新智能终端崛起,正在吸引源源不断的开发团队,在游戏、交互、生活、娱乐等各个方面去探寻新的创意,车联网等智能终端操作系统与物联网设备的互联互通,也埋藏着巨大的财富"彩蛋"。

历史已经证明,每个独立的终端操作系统,都有可能生长出独立的开发者生态,从而培育出繁荣蓬勃的应用与服务,进一步刺激硬件终端和衍生产品的成长。换句话说,操作系统的"无人区",极有可能成为未来的产业价值重镇。

深耕绿洲:操作系统的"中国时代"才刚开始

前面我们提到,2019 世界人工智能大会是一场国产操作系统的阅兵式。之所以这么说,是因为目前正在向"无人区"进发的龙头厂商悉数到场,我们也可以近距离、全面地观察到,中国科技企业正在从底层系统层面,将智能生活捏成何种形状。里面也隐藏着国产操作系统的发展。

国产操作系统想要发展,最根本的还是技术的扎实程度与领先优势。比如华为除了在芯、端、云等多个层次不断寻求突破融合,赋能基础操作系统之外,还在世界人工智能大会上提出了光计算提升运算效能,基因存储解决数据爆炸难题等全新的技术理念。中国科技企业在尖端技术上开始领航,未尝不是新操作系统得以生发的前提条件。

更为重要的是,虽然云操作系统、智慧车载操作系统等还处于发展初期,但领先者已经吸取 PC 移动时代的经验,主动开放自己的技术架构。在世界人工智能大会上,我们看到BAT、华为、斑马等巨头和垂直行业代表,都极为重视生态合作伙伴。这就造成了国产操作系统一方面能与业界共享最新的技术成果,快速优化汽车端的用户体验;同时可以壮大社区,构建起一个覆盖配件、终端、应用服务等诸多环节的完整生态圈。支持其系统的软硬件厂商越多,未来替换成本就越高,后续的生态服务也就有了更广阔的土壤,这是过去四十年未曾见过的盛景。

多年来不断为国产芯片和操作系统奔走的倪光南院士,曾经不无焦虑地说,如果不抓住机遇,国产终端操作系统就没机会做了。目前看来,这些正在沙漠中艰难寻找绿洲的勇士,正在为我们打开那扇名叫希望的国产操作系统之门。

【微信扫码】
在线练习 & 相关资源

# 第 2 章

# 处理机管理

处理机管理主要讨论如何把处理机分配给进程(Process)的问题。在非多道程序设计的环境中,确定哪个进程将获得一台处理机;在多道程序设计(Multiprogramming)环境中,确定就绪进程中的某一进程何时获得处理机,使用多长时间等。处理机的使用是由进程来实现的,一般情况下研究处理机管理主要指研究进程管理问题。进程管理,就是根据一定的策略将处理机交替地分配给系统内等待运行的进程。为提高操作系统资源利用率和系统吞吐量,通常采用多道程序处理技术,将多个程序同时装入内存并发运行。进程可以简单理解为正在系统中运行的一个程序,是操作系统中进行资源分配和独立运行的基本单位,本章将对进程进行详细阐述。

## 2.1　进程的引入

程序的执行是指将二进制代码文件(如 com、exe 文件等)装入内存,由 CPU 按程序逻辑运行指令的过程。程序的执行方式包括单道程序顺序执行和多道程序并发(Concurrence)执行两种方式。

### 2.1.1　单道程序执行及其特点

单道程序设计技术是指内存一次只允许装载一个程序运行,在本次程序运行结束前,其他程序不允许使用内存,这是早期的操作系统所使用的技术。

一个具有独立功能的程序独占处理机直至最终结束的过程称为程序的顺序执行。这与程序设计中的顺序控制结构不是同一个概念,程序设计中的顺序控制结构仅能控制程序内部指令的执行序列,而操作系统所强调的程序的顺序执行还意味着运行时程序间的执行序列也是顺序的,即系统中任意时刻只有一个程序被载入内存,占用 CPU 等资源在运行;一个程序执行完了,才能执行另一个程序。

如图 2-1 所示,一个系统或应用循环地依次进行输入(Input)、处理(Processing)、输出(Output)操作,此时程序内部显然是顺序执行。如果将图中各个操作看作是独立的程序,上一个程序的输出作为下一个程序的输入,显然各个程序之间有严格的逻辑限制,因此从程序的外部来看也是顺序执行的。

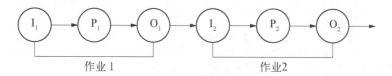

图 2-1　顺序执行

单道程序顺序执行的特性：

（1）执行的顺序性

程序顺序执行时,其执行过程可看作是一系列严格按程序规定的状态转移的过程,也就是每执行一条指令,系统将从上一个执行状态转移到下一个执行状态,且上一条指令的执行结束是下一条指令执行开始的充要条件。内存中只有一个程序,各个程序是按次序执行的。在执行一个程序的过程中,不可能夹杂着另一个程序的执行。

（2）资源独占性

任何时候,位于内存中的程序可以使用系统中的一切资源,不可能有其他程序与之竞争。

（3）封闭性

程序执行得到的最终结果由给定的初始条件决定,不受外界因素的影响。

（4）结果的可再现性

顺序执行的最终结果可再现是指运行结果与执行速度无关。只要输入的初始条件相同,则无论何时（随机数除外）重复执行该程序都会得到相同的结果。即只要执行环境和初始条件相同,重复执行一个程序,获得的结果总是一样的。

（5）运行结果的无关性

程序的运行结果与程序执行的速度无关。系统中的作业以串行的方式被处理,无法提高 CPU、内存的利用率。程序的顺序执行方式便于程序的编制与调试,但不利于充分利用计算机系统资源,运行效率低下。

## 2.1.2　多道程序并发执行及其特点

多道程序设计技术指的是允许多个程序同时进入一个计算机系统的内存并启动进行计算的方法。计算机内存中可以同时存放多道（两个以上相互独立的）程序,它们都处于开始和结束之间。从宏观上看是并发的,多道程序都处于运行中,并且都没有运行结束；从微观上看是串行的,各道程序轮流使用 CPU,交替执行。

如图 2-2 所示,操作系统中装入了四个作业并发执行,首先执行作业 1 的输入操作,当输入操作执行完毕后,进入作业 1 的处理环节,此时输入设备空闲,可同时执行作业 2 的输入操作,此时作业 1 的处理程序和作业 2 的输入操作就实现了并发执行；当作业 1 处理完毕进入输出环节时,作业 2 进入处理环节,输入设备空闲,可同步执行作业 3 的输入操作,也就实现了作业 1 输出、作业 2 处理和作业 3 输入的同步并发执行。

多道程序设计技术是现代操作系统普遍使用的技术,它可以允许多个程序同时驻留内存,系统通过某种调度策略交替执行程序。引入多道程序设计技术的根本目的就是为了提高 CPU 的利用率,充分发挥计算机系统部件的并行性,现代计算机系统都采用了多道程序设计技术。

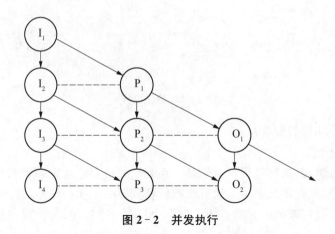

图 2-2 并发执行

多道程序技术运行有如下特性：

（1）多道

计算机内存中同时存放数道相互独立的程序。

（2）宏观上并行

同时进入系统的数道程序都处于运行过程中，即它们先后开始了各自的运行，但都未运行完毕。

（3）微观上串行

实际上，各道程序轮流使用CPU，其原因是在多道程序设计技术诞生之前，计算机系统运行的特征是单道顺序地处理作业，那么可能会出现两种情况：首先，对于以计算为主的作业，输入输出量少，外围设备空闲（idle）；其次，对于以输入输出为主的作业，造成主机空闲。总的来说，计算机资源使用效率很低，因此引进了多道程序设计技术，大大克服了以上缺点。

## 2.2 进程的描述

进程是程序执行的一个实例，是一个程序对某个数据集的执行过程，是资源分配的基本单位。从内核观点看，进程的目的就是担当分配系统资源（CPU时间、内存等）的实体。操作系统为了管理进程和资源，必须掌握关于每个进程和资源当前状态的信息。

### 2.2.1 进程的定义与特征

操作系统必须全方位地管理计算机中运行的程序，因此，操作系统为正在运行的程序建立一个管理实体——进程（Process）。进程是计算机中的程序关于某数据集合上的一次运行活动，是系统进行资源分配和调度的基本单位。在早期面向进程设计的计算机结构中，进程是程序的基本执行实体；在当代面向线程设计的计算机结构中，进程是线程的容器。程序是指令、数据及其组织形式的描述，进程则是程序的实体。引入多进程，提高了对硬件资源的利用率，但又带来了额外的空间和时间开销，增加了操作系统的复杂性。

一个进程通常包括五个实体部分，分别是操作系统管理运行程序的数据结构、运行程序的内存代码、运行程序的内存数据、运行程序的通用寄存器信息和操作系统控制程序执行的程序状态字信息。

进程具有如下特征：

（1）动态性：进程的实质是程序在多道程序系统中的一次执行过程，进程是动态产生、动态消亡的。

（2）并发性：任何进程都可以同其他进程一起并发执行。

（3）独立性：进程是一个能独立运行的基本单位，同时也是系统分配资源和调度的独立单位。

（4）异步性：由于进程间的相互制约，使进程具有执行的间断性，即进程按各自独立的、不可预知的速度向前推进。

（5）结构特征：进程由程序、数据和进程控制块（PCB，Process Control Block）三部分组成。多个不同的进程可以包含相同的程序，一个程序在不同的数据集里就构成不同的进程，能得到不同的结果；但是执行过程中，程序不能发生改变。

进程与程序的区别体现在：

（1）进程是动态的，程序是静态的

程序是有序代码的集合，进程则是程序的执行；通常进程不可在计算机之间迁移，而程序通常对应着文件，是静态和可复制的。

（2）进程是暂时的，程序是永久的

进程是一个状态变化的过程，程序则是可长久保存的。

（3）进程与程序的组成不同

进程的组成包括程序、数据和进程控制块（即进程状态信息）。

（4）进程与程序的对应关系

通过多次执行，一个程序可对应多个进程；通过调用关系，一个进程可包括多个程序。

## 2.2.2　进程状态及其转换

进程具有动态性，在进程执行过程中其状态不是固定不变的，而是在不断变换。进程具有以下五种常见状态：

（1）新建（New）：进程被创建时处于新建状态，此时操作系统已经完成了创建一个进程的必要工作，如已构造了进程标识符，已创建了管理进程所需的表格，但因为资源有限，还不能允许执行该进程。

（2）就绪（Ready）：进程一旦被创建后即进入就绪状态，进程已获得除处理机外的所需资源，等待分配处理机资源；只要分配了处理机，进程就可执行，就绪状态的进程存在于处理机调度队列中，同一时刻可能有多个进程处于就绪状态。

（3）运行（Running）：当进程由调度/分派程序分派后，得到 CPU 控制权，进程占用处理机资源，进入运行状态。处于此状态的进程的数目小于等于处理机的数目。在没有其他进程可以执行时（如所有进程都在阻塞状态），通常会自动执行系统的空闲进程。

（4）阻塞（Blocked）：由于进程等待某种条件（如 I/O 操作或等待其他进程同步），在条件满足之前无法继续执行。该事件发生前即使把处理机资源分配给该进程，也无法运行。

（5）终止（Terminated）：进程执行完毕后即成为终止状态，进入终止状态的进程不再具有执行资格，但是其表格和其他信息还会暂时由辅助程序保留，例如为处理用户账单而累计资源使用情况的账务程序,当数据确实不再需要时,操作系统才将进程和它的表格彻底删除。

进程在以上五个状态之间是会发生转换的,图2-3给出了进程的状态及其转换过程示意图。当一个进程被新建之后,会由新建状态进入就绪状态;进入就绪状态下的进程已经获得除 CPU 之外的所需资源,操作系统经过计划调度(也称调度分配)将 CPU 资源赋予当前进程,进程一旦获取到 CPU 资源就会自动进入运行状态;运行状态下的进程如遇到时间片运行结束就会被中断,回到就绪状态继续等待下一次的 CPU 分配;运行状态下的进程如果要访问输入输出设备或者等待某一事件的完成就有可能因为 I/O 设备不可用或事件未就绪而被迫进入阻塞状态;当进入阻塞状态的进程所需的 I/O 设备就绪或者所等待的事件执行完毕,则该进程会再次进入就绪状态,等待 CPU 资源的调度分配;运行状态下的进程运行完毕会进入终止状态。

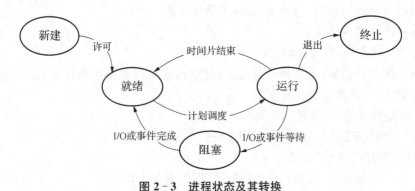

图 2-3 进程状态及其转换

【例 2-1】 某系统的进程状态转换图如图2-4所示,请说明:

(1) 引起各种状态转换的典型事件有哪些?

(2) 当我们观察系统中某些进程时,能够看到某一进程产生的一次状态转换能引起另一进程作一次状态转换。在什么情况下,当一个进程发生转换3时能立即引起另一个进程发生转换1?

(3) 试说明是否会发生下述因果转换:

a) 2→1

b) 3→2

c) 4→1

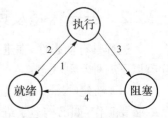

图 2-4 进程状态转换图

【解答】

(1) 当进程调度程序从就绪队列中选取一个进程投入运行时引起转换1;正在执行的进程如因时间片用完而被暂停执行就会引起转换2;正在执行的进程因等待的事件尚未发生而无法执行(如进程请求完成 I/O)则会引起转换3;当进程等待的事件发生时(如 I/O 完成)则会引起转换4。

(2) 如果就绪队列非空,则一个进程的转换3会立即引起另一个进程的转换1。这是因为一个进程发生转换3意味着正在执行的进程由执行状态变为阻塞状态,这时处理机空闲,进程调度程序必然会从就绪队列中选取一个进程并将它投入运行,因此只要就绪队列非空,一个进程的转换3能立即引起另一个进程的转换1。

（3）所谓因果转换指的是有两个转换，一个转换的发生会引起另一个转换的发生，前一个转换称为因，后一个转换称为果，这两个转换称为因果转换。当然这种因果关系并不是任何时候都能发生，而是在一定条件下才会发生的。

a）2→1：当某进程发生转换2时，就必然引起另一进程的转换1。因为当发生转换2时，正在执行的进程从执行状态变为就绪状态，进程调度程序必然会从就绪队列中选取一个进程投入运行，即发生转换1。

b）3→2：某个进程的转换3不可能引起另一进程发生转换2。这是因为当前执行进程从执行状态变为阻塞状态，不可能又从执行状态变为就绪状态。

c）4→1：当处理机空闲且就绪队列为空时，某一进程发生转换4，就意味着有一个进程从阻塞状态变为就绪状态，因而调度程序就会将就绪队列中的此进程投入运行。

## 2.2.3 进程控制块

为了便于对计算机中的各类资源（包括硬件和信息）的使用和管理，操作系统将它们抽象为相应的各种数据结构，以及提供一组对资源进行操作的命令，用户可利用这些数据结构及操作命令来执行相关的操作，而无需关心其实现的具体细节。操作系统作为计算机资源的管理者，尤其是为了协调诸多用户对系统中共享资源的使用，它还必须记录和查询各种资源的使用及各类进程运行情况的信息。操作系统对于这些信息的组织和维护也是通过建立和维护各种数据结构的方式来实现的。

1. 操作系统中用于管理控制的数据结构

在计算机系统中，对于每个资源和每个进程都设置了一个数据结构，用于表征其实体，我们称之为资源信息表或进程信息表，其中包含了资源或进程的标识、描述、状态等信息以及一批指针。通过这些指针，可以将同类资源或进程的信息表，或者同一进程所占用的资源信息表分类链接成不同的队列，便于操作系统进行查找。如图2-5所示，操作系统管理的这些数据结构一般分为以下四类：内存表、设备表、文件表和用于进程管理的进程表，通常进程表又被称作进程控制块。

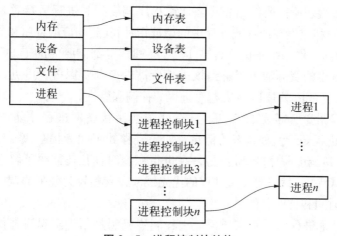

图 2-5 进程控制块结构

进程是一个动态变化的过程,会在五种状态下动态迁移,那么操作系统如何知道当前进程处于什么状态呢?我们需要将进程的状态进行保存,为了使参与并发执行的每个程序(含数据)都能独立运行,在操作系统中必须为之配置一个专门的数据结构,称为进程控制块。进程的信息及其状态就保存在 PCB 中,系统利用 PCB 来描述进程的基本情况和活动过程,进而控制和管理进程。程序段、相关的数据段和 PCB 三部分便构成了进程实体(又称进程映像)。一般情况下,我们把进程实体简称为进程。例如所谓创建进程,实际上只创建进程实体中的 PCB;而撤销进程,实质上是撤销进程的 PCB。

2. 进程控制块的作用

为了便于系统描述和管理进程的运行,操作系统为每个进程专门定义了一个 PCB。PCB 作为进程实体的一部分,记录操作系统所需的、用于描述进程的当前情况以及管理进程运行的全部信息,是操作系统重要的结构体型数据结构。

PCB 的作用是使一个在多道程序环境下不能独立运行的程序(含数据)成为一个能独立运行的基本单位,一个能与其他进程并发执行的进程。PCB 的具体作用包括以下五个方面:

(1)作为独立运行基本单位的标志。当一个程序(含数据)配置了 PCB 后,就表示它已是一个能在多道程序环境下独立运行的合法基本单位,也就具有了取得操作系统服务的权利,如打开文件系统中的文件、请求获得系统中的 I/O 设备以及与其他相关进程进行通信等。因此,当系统创建一个新进程时,就为它建立了一个 PCB。进程结束时又回收其 PCB,进程于是也随之消亡。系统是通过 PCB 感知进程的存在的,事实上,PCB 已成为进程存在于系统中的唯一标志。

(2)能实现间断性运行方式。在多道程序环境下,程序是采用停停走走间断性的运行方式运行的。当进程因阻塞而暂停运行时,它必须保留自己运行时的 CPU 现场信息,再次被调度运行时,还需要恢复其 CPU 现场信息。有了 PCB 以后,系统就可将 CPU 现场信息保存在被中断进程的 PCB 中,供该进程再次被调度执行恢复 CPU 现场时使用。在多道程序环境下,作为传统意义上的静态程序,因其并不具有保存自己运行现场的手段,无法保证其运行结果的可再现性,从而失去了运行的意义。

(3)提供进程管理所需要的信息。当调度程序调度到某进程运行时,只能根据该进程 PCB 中记录的程序和数据在内存或外存中的始址指针,找到相应的程序和数据;在进程运行过程中,当需要访问文件系统中的文件或 I/O 设备时,也都需要借助于 PCB 中的信息。另外,还可根据 PCB 中的资源清单了解到该进程所需的全部资源等。可见,在进程的整个生命周期中,操作系统总是根据 PCB 实施对进程的控制和管理。

(4)提供进程调度所需要的信息。只有处于就绪状态的进程才能被调度执行,而在 PCB 中就提供了进程处于何种状态的信息。如果进程处于就绪状态,系统便将它插入到进程就绪队列中,等待调度程序的调度;另外在进行调度时往往还需要了解进程的其他信息,如在优先级调度算法中,就需要知道进程的优先级。在有些较为公平的调度算法中,还需要知道进程的等待时间和已执行的时间等。

(5)实现与其他进程的同步与通信。进程同步机制是用于实现诸进程的协调运行的,在采用信号量机制时,它要求在每个进程中都设置有相应的用于同步的信号量。在 PCB 中还具有用于实现进程通信的区域或通信队列指针等。

3. 进程控制块的内容

进程控制块用来记录进程的所有的外部特征,包括描述进程动态变化的过程。PCB 是一个专门的数据结构,创建一个进程的时候就创建了一个 PCB,而且 PCB 会伴随着进程的全过程,直到进程撤销而撤销,也就是说 PCB 是操作系统用来感知进程存在的唯一标志。PCB 和进程之间是一一对应的,有一个 PCB 就会有一个进程,或者说有一个进程就会有一个 PCB。

PCB 经常会被系统访问到,如调度程序、资源分配程序、中断处理程序等,因此通常 PCB 是常驻内存的。在 PCB 中主要包含了四个方面的信息:

(1) 进程标识符

进程标识符用于唯一地标识一个进程。一个进程通常有两种标识符:① 外部标识符。为了方便用户(进程)对进程的访问,须为每一个进程设置一个外部标识符。它是由创建者提供的,通常由字母、数字组成。为了描述进程的家族关系,还应设置父进程标识及子进程标识。此外,还可设置用户标识,以指示拥有该进程的用户。② 内部标识符。为了方便系统对进程的使用,在操作系统中又为进程设置了内部标识符,即赋予每一个进程一个唯一的数字标识符,它通常是一个进程的序号。

(2) 处理机状态

处理机状态信息也称为处理机的上下文,主要是由处理机的各种寄存器中的内容组成的。这些寄存器包括:① 通用寄存器,又称为用户可视寄存器,它们是用户程序可以访问的,用于暂存信息,在大多数处理机中,有 8~32 个通用寄存器,在 RISC 结构的计算机中可超过 100 个;② 指令计数器,其中存放了要访问的下一条指令的地址;③ 程序状态字 PSW,其中含有状态信息,如条件码、执行方式、中断屏蔽标志等;④ 用户栈指针,指每个用户进程都有一个或若干个与之相关的系统栈,用于存放过程和系统调用参数及调用地址。栈指针指向该栈的栈顶。处理机处于执行状态时,正在处理的许多信息都是放在寄存器中。当进程被切换时,处理机状态信息都必须保存在相应的 PCB 中,以便在该进程重新执行时能从断点处继续执行。

(3) 进程调度信息

操作系统在进行调度时,必须了解进程的状态及有关进程调度的信息,这些信息包括:① 进程状态,指明进程的当前状态,它是作为进程调度和对换时的依据;② 进程优先级,是用于描述进程使用处理机的优先级别的一个整数,优先级高的进程应优先获得处理机;③ 事件,是指进程由执行状态转变为阻塞状态所等待发生的事件,即阻塞原因;④ 进程调度所需的其他信息,它们与所采用的进程调度算法有关,比如,进程已等待 CPU 的时间总和、进程已执行的时间总和等。

(4) 进程控制信息

是指用于进程控制所必需的信息,它包括:① 程序和数据的地址,进程实体中的程序和数据的内存或外存地(首)址,以便再调度到该进程执行时,能从 PCB 中找到其程序和数据;② 进程同步和通信机制,这是实现进程同步和进程通信时必需的机制,如消息队列指针、信号量等,它们可能全部或部分地放在 PCB 中;③ 资源清单,在该清单中列出了进程在运行期间所需的全部资源(除 CPU 以外),另外还有一张已分配到该进程的资源的清单;④ 链接指针,它给出了本进程(PCB)所在队列中的下一个进程的 PCB 的首地址。

4. PCB 的组织方式

(1) 索引表方式

该方式是线性表方式的改进,系统按照进程的状态分别建立就绪索引表、阻塞索引表等。其中进程阻塞可能由于 I/O 请求、申请缓冲区失败、等待解锁、获取数据失败等原因造成,将其组成一张表忽略了进程的优先级,不利于进程的唤醒。

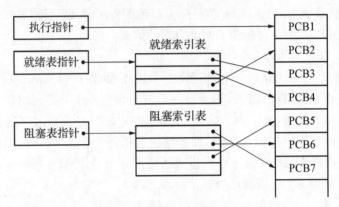

图 2－6　按索引方式组织 PCB

(2) 链接表方式

系统按照进程的状态将进程的 PCB 组成队列,从而形成就绪队列、阻塞队列、运行队列等。

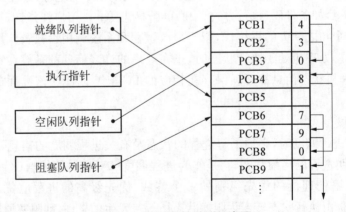

图 2－7　PCB 链接队列示意图

## 2.3　进程控制

进程控制的主要任务就是使用一些具有特定功能的程序段来创建、撤销进程以及完成进程各状态之间的转换,从而达到多进程、高效率、并发的执行和协调,实现资源共享的目的。

### 2.3.1　操作系统内核

现代操作系统一般将操作系统划分为若干层次,再将操作系统的不同功能分别设置在不同的层次中。通常将一些与硬件紧密相关的模块(比如中断处理程序等)、各种常用设备的驱动程序、以及运行频率较高的模块(如时钟管理、进程调度和许多模块所公用的一些基础操作),都安排在紧靠硬件的软件层中。将它们常驻内存,那些常驻内存的部分通常被称为操作系统内核。

内核的组织方法有两种:单内核和微内核,也可以称为强内核和弱内核。如果内核的所有模块都在同一进程中,就称为单内核;如果内核的模块在不同进程中,就称为微内核。

(1) 单内核

强内核其实是单内核(Monolithic Kernel)的一种称呼。单内核是一个很大的进程。它的内部又可以被分为若干模块。但是在运行的时候,它是一个独立的二进制大映像。其模块间的通讯是通过直接调用其他模块中的函数实现的,而不是通过消息传递机制。

(2) 微内核

微内核(Micro Kernel),又称为微核心,是一个最小化的软件程序,它可以提供完整的操作系统功能。微内核结构由一个非常简单的硬件抽象层和一组比较关键的原语或系统调用组成,这些原语,仅仅包括了建立一个系统必需的几个部分,如线程管理、内存管理和进程间通信等。微内核的目标是将系统服务的实现和系统的基本操作规则分离开来。例如,进程的输入/输出锁定服务可以由运行在微内核之外的一个服务组件来提供。这些模块化的用户态服务器用于完成操作系统中比较高级的操作,这样的设计使内核中最内核部分的设计更简单。一个服务组件的失效并不会导致整个系统的崩溃,内核需要做的,仅仅是重新启动这个组件,而不必影响其他的部分。微内核将许多操作系统服务放入分离的进程,如文件系统、设备驱动程序,而进程通过消息传递调用操作系统服务。

(3) 原语

所谓原语(Primitive),就是由若干条指令组成的,用于完成一定功能的一个过程。其最大特点就是"原子操作",即一个操作中的所有动作要么全做(all),要么全不做(none)。因此原语是一个不可分割的单位,原语在执行过程中不允许被中断。原子操作在系统态下执行,且常驻内存。在内核中有许多原语,如用于对链表进行操作的原语、用于实现进程同步的原语等。

### 2.3.2　处理机执行状态

为了防止操作系统本身及关键数据(如 PCB 等)遭受到应用程序有意或无意地破坏,通常也将处理机的执行状态分成系统态和用户态两种。

(1) 系统态:又称为管态或内核态。它具有较高的特权,能执行一切指令,可以访问所有的寄存器和存储区,传统的操作系统都在系统态下运行。

(2) 用户态:又称为目态。它是具有较低特权的执行状态,仅能执行规定的指令,访问指定的寄存器和存储区。一般情况下,应用程序只能在用户态运行,不能去执行操作系统指令或者访问操作系统区域,这样可以防止应用程序对操作系统的破坏。

### 2.3.3  进程控制

进程控制是进程管理中最基本的功能,主要包括新进程的创建、终止已完成的进程、将因发生异常情况而无法继续运行的进程置于阻塞状态、负责进程运行中的状态转换等功能。进程控制一般是由操作系统内核中的原语来实现的。

#### 2.3.3.1  进程创建

进程创建是操作系统由于执行程序的需要或者用户或进程要求而创建一个新进程。操作系统允许一个进程创建另一个进程,把原进程称为父进程,而把被创建的进程称为子进程。子进程可继续创建自己的子进程,由此便形成了一个进程的树状层次结构。进程创建首先是在进程表中为进程建立一个 PCB,采用 fork() 系统调用将复制执行进程的 PCB 块、U 区和内存图像到新的进程。

**1. 进程创建时机**

进程创建,是指由操作系统创建一个新的进程。UNIX 系统用 fork() 系统调用,而 Windows 系统用 CreatProcess() 系统调用。进程创建的时机有:

(1) 系统初始化。系统的调度进程创建 init 进程。

(2) 执行中的进程调用了 fork() 系统调用。程序中有 fork() 函数。

(3) 用户登录,用户命令请求创建进程。例如,用户双击一个图标。

(4) 一个批处理作业初始化。大型机、高性能计算机用户提交一个课题,则系统建立作业控制块,在作业调度后在内存中创建进程。

**2. 进程创建原语**

进程借助创建原语创建一个新进程。首先为被创建进程在进程表集中区建立一个 PCB-UNIX 系统,还要为进程创建 U 区和内存映像,从进程表索取一个空白 PCB 表目,记录它的下标;然后,把调用者提供的所有参数(见 PCB 块的内容),操作系统分配给新进程的 PID 和调用者的 PID,就绪状态和 CPU 记账数据填入该 PCB 块;最后,把此 PCB 块分别列置到就绪队列 RQ 和进程隶属关系族群中。

UNIX 系统使用 fork() 函数创建新进程时,为子进程复制 EP 进程的内存映像并不是主要目标。这时,若用 exec() 执行一个新程序,则子进程的正文段将全部更换,而数据段也将更新。

创建原语可描述如下:

```
Procedure create(n,S0,K0,M0,R0,acc)
begin
  i = getinternalname(n);  //进程表下标
  i.id = n;i.priority = K0;  //进程 PID,进程优先级
  i.CPUstate = S0;i.mainstore = M0;  //初始 CPU 状态,内存地址
  i.resources = R0;i.status = readys;  //资源清单,就绪状态
  j = EP;i.parent = j;i.progeny = ;  //父进程是 EP 进程,子进程空
  j.progeny = i;  //进程隶属关系
  i.sdata = RQ;insert(RQ,i);  //到就绪进程队列排队
```

```
    continue
  end
```

### 2.3.3.2　进程终止

当进程执行完最后一条语句并且通过系统调用 exit() 请求操作系统删除自身时,进程终止。这时,进程可以返回状态值(通常为整数)到父进程(通过系统调用 wait())。所有进程资源,如物理和虚拟内存、打开文件和 I/O 缓冲区等,将由操作系统释放。

在其他情况下也会出现进程终止。进程通过适当系统调用(如 Windows 的 Terminate-Process()),可以终止另一进程。通常,只有被终止进程的父进程才能执行这一系统调用。如果要终止子进程,则父进程需要知道这些子进程的标识符。因此,当一个进程创建新进程时,新创建进程的标识符要传递到父进程。父进程终止子进程的原因有很多,如:

(1) 子进程使用了超过它所分配的资源(为判定是否发生这种情况,父进程应有一个机制,以检查子进程的状态)。

(2) 分配给子进程的任务不再需要。

(3) 父进程正在退出,而且操作系统不允许无父进程的子进程继续执行。

有些系统不允许子进程在父进程已终止的情况下存在。对于这类系统,如果一个进程终止(正常或不正常),那么它的所有子进程也应终止。这种现象,称为级联终止,通常由操作系统来启动。

1. 进程的终止方式

(1) 进程通过接收信号异常退出。

(2) 通过调用_exit(status)正常退出,其中 status 保存进程退出的状态,0 为正常退出,非 0 为异常退出,但这并不是明文规定的标准,SUSv3 规定有两个常量:EXIT_SUCCESS(0)和 EXIT_FAILURE(1)。

(3) 通过执行 exit(status)正常退出。

(4) 执行 return 或执行到 main 函数的结尾退出。

2. 进程终止的细节

无论进程是否正常终止,都会发生如下动作:

(1) 关闭所有的文件描述符、目录流、信息目录描述符以及转换描述符。

(2) 作为文件描述符关闭的后果之一,将释放该进程所持有的任何文件锁。

(3) 分离(detach)任何已连接的 System V 共享内存段,且对应于各段的 shm_nattch 计数器值将减一。

(4) 进程为每个 System V 信号量所设置的 semadj 值将会被加到信号量值中,如果该进程是一个管理终端的管理进程,那么系统会向该终端前台(foreground)进程组中的每个进程发送 SIGHUP 信号,接着终端会与会话(session)脱离。

(5) 将关闭该进程打开的任何 POSIX 有名信号量,类似于调用 sem_close()。

(6) 将关闭该进程打开的任何 POSIX 消息队列,类似于调用 mq_close()。

(7) 作为进程退出的后果之一,如果某进程组成为孤儿,且该组中存在任何已停止进程(stopped processes),则组中所有进程都将收到 SIGHUP 信号,随之为 SIGCONT 信号。

（8）移除该进程通过 mlock()或 mlockall()所建立的任何内存锁。取消该进程调用 mmap()所创建的任何内存映射(mapping)。

### 2.3.3.3 进程阻塞与唤醒

#### 1. 引起进程阻塞和唤醒的事件

（1）向系统申请资源时失败。如一个进程(A)申请打印机但是此时打印机被其他进程(B)正在使用,此时 A 进程处于阻塞状态。

（2）等待某种操作:进程 A 启动了某 I/O 设备,如果只有完成了指定的 I/O 任务后进程 A 才能执行,则进程 A 启动了 I/O 设备后会自动进入阻塞状态。

（3）新数据尚未到达:对于相互合作的进程,如果一个进程需要先获得另一个进程的数据后才能对该数据进行处理,只要数据尚未到达,其便会进入阻塞状态。

（4）等待新任务的到达:每当这种进程完成自己的任务便把自己阻塞起来,等待新任务到达,才将其唤醒。

#### 2. 进程阻塞过程

正在执行的进程,如果遇到上述阻塞的事件后,进程便调用阻塞原语 block()将自己阻塞(阻塞是进程自身的一种主动行为),正在运行的进程立即停止运行,把 PCB 中进程状态信息改为"阻塞",并将 PCB 插入阻塞队列。如果系统设置了不同阻塞原因的队列,则应将其插入到对应原因引起的阻塞队列中。

#### 3. 进程唤醒过程

当被阻塞进程所期待的事件发生时则有关的进程会调用唤醒原语 wakeup(),将等待的进程唤醒,首先把阻塞的进程从阻塞队列中移除,将其 PCB 插入就绪队列中。

应当指出,block()原语和 wakeup()原语是一对作用刚好相反的原语。在使用它们时,必须成对使用,即如果在某进程中调用了 block()原语,则必须在与之相合作的、或其他相关的进程中安排一条相应的 wakeup()原语,以便能唤醒被阻塞进程;否则,阻塞进程将会因不能被唤醒而永久地处于阻塞状态,再无机会继续运行。

### 2.3.3.4 进程挂起与激活

#### 1. 进程的挂起

当系统中出现了引起进程挂起的事件时(比如,用户进程请求将自己挂起,或父进程请求挂起某子进程),操作系统将利用挂起原语 suspend()将指定进程或处于阻塞状态的进程挂起。

suspend()的执行过程是:

（1）首先检查被挂起进程的状态,若处于活动就绪状态,便将其改为静止就绪;

（2）对于活动阻塞状态的进程,则将之改为静止阻塞;

（3）为了方便用户或父进程考查该进程的运行情况,把该进程的 PCB 复制到某指定的内存区域;

（4）最后,若被挂起的进程正在执行,则转向调度程序重新调度。

2. 进程的激活过程

当系统中发生激活进程的事件时,操作系统将利用激活原语 activate(),将指定进程激活。

激活原语 activate() 的激活过程如下:

(1) 激活原语将进程从外存调入内存;

(2) 检查该进程的现行状态并进行相应操作(静止就绪—活动就绪、静止阻塞—活动阻塞);

(3) 假如采用的是抢占调度策略,则每当有新进程进入就绪队列时,检查是否要进行重新调度,即比较被激活进程与当前进程的优先级,决定处理机归属。

## 2.4　进程互斥与同步

在操作系统中引入进程,多道程序得以并发执行,在提高了系统吞吐量和资源利用率的同时,也使得操作系统变得更加复杂。为了对多进程的并发执行进行妥善协调与管理,必须引入进程互斥与同步机制,避免多进程之间因资源无序争夺而产生死锁等混乱。

### 2.4.1　临界资源

多道程序系统中存在许多进程,它们共享各种资源,然而很多资源一次只能供一个进程使用。一次仅允许一个进程使用的资源称为临界资源。许多物理设备都属于临界资源,如扫描仪、打印机、光盘机等。打印机不可能同时打印多个进程的结果,若将一个进程的结果打印几行,再打印另一个进程的结果,这会使打印的结果变得无法使用。因此两个或两个以上进程由于不能同时使用同一临界资源,只有一个进程使用完了,另一进程才能使用。

除了物理设备外,还有很多软资源如消息缓冲队列、变量、数组、缓冲区等也都属于临界资源,如果同时使用,同样会引起与时间相关的错误。例如,有两个进程 $P_1$ 和 $P_2$ 共享一个变量 count,$P_1$ 或 $P_2$ 的功能是,每执行完某些操作后,将 count 的值取出加 1,R1 和 R2 是工作寄存器。当两个进程按下述顺序执行时:

$P_1$ 操作序列:

```
R1 = count;
R1 = R1 + 1;
count = R1;
```

$P_2$ 操作序列:

```
R2 = count;
R2 = R2 + 1;
count = R2;
```

其结果使 count 的值增加了 2;倘若 $P_1$ 和 $P_2$ 按另一种顺序执行,例如:

```
P₁: R1 = count;
P₂: R2 = count;
P₁: R1 = R1 + 1; count = R1;
P₂: R2 = R2 + 1; count = R2;
```

按此执行序列,虽使 $P_1$ 和 $P_2$ 都各自对 count 做了加 1 操作,但最后的 count 值却只增加了 1,即出现了结果不确定的错误。显然这种错误与执行顺序有关,又叫与时间相关的错误。之所以出现这种错误,是由于变量 count 是临界资源,$P_1$ 和 $P_2$ 不能同时使用,即仅当进程 $P_1$ 对 count 进行修改并退出后,才允许进程 $P_2$ 去访问和修改,那么就可以避免上述的错误结果。

## 2.4.2 临界区

由上所述,属于临界资源的硬件有扫描仪、打印机、光盘机等,软件有消息缓冲队列、变量、数组、缓冲区等。诸进程间应采取互斥方式,实现对这种资源的共享。

每个进程中访问临界资源的那段代码称为临界区。显然,若能保证诸进程互斥地进入自己的临界区,便可实现诸进程对临界资源的互斥访问。为此,每个进程在进入临界区之前,应先对欲访问的临界资源进行检查,看它是否正被访问。如果此刻该临界资源未被访问,进程便可进入临界区对该资源进行访问,并设置它正被访问的标志;如果此刻该临界资源正被某进程访问,则本进程不能进入临界区。

临界区内存放的一般是被一个以上的进程或线程共用的数据。临界区是代码,在进程中的代码,可以多段,可以不连续。临界区内的数据一次只能同时被一个进程使用,当一个进程使用临界区内的数据时,其他需要使用临界区数据的进程进入等待状态。操作系统需要合理分配临界区以达到多进程的同步和互斥关系,如果协调不好,就容易使系统处于不安全状态,甚至出现死锁现象。

进程在并发执行时为了保证结果的可再现性,各进程执行序列必须加以限制以保证互斥地使用临界资源,相互合作完成任务。用于保证多个进程在执行次序上的协调关系的相应机制称为进程同步机制。所有的进程同步机制应遵循下述四条准则:

(1) 空闲让进

当无进程进入临界区时,相应的临界资源处于空闲状态,因而允许一个请求进入临界区的进程立即进入自己的临界区。

(2) 忙则等待

当已有进程进入自己的临界区时,即相应的临界资源正被访问,因而其他试图进入临界区的进程必须等待,以保证进程互斥地访问临界资源。

(3) 有限等待

对要求访问临界资源的进程,应保证进程能在有限时间内进入临界区,以免陷入"饥饿"状态。

(4) 让权等待

当进程不能进入自己的临界区时,应立即释放处理机,以免进程陷入忙等。

## 2.4.3 进程的互斥

进程互斥是进程之间的间接制约关系。当一个进程进入临界区使用临界资源时,另一个进程必须等待。只有当使用临界资源的进程退出临界区后,这个进程才会解除阻塞状态。

如图 2-8 所示,进程 B 需要访问打印机,但此时进程 A 占有了打印机,进程 B 会被阻塞,直到进程 A 释放了打印机资源,进程 B 才可以继续执行。

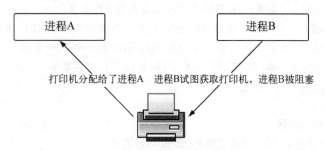

图 2-8 进程之间的互斥

实现临界区互斥的基本方法包括软件实现方法、硬件实现方法和信号量实现方法,本节先介绍前两种方法,信号量实现方法在 2.5 节进行详细阐述。

1. 软件实现方法

(1) Dekker 算法

Dekker 互斥算法是由荷兰数学家 Dekker 提出的一种解决并发进程互斥与同步的软件实现方法。算法设置两个全局共享的状态变量 flag[0] 和 flag[1],表示临界区状态以及哪个进程想要占用临界区,初始值为 0。全局共享变量 turn(值为 1 或 0)表示能进入临界区的进程序号,初始值任意,一般为 0。

① 算法原理

设有进程 $P_0$ 和 $P_1$,两者谁要访问临界区,就让对应的 flag = true(例如 $P_0$ 要访问临界区,就让 flag[0] = true),相当于"举手示意我要访问"。初始值为 0 表示一开始没人要访问。turn 用于标识当前允许谁进入,turn = 0 则 $P_0$ 可进入,turn = 1 则 $P_1$ 可进入。

$P_0$ 的逻辑:

```
do{
  flag[0] = true;// 首先 P₀ 举手示意要访问
  while(flag[1]) {// 看看 P₁ 是否也举手了
      if(turn == 1){// 如果 P₁ 也举手了,那么就看看到底轮到谁
            flag[0] = false;// 如果确实轮到 P₁,那么 P₀ 先把手放下(让 P₁ 先访问)
            while(turn == 1);// 只要还是 P₁ 的时间,P₀ 就不举手,一直等
            flag[0] = true;// 等到 P₁ 用完了(轮到 P₀ 了),P₀ 再举手
      }
      flag[1] = false; // 只要可以跳出循环,说明 P₁ 用完了,应该跳出最外圈的 while
  }
  visit();// 访问临界区
  turn = 1;// P₀ 访问完了,把轮次交给 P₁,让 P₁ 可以访问
  flag[0] = false;// P₀ 放下手
}
```

$P_1$ 的逻辑:

```
do{
  flag[1] = true; // 先 P₁ 举手示意要访问
  while(flag[0]) { // 看看 P₀ 是否也举手了
```

```
       if(turn == 0){// 如果 P0 也举手了,那么就看看到底轮到谁
              flag[1]= false;// 如果确实轮到 P0,那么 P1 先把手放下(让 P0 先访问)
              while(turn == 0);// 只要还是 P0 的时间,P1 就不举手,一直等
              flag[0]= true;// 等到 P0 用完了(轮到 P1 了),P1 再举手
       }
   }
   visit();// 访问临界区
   turn = 0;// P1 访问完了,把轮次交给 P0,让 P0 可以访问
   flag[1]= false;// P1 放下手
}
```

② 代码实现

```
boolean flag[2];
int turn;
void procedure0()
{
   while(true)
   {
       flag[0]= true;
       while(flag[1]== true)
       {
           if(turn == 1)
           {
               flag[0]= false;
               while(turn == 1)
               {
                   /* do nothing */
               }
               flag[0]= true;
           }
       }
       /* critical section */
       turn = 1;
       flag[0]= false;
       /* remainder section */
   }
}
void procedure1()
{
   while(true)
   {
       flag[1]= true;
       while(flag[0]== true)
```

```
    {
        if(turn == 0)
        {
            flag[1]= false;
            while(turn == 0)
            {
                / * do nothing * /
            }
            flag[1]= true;
        }
    }
    / * critical section * /
    turn = 0;
    flag[1]= false;
    / * remainder section * /
    }
}
void main()
{
    flag[0]= flag[1]= 0;
    turn = 1;
    / * start procedure0 and procedure1 * /
}
```

（2）Peterson 算法

Peterson 算法是 Gary L. Peterson 于 1981 年提出的一个实现互斥锁的并发程序设计算法，可以控制两个线程访问一个共享的单用户资源而不发生访问冲突。Peterson 算法是基于双线程互斥访问的 LockOne 与 LockTwo 算法而来。LockOne 算法使用一个 flag 布尔数组，LockTwo 使用一个 turn 的整型量，都实现了互斥，但是都存在死锁的可能。Peterson 算法把这两种算法结合起来，完美地用软件实现了双线程互斥问题。算法使用两个控制变量 flag 与 turn，其中 flag[n]的值为真，表示 ID 号为 n 的进程希望进入该临界区，变量 turn 保存有权访问共享资源的进程的 ID 号，其代码实现如下。

```
boolean flag[2];
int turn;
void procedure0()
{
    while(true)
    {
        flag[0]= true;
        turn = 1;
        while(flag[1]&&turn == 1) / * 若 flag[1]为 false,P0 就进入临界区;若 flag[1]为 ture,
P0 循环等待,只要 P1 退出临界区,P0 即可进入 * /
```

```
                {
                    / * do nothing * /
                }
            visit();/ * 访问临界区 * /
            flag[0]= false;/ * 访问临界区完成,procedure0 释放出临界区 * /
            / * remainder section * /
        }
    }
void procedure1()
{
        while(true)
        {
            flag[1]= true;
            turn = 0;
            while(flag[0]&&turn == 0)
            {
                / * do nothing * /
            }
            visit();/ * 访问临界区 * /
            flag[1]= false;/ * 访问临界区完成,procedure1 释放出临界区 * /
            / * remainder section * /
        }
    }
void main()
{
    flag[0]= flag[1]= false;
    / * start procedure0 and procedure1 * /
}
```

**2. 硬件实现方法**

虽然可以利用软件实现方法解决诸进程互斥进入临界区的问题,但有一定难度,并且存在很大的局限性,因而现在已很少采用。随着硬件技术的发展,目前许多计算机已提供了一些特殊的硬件指令,允许对一个字中的内容进行检测和修正,或者是对两个字的内容进行交换等,由此可通过硬件方法实现进程之间的互斥。

进程互斥的硬件实现方法主要有中断屏蔽方法、TestAndSet(TS 指令/TSL 指令)指令法和 Swap 指令(XCHG 指令)法。

(1) 中断屏蔽方法

在单 CPU 范围内避免竞态的一种简单而有效的方法是在进入临界区之前屏蔽系统的中断。利用"开/关中断指令"实现,与原语的实现思想相同,即在某进程开始访问临界区到结束访问为止不允许被中断,也就不能发生进程切换,因此也就不可能发生两个进程同时访问临界区的情况。

将临界区放在关/开中断之间,关中断后即不允许当前进程被中断,也必然不会发生进程切换,直到当前进程访问完临界区,再执行开中断指令,别的进程才能占有处理机并访问临界区。CPU 一般都具备屏蔽中断和打开中断的功能,此项功能保证正在执行的内核执行路径不被中断处理程序所抢占,防止某些竞态条件的发生。具体而言,中断屏蔽将使得中断与进程之间的并发不再发生。

中断屏蔽方法具有简单、高效的优点,但其缺点也十分明显,该方法不适用于多处理机,只适用于操作系统内核进程,不适用于用户进程(因为关/开中断指令只能运行在内核态)。

（2）TestAndSet 指令

TestAndSet 指令简称 TS 指令,因为有的地方称为 TestAndSetLock 指令,所以也称 TSL 指令。TSL 指令是用硬件实现的,执行的过程中不允许被中断,只能一气呵成。

用 TSL 指令管理临界区时,为每个临界资源设置一个布尔变量 lock,由于变量 lock 代表了该资源的状态,故可以将它看成一把锁。lock 的初值为 false,表示临界资源空闲。进程在进入该资源之前,首先会使用 TSL 指令测试 lock,如果 lock 为 false,则表示没有进程在临界区内,可以进入,并将 true 赋值于 lock,则等效于关闭了临界资源,其他进程就不可以进入临界区。

相比软件实现方法,TSL 指令把"上锁"和"检查"操作用硬件的方式变成了一气呵成的原子操作。下面是 C 语言描述的逻辑。

```
//布尔型共享变量 lock 表示当前临界区是否加锁
// true 表示加锁,false 表示未加锁
bool TestAndSet (bool * lock) {
    bool old;
    old = * lock;   //old 用于存放 lock 原来的值
    * lock = true;   // 无论之前是否加锁,都将 lock 设为 true
    return old;   // 返回 lock 原来的值
}
// 以下是使用 TSL 指令实现互斥的算法逻辑
while(TestAndSet (&lock)); // 上锁并检查,
临界区代码
lock = false;   // "解锁"
剩余区代码
```

若刚开始 lock 是 false,表示当前临界区可以访问,则 TSL 返回的 old 值为 false,while 条件不满足,直接跳过循环进入临界区。若刚开始 lock 是 true,表示临界区不可以被访问,则 TSL 执行后 old 返回值为 true,while 循环条件满足,会一直循环,直到当前正在访问临界区的进程退出并解锁。

相比于软件实现方法,TSL 指令把上锁和检查操作用硬件的方式变成原子操作。其优点是实现简单,适用于多处理机环境;缺点是违背让权等待的准则,暂时无法进入临界区的进程会占用 CPU 并循环执行 TSL 指令,从而导致忙等。

（3）Swap 指令

Swap 指令也是用硬件实现的,执行过程不允许中断。以下是用 C 语言描述其逻辑:

```
//Swap 指令的作用是交换两个变量的值
```

```
Swap(bool * a,bool * b){
 bool temp;
 temp = * a;
 * a = * b;
 * b = temp;
}
//以下是使用 Swap 指令实现互斥的算法逻辑
// lock 表示当前临界区是否被加锁
bool old = true;
while(old = = true)
  Swap(&lock,&old);
临界区代码
lock = false;  // "解锁"
剩余区代码
```

逻辑上看,Swap 指令和 TSL 没有多大的区别,都是先记录下临界区是否已经被上锁(记录在 old 变量上),再将上锁标记 lock 设置为 true,最后检查 old,如果 old 为 false 则说明之前没有别的进程对临界区上锁,则可跳出循环,进入临界区。

Swap 指令的优点是实现简单,适用于多处理机环境;其缺点是违背让权等待的准则,暂时无法进入临界区的进程会占用 CPU,从而导致忙等。

## 2.4.4 进程同步

进程同步也是进程之间直接的制约关系,是为完成某种任务而建立的两个或多个线程需要在某些位置上协调它们的工作次序而等待、传递信息所产生的制约关系。进程间的直接制约关系来源于它们之间的合作。

如图 2-9 所示,进程 B 需要从缓冲区读取进程 A 产生的信息,当缓冲区为空时,进程 B 因为读取不到信息而被阻塞。而当进程 A 产生信息放入缓冲区时,进程 B 才会被唤醒。

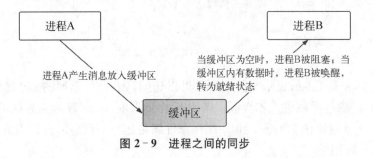

图 2-9 进程之间的同步

【例 2-2】 进程之间存在着哪几种制约关系? 各是什么原因引起的? 下列活动分别属于哪种制约关系?

(1) 足球比赛;(2) 设计作业、布置作业、学生完成作业、批改作业、点评作业。

【解答】

进程之间存在着直接制约和间接制约两种制约关系,其中直接制约(同步)是由于进程间的相互合作而引起的,而间接制约(互斥)则是由于进程间共享临界资源而引起的。

（1）足球比赛是间接制约，其中足球是临界资源。

（2）作业事项存在直接制约关系，五者也需要相互合作：教师设计完作业后布置作业，学生才能做作业；学生完成了作业，教师才能批改作业；批改完作业，教师才能点评作业。

# 2.5　信号量

信号量（Semaphore），有时被称为信号灯，是在多进程环境下使用的一种设施，是可以用来保证两个或多个关键代码段不被并发调用。一个进程完成了某一个动作后通过信号量告知其他进程，其他进程再进行某些动作。

## 2.5.1　信号量机制

信号量机制是荷兰学者 Dijkstra 于 1965 年提出的一种的进程同步工具。信号量机制即利用 PV 操作来对信号量进行处理。

### 2.5.1.1　信号量机制的分类

信号量机制包括整型信号量、记录型信号量、AND 型信号量和信号量集等。

（1）整型信号量

最初 Dijkstra 把整型信号量定义为一个用于表示资源数目的整型量 S，它与一般的整型量不同，除初始化外，仅能通过两个标准原子操作（Atomic Operation）wait(S) 和 signal(S) 操作。

（2）记录型信号量

在整型信号量机制中的 wait 操作，只要是信号量 S≤=0，就会不断测试。因此，该机制并未遵循"让权等待"准则，而是使进程处于"忙等"状态。记录型信号量机制则是一种不存在"忙等"现象的进程同步机制。

（3）AND 型信号量

在一些应用场合，是一个进程需要先获得两个或者更多的共享资源后方能执行其任务。假定现在有两个进程 A 和 B，它们都要求访问共享数据 D 和 E。当然，共享数据都应该作为临界资源。为此，可为这两个数据分别设置用于互斥的信号量 Dmutex 和 Emutex。

（4）信号量集

在记录型信号量机制中，wait(S) 或 signal(S) 操作仅能对信号量施以加 1 或者减 1 操作，意味着每次只能获得或释放一个单位的临界资源。而当一次需要 $n$ 个某类临界资源时，便要进行 $n$ 次 wait(S) 操作，显然这是低效的。此外，在有些情况下，当资源数量低于某一下限值时，便不予分配。

### 2.5.1.2　信号量机制的控制

在进程控制中如何合理对共享资源分配是一个关键的问题，因此引入了信号量的概念，而对空闲共享资源的合理分配是通过 PV 操作来实现的。实际操作过程中，使用 wait 操作和 signal 操作来实现计算机操作系统中信号量机制的控制。

只有通过 PV 操作才可以改变信号量的值，P 操作（wait）表示申请一个单位资源，进程进入,简而言之就是信号量减 1;V 操作(signal)表示释放一个单位资源,进程出来,简而言之就是信号量加 1。

(1) wait 操作

wait()是一个函数,也是一个原子操作,它的作用是从信号量的值减去一个"1",但它永远会先等待该信号量为一个非零值才开始做减法。也就是说,如果你对一个值为 2 的信号量调用 wait(),进程将会继续执行,将信号量的值减到 1。如果对一个值为 0 的信号量调用 wait(),这个函数就会原地等待直到有其他进程增加了这个值使它不再是 0 为止。如果有两个进程都在 wait()中等待同一个信号量变成非零值,那么当它被第三个进程增加一个"1"时,等待进程中只有一个能够对信号量做减法并继续执行,另一个还将处于等待状态。

(2) signal 操作

sig 是传递给 signal()函数的唯一参数。执行了 signal()调用后,进程只要接收到类型为 sig 的信号,不管其正在执行程序的哪一部分,就立即执行 func()函数。当 func()函数执行结束后,控制权返回进程被中断的那一点继续执行。signal()会依参数 signum 指定的信号编号来设置该信号的处理函数。当指定的信号到达时就会跳转到参数 handler 指定的函数执行。当一个信号的信号处理函数执行时,如果进程又接收到了该信号,该信号会自动被储存而不会中断信号处理函数的执行,直到信号处理函数执行完毕再重新调用相应的处理函数。但是如果在信号处理函数执行时进程收到了其他类型的信号,该函数的执行就会被中断。

注意,信号量的值仅能由 PV 操作来改变。一般来说,信号量 $S > 0$ 时,$S$ 表示可用资源的数量。执行一次 P 操作意味着请求分配一个单位资源,因此 $S$ 的值减 1;当 $S < 0$ 时,表示已经没有可用资源,请求者必须等待别的进程释放该类资源,它才能运行下去。而执行一个 V 操作意味着释放一个单位资源,因此 $S$ 的值加 1;若 $S = 0$,表示有某些进程正在等待该资源,因此要唤醒一个等待状态的进程,使之运行下去。

## 2.5.2 记录型信号量

所谓记录型信号量就是信号量是一个结构体而非一个普通的变量。它包含两个数据项,其定义如下:

```
typedef struct{
    int value;
    struct process_control_block * list;
}semaphore;
```

其中 value 是一个整型变量,表示某类资源可利用的数量;而 * list 是阻塞队列的首指针。相应地,wait(S)和 signal(S)操作可描述如下:

```
wait(semaphore * S) {
  S-> value - - ;
  if(S-> value < 0) block(S-> list);
}
signal(semaphore * S){
  S-> value + + ;
```

```
if(S->value<=0) wakeup(S->list);
}
```

记录型信号量机制则是一种不存在"忙等"现象的进程同步机制。但在采取了"让权等待"的策略后,又会出现多个进程等待访问同一临界资源的情况。为此,在信号量机制中,除了需要一个用于代表资源数目的整型变量 value 外,还应增加一个进程链表指针 list,用于链接上述的所有等待进程。

## 2.5.3 信号量实现互斥

为了使多个进程能互斥地访问某一个临界资源,只需为该资源设置一个互斥信号量 mutex(mutual exclusion),每个欲访问该临界资源的进程在进入临界区之前,都要先对 mutex 执行 wait 操作,若该资源此刻未被访问,本次 wait 操作必然成功,进程便可进入自己的临界区,这时若再有其他进程也欲进入自己的临界区,由于对 mutex 执行 wait 操作定会失败,因而此时该进程阻塞,从而保证了该临界资源能被互斥地访问。当访问临界资源的进程退出临界区后,又应对 mutex 执行 signal 操作,以便释放该临界资源。

我们可以简单理解为,类似于对该资源添加一个全局可用标记符号,更简单地可以理解为是一个资源锁。当某一进程需要访问该临界资源时,首先对 mutex 标记的值进行可用性检验,如果该资源标识为可用状态,则进程开始占用该资源并把该资源加锁,其他进程申请使用该临界资源时发现资源已被锁住,就进入等待状态;临界资源上的进程使用完毕后让出资源前需将该资源上的 mutex 标识进行修改,修改为无锁(即可用)状态,其他进程被系统唤醒之后即可对临界资源进行访问。

利用信号量实现两个进程互斥的描述如下:

(1) 设 mutex 为互斥信号量,其初值为 1,取值范围为 $(-1,0,1)$。当 mutex = 1 时,表示两个进程皆未进入需要互斥的临界区;当 mutex = 0 时,表示有一个进程进入临界区运行,另外一个必须等待,挂入阻塞队列;当 mutex = $-1$ 时,表示有一个进程正在临界区运行,另外一个进程因等待而阻塞在信号量队列中,需要被当前已在临界区运行的进程退出时唤醒。

(2) 代码描述:

```
semaphore mutex;
mutex = 1;
P_A(){              P_B(){
  while(1){           while(1){
  wait(mutex);         wait(mutex);
    临界区;             临界区;
  signal(mutex);       signal(mutex);
  剩余区;              剩余区;
   }                   }
}                   }
```

在利用信号量机制实现进程互斥时应该注意,wait(mutex)和 signal(mutex)必须成对出现。缺少 wait(mutex)将会导致系统混乱,不能保证对临界资源的互斥访问;而缺少 signal(mutex)将会使临界资源永远不被释放,从而使因等待该资源而阻塞的进程不能被唤醒。

【例 2-3】 利用信号量实现前驱关系。存在图 2-10 所示的前驱关系图,请用信号量实现前驱关系。

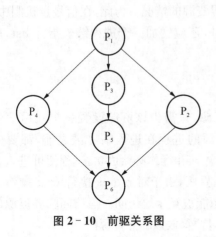

图 2-10 前驱关系图

【解答】
```
p1(){s1;signal(a);signal(b);signal(c);}
p2(){wait(c);s2;signal(d);}
p3(){wait(b);s3;signal(e);}
p4(){wait(a);s4;signal(f);}
p5(){wait(e);s5;signal(g);}
p6(){wait(d);wait(f);wait(g);s6;}
main(){
    semaphore a,b,c,d,e,f,g; a=b=c=0;d=e=f=g=0;
    cobegin
        p1();p2();p3();p4();p5();p6();
    coend
}
```

# 2.6　经典进程同步问题

在多道程序并发执行的操作系统中,进程同步问题十分重要,出现了一系列经典的进程同步问题,常被用于研究、设计与评价一个同步机制,同时为解决新的并发程序设计问题提供了重要的参考,其中最具代表性的有生产者/消费者问题、读者/写者问题和哲学家就餐问题等。

## 2.6.1　生产者/消费者问题

（1）问题描述

一组生产者进程和一组消费者进程共享一块具有 n 个单元的缓冲区,只要缓冲区未满,生产者进程就可以把信息放入缓冲区,否则就要等待;只要缓存区未空,消费者进程就能从中取出消息,否则就要等待。缓冲区一次只能被一个进程访问。

（2）问题分析

生产者与消费者进程对缓冲区的访问是互斥关系,而生产者与消费者本身又存在同步关系,即必须生产之后才能消费。因而对于缓冲区的访问必须设置一个互斥量,再设置两个信号量,一个记录空闲缓冲区单元数目,一个记录满缓冲区单元数目来实现生产者与消费者的同步。

（3）问题解决

```
semaphore mutex = 1;
semaphore full = 0;  //满缓冲区单元
semaphore empty = n;  //空闲缓冲区单元

prodecer()
{
```

```
    while(1)
    {
        wait(empty);
        wait(mutex);
        add_source ++;
        signal(mutex);
        signal(full);
    }
}
consumer()
{
    while(1)
    {
        wait(full);
        wait(mutex);
        add_source --;
        signal(mutex);
        signal(empty);
    }
}
```

## 2.6.2 读者/写者问题

（1）问题描述

有读者与写者两个并发进程共享一个数据，两个或以上的读者进程可以访问数据，但是一个写者进程访问数据与其他进程都互斥。

（2）问题分析

读者与写者是互斥关系，写者与写者是互斥关系，读者与读者是同步关系。因而需要一个互斥量实现读与写和写与写互斥，一个读者的访问计数和实现对计数的互斥。

（3）问题解决

① 读者优先

读者优先，只要有读者源源不断，写者就得不到资源，容易造成写者饥饿。

```
int count = 0;
semaphore mutex = 1;   //读者计数锁
semaphore rw = 1;   //资源访问锁

writer()
{
    while(1)
    {
        wait(rw);
        wait sth;
```

```
            signa(rw);
        }
    }
reader()
{
    while(1);
    {
        wait(mutex);
        if(count == 0);
            wait(rw);
        count ++;
        signal(mutex);
        reading sth;
        wait(mutex);
        count --;
        if(count == 0)
            signal(rw);
        signal(mutex);
    }
}
```

② 读写公平

读者与写者公平抢占资源，但是只要之前已经排队的读者，就算写者获取的资源，也要等待所有等待的读者进程结束。

```
int count = 0;
semaphore mutex = 1;   //读者计数锁
semaphore rw = 1;   //资源访问锁
semaphore w = 1;   //读写公平抢占锁
writer()
{
    while(1)
    {
        wait(w);
        wait(rw);
        writing sth;
        signal(rw);
        signal(w);
    }
}


reader()
{
    while(1)
```

```
    {
        wait(w);
        wait(mutex);
        if(count == 0)
            wait(rw);
        count ++;
        signal(mutex);
        signal(w);
        reading sth;
        wait(mutex);
        count --;
        if(count == 0)
            signal(rw);
        signal(mutex);
    }
}
```

③ 写者优先

写者优先，只要写者源源不断，读者就得不到资源，但是在这之前已经排队的读者进程依然可以优先获得资源，在这之后则等待所有写者进程的结束。这种也易造成读者饥饿。

```
//写者优先
int write_count = 0;        //写计数
int count = 0;              //读计数
semaphore w_mutex = 1;    //读计数时锁
semaphore r_mutex = 1;    //写计数时锁
semaphore rw = 1;         //写优先锁
semaphore source = 1;     //资源访问锁

writer()
{
    while(1)
    {
        wait(w_mutux);
        if(write_count == 0)
            wait(rw);    //获得则只要有写进程进来就不释放
        write_count ++;
        signal(w_mutux)

        wait(resouce);   //写时互斥必须加资源独占的锁
        writing sth;
        signal(resouce);

        wait(w_mutux);
```

```
            write_count --;
            if(write_count == 0)
                    signal(rw);
            signal(w_mutux);
        }
    }


    reader()
    {
        while(1)
        {
            wait(rw);                    //使用了立即释放
            wait(r_mutex);
            if(count == 0)
                wait(resouce);
            count ++;
            signal(r_mutex);
            signal(rw);

            reading sth;

            wait(r_mutex);
            count --;
            if(count == 0)
                signal(resouce);
            signal(r_mutex);
        }
    }
```

## 2.6.3  哲学家进餐问题

（1）问题描述

五个哲学家共用一张圆桌，分别坐在周围的五张椅子上，在桌子上有五只碗和五根筷子，他们的生活方式是交替地进行思考和进餐。平时，一个哲学家进行思考，饥饿时便试图取用其左右最靠近他的筷子，只有在他拿到两根筷子时才能进餐。进餐完毕，放下筷子继续思考。

（2）问题分析

这里五名哲学家就是五个进程，五根筷子是需要获取的资源。可以定义互斥数组用于表示五根筷子的互斥访问，为了防止哲学家各取一根筷子出现死锁，需要添加一定的限制条件。一种方法是限制仅当哲学家左右筷子均可以用时，才拿起筷子，这里需要一个互斥量来限制获取筷子不会出现竞争。

（3）问题解决

一次仅能一个哲学家拿起筷子，效率比较低。

```
semaphore chopstick[5]={1,1,1,1,1};
    semaphore mutex = 1;
    pi()
    {
        while(1)
        {
            wait(mutex);
            wait(chopstick[i]);
            wait(chopstick[(i+1)%5]);
            signal(mutex);
            eating;
            signal(chopstick[i]);
            signal(chopstick[(i+1)%5]);
        }
    }
```

# 2.7 进程通信

进程通信(Inter-Process Communication, IPC)是指在进程间通过传输数据来交换信息,以确保进程之间的互斥和同步正常进行,由于其所交换的信息量少而被归结于低级通信。当在进程之间需要传递大量数据时,应当利用操作系统提供的高级通信工具实施。

## 2.7.1 进程通信的概念

多个进程之间为了实现互斥和同步需要进行一定的信息交换,我们把进程间传输数据(交换信息)的过程称为进程通信。进程通信根据交换信息量的多少和效率的高低,分为低级通信和高级通信。低级通信只能传递状态和整数值,主要针对控制信息的传送,效率较低且对用户不透明;高级通信提高了信号通信的效率,能传递大量数据,效率高,进程通信实现细节由操作系统提供,整个通信过程对用户透明,通信程序编制简单,减轻程序编制的复杂度,高级进程通信分为三种方式:共享存储器方式、消息传递方式、管道通信方式。

## 2.7.2 进程通信的方式

### 1. 共享存储器系统(Shared-Memory System)

共享存储器即共享内存,就是映射一段能被其他进程所访问的内存,这段共享内存由一个进程创建,但多个进程都可以访问。共享内存是最快的 IPC 方式,它是针对其他进程间通信方式运行效率低而专门设计的。它往往与其他通信机制,如信号,两两配合使用,来实现进程间的同步和通信。共享存储器通信方式又可以细分为以下两种:

(1)基于共享数据结构的通信方式

该通信方式要求多个进程共用某些数据结构来完成进程之间的信息交换,如在生产者/消费者问题中的有界缓冲区。操作系统仅提供共享存储器,由程序员负责对公用数据结构的设置及对进程间同步的处理。这种通信方式仅仅适用于传递相对少量的数据,通信效率低下,属于低级通信。

（2）基于共享存储区的通信方式

为了在不同进程之间传输大量数据,特意在内存中划出了一块共享存储区域,诸进程可通过对该共享区域的读或写交换信息来实现通信,数据的形式和位置甚至访问控制都是由进程负责,而不是操作系统。这种通信方式属于高级通信。需要通信的进程在通信前先向系统申请获得共享存储区中的一个分区,并将其附加到自己的地址空间中,便可对其中的数据进行正常读写,读写完成或不再需要时,将其归还给共享存储区。

2. 消息传递系统(Message Passing System)

进程之间进行消息传递时,也可以将要传递的数据封装在特定的消息(Message)中,操作系统通过通信命令(原语)将格式化后的消息在进程之间进行消息传递,完成进程间的数据交换,这种进程通信方式被称作消息传递系统方式。

该方式隐藏了系统底层通信的具体实现细节,但通信过程对用户透明化,降低了通信程序设计的复杂性和误码率。例如计算机网络中的报文,微内核操作系统中微内核与服务器之间的通信都采用了消息传递机制。

基于消息传递系统的通信方式属于高级通信方式,因其实现方式的不同,可细分为两类:

（1）直接通信方式。指发送进程利用操作系统所提供的发送原语,直接把消息发送给目的进程。

（2）间接通信方式。指发送和接收进程通过共享中间实体(邮箱)的方式进行消息的发送和接收,完成进程间的通信。

3. 管道通信系统(Pipe Communication System)

管道实质上就是一个共享文件,用于连接一个读进程和一个写进程以实现二者之间通信。写进程一般以字符流形式将大量的数据送入管道;而读进程则从管道中接收(即读取)数据。由于发送进程和接收进程都是利用管道这一机制进行数据通信的,因此又被称作管道通信方式,这种方式首创于 UNIX 系统,后被其他系统广泛使用。

由于管道通信是读写进程双方之间进行通信,所以管道机制必须协调好进程之间的三种关系。

（1）互斥。当一进程正在对管道执行读或写操作时,另一进程必须等待。

（2）同步。当写进程写入一定数据进入管道之后便去睡眠等待,直到读进程将数据读取之后再将它唤醒。当读进程发现管道为空时,也应睡眠等待,直至写进程将数据写入管道后才将之唤醒。

（3）确定读写双方进程都存在,只有确定了对方进程存在时才能进行通信。

### 2.7.3　Linux 系统的通信机制

Linux 进程间通信有如下几种主要手段:

（1）管道(Pipe)及有名管道(Named Pipe):管道可用于具有亲缘关系进程间的通信,有名管道克服了管道没有名字的限制,因此,除具有管道所具有的功能外,它还允许无亲缘关系进程间的通信。

（2）信号（Signal）：信号是比较复杂的通信方式，用于通知接受进程有某种事件发生，除了用于进程间通信外，进程还可以发送信号给进程本身；Linux 除了支持 UNIX 早期信号语义函数 signal 外，还支持语义符合 Posix.1 标准的信号函数 sigaction（实际上，该函数是基于 BSD（Berkeley Software Distribution，伯克利软件套件）的，BSD 为了实现可靠信号机制，又能够统一对外接口，sigaction 函数重新实现了 signal 函数）。

（3）报文（Message）队列（消息队列）：消息队列是消息的链接表，包括 Posix 消息队列、System V 消息队列。有足够权限的进程可以向队列中添加消息，被赋予读权限的进程则可以读走队列中的消息。消息队列克服了信号承载信息量少、管道只能承载无格式字节流以及缓冲区大小受限等缺点。

（4）共享内存（Shared-Memory）：使得多个进程可以访问同一块内存空间，是最快的可用 IPC 形式。是针对其他通信机制运行效率较低设计的，往往与其他通信机制，如信号量结合使用，来达到进程间的同步及互斥。

（5）信号量（Semaphore）：主要作为进程间以及同一进程不同线程之间的同步手段。

（6）套接字（Socket）：更为一般的进程间通信机制，可用于不同机器之间的进程间通信。起初是由 UNIX 系统的 BSD 分支开发出来的，但现在一般可以移植到 UNIX 或 Linux 系统上。

## 2.8　管程

管程（Monitor）在功能上和信号量及 PV 操作类似，属于一种进程同步互斥工具，但是具有与信号量及 PV 操作不同的属性。

### 2.8.1　管程的引入

信号量机制虽然能够实现进程的同步控制，但本身还具有很大缺点，如进程自备同步操作过程中，wait(S) 和 signal(S) 原语操作大量分散在各个进程中，不易管理，易发生死锁。1974 年和 1977 年，Hore 和 Hansen 提出了管程的概念。

管程封装了同步操作，对进程隐蔽了同步细节，简化了同步功能的调用界面，使得用户编写并发程序如同编写顺序程序一样简单。

引入管程机制的目的如下：

（1）把分散在各进程中的临界区集中起来进行管理。

（2）防止进程有意或无意违法同步操作。

（3）便于用高级语言来书写程序，也便于程序正确性验证。

### 2.8.2　基本概念

#### 1. 管程的定义

管程是由局部于自己的若干公共变量及其说明和所有访问这些公共变量的过程所组成的软件模块。

#### 2. 管程的组成

（1）局部数据和条件变量组成管程内的数据结构。

（2）管程内的一组过程（或函数）对管程内的数据结构进行操作。

（3）初始化代码对管程内的数据结构进行初始化。

### 3. 管程的属性

（1）共享性：管程可被系统范围内的进程互斥访问，属于共享资源。

（2）安全性：管程的局部变量只能由管程的过程访问，不允许进程或其他管程直接访问，管程也不能访问非局部于它的变量。

（3）互斥性：多个进程对管程的访问是互斥的。任一时刻，管程中只能有一个活跃进程。

（4）封装性：管程内的数据结构是私有的，只能在管程内使用，管程内的过程也只能使用管程内的数据结构。进程通过调用管程的过程使用临界资源。

## 2.8.3 利用管程解决生产者/消费者问题

生产者/消费者问题用管程（互斥锁＋条件变量）来实现，Linux 系统下提供了条件变量和互斥锁的实现，头文件在/usr/include/pthread.h，代码实现如下（producer_consumer_monitor.cpp）：

```
# include < stdio.h >
# include < pthread.h >
# include < time.h >
# include < stdlib.h >
# include < unistd.h >

#define BUFF_SIZE   3
#define PRODUCE_THREAD_SIZE 5
int g_buff[BUFF_SIZE];
int g_write_index = 0;
int g_read_index = 0;

pthread_mutex_t lock;
pthread_cond_t consume_cond, produce_cond;
void * produce(void * ptr){
    int idx = * (int * )ptr;
    printf("in produce % d % d % d\\n",idx, g_write_index, g_read_index);
    while(1){
        pthread_mutex_lock(&lock);
        while((g_write_index + 1) % BUFF_SIZE == g_read_index)
            pthread_cond_wait(&produce_cond, &lock);

        g_buff[g_write_index] = idx;
        g_write_index = (g_write_index + 1) % BUFF_SIZE;

        pthread_cond_signal(&consume_cond);
        pthread_mutex_unlock(&lock);
```

```
        }
        return NULL;
}
void * consume(void * ptr){
        while(1){
                pthread_mutex_lock(&lock);
                while(g_read_index == g_write_index)
                        pthread_cond_wait(&consume_cond, &lock);
                int data = g_buff[g_read_index];
                g_buff[g_read_index] = -1;
                g_read_index = (g_read_index + 1) % BUFF_SIZE;
                printf("consume %d\\n", data);

                pthread_cond_signal(&produce_cond);
                pthread_mutex_unlock(&lock);
        }
        return NULL;
}
int main(int argc, char * argv[]){
        pthread_t con;
        pthread_t pros[PRODUCE_THREAD_SIZE];

        srand((unsigned) time(NULL));
        pthread_mutex_init(&lock, 0);
        pthread_cond_init(&consume_cond,0);
        pthread_cond_init(&produce_cond,0);

        pthread_create(&con, NULL, consume, NULL);
        int thread_args[PRODUCE_THREAD_SIZE];
        for(int i = 0; i < PRODUCE_THREAD_SIZE; i++){
                thread_args[i] = i + 1;
                pthread_create(&pros[i], NULL, produce, (thread_args + i));
        }
        pthread_join(con,0);
        for(int i = 0; i < PRODUCE_THREAD_SIZE; i++)
                pthread_join(pros[i],0);

                pthread_mutex_destroy(&lock);
                pthread_cond_destroy(&consume_cond);
                pthread_cond_destroy(&produce_cond);

                return 0;
        }
```

# 2.9 线程

在多道程序操作系统中引入进程的概念,解决了单处理机环境下程序的并发执行问题,提高了系统吞吐量和处理效率。但进程的独立性(隔离性)特征使得不同进程之间进行数据共享和进程同步等变得复杂。对程序开发人员而言,很难编程实现控制其他进程与自己的程序进行交互协调。因此,在 20 世纪 80 年代中期,人们提出了比进程更小的基本单位——线程(Threads)。

## 2.9.1 线程的概念

线程,有时被称为轻量级进程(Light-Weight Process,LWP),是程序执行流的最小单元。一个标准的线程由线程 ID、当前指令指针(PC)、寄存器集合和堆栈组成。另外,线程是进程中的一个实体,是被系统独立调度和分派的基本单位,线程自己不拥有系统资源,只拥有一点儿在运行中必不可少的资源,但它可与同属一个进程的其他线程共享进程所拥有的全部资源。

一个线程可以创建和撤销另一个线程,同一进程中的多个线程之间可以并发执行。由于线程之间的相互制约,致使线程在运行中呈现出间断性。线程也有就绪、阻塞和运行三种基本状态。就绪状态是指线程具备运行的所有条件,逻辑上可以运行,在等待处理机;运行状态是指线程占有处理机正在运行;阻塞状态是指线程在等待一个事件(如某个信号量),逻辑上不可执行。每一个程序都至少有一个线程,若程序只有一个线程,那就是程序本身。

线程是程序中一个单一的顺序控制流程,是进程内一个相对独立的、可调度的执行单元,是系统独立调度和分派 CPU 的基本单位(指令运行中的程序的调度单位)。在单个程序中同时运行多个线程完成不同的工作,称为多线程。

### 1. 进程与线程的比较

在操作系统中引入进程是为了使多个程序可以并发执行,以提高资源利用率和系统吞吐量;引入线程则是为了进一步提高并发执行效率,减少程序并发执行期间的时空开销。线程同样具有进程的动态性、并发性、独立性和异步性等特点,所以一般我们又将线程称作轻型进程(Light-Weight Process)或进程元,而把传统进程称为重型进程(Heavy-Weigh Process)。

(1) 调度的基本单位

在引入了线程的操作系统中,系统调度和资源分配的基本单位由最初的进程转换为线程,即线程成为能独立运行的基本单位。线程切换与调度的代价远低于进程。

(2) 并发性

为了提高系统的并发性,在引入线程的操作系统中,不仅进程之间可以并发执行,同一个进程中的多个线程也可以并发执行,甚至不同进程中的线程也可以并发执行。这使得操作系统具有更好的并发性,从而更加有效地提高系统资源利用率和系统吞吐量。

(3) 资源占用

进程作为一个系统运行的基本单位,拥有相应的系统资源;线程拥有的资源较少,仅占有保证自身独立运行的必需资源;线程除了拥有自己的少量资源外,还与同一个进程中的其他线程共享该进程所拥有的所有资源,如进程已打开的文件、定时器、信号量机构等内存空间及其申请到的 I/O 设备等。

（4）独立性

与进程相比,同一进程中的多个线程之间的独立性要低很多。进程之间为了防止彼此干扰与破坏,每个进程都占有独立的地址空间和相关资源,除全局变量外,不允许其他进程访问自己的任何资源。而同一个进程中的多个线程共享进程的存储空间和数据资源,为了实现同一个任务,多个线程之间必须进行协调同步、通信与互斥等操作,不可能保持绝对的独立性。

2. 线程控制块

与进程类似,每个线程都配有一个线程控制块（TCB,Thread Control Block）,线程控制块主要用于存储控制和管理线程的信息记录等。线程控制块的内容主要包括以下几部分:

（1）线程标识符。每个线程都具有一个唯一的线程标识符,用来标识线程。

（2）一组寄存器。如用于存储程序计数器（PC）的寄存器、状态寄存器和通用寄存器及其内容。

（3）线程运行状态。记录线程当前正处于何种运行状态（主要包括执行状态、阻塞状态和就绪状态）。

（4）线程优先级。表征线程执行的优先程度。

（5）线程专有存储区。用于线程切换时存放现场保护信息和与该线程相关的统计信息等。

（6）信号屏蔽。即对某些信号加以屏蔽。

（7）堆栈指针。用来保存过程调用中所使用的局部变量以及函数的返回地址等信息。

## 2.9.2 线程管理的实现机制

线程的实现方式包括内核支持线程、用户级线程及二者的组合实现方式,不同系统中线程的实现方式也有差异,如 Macintosh 和 OS/2 操作系统实现的是内核级线程,Infomix 数据库管理系统中实现的是用户级线程,而 Solaris 操作系统则同时支持内核级和用户级两种线程实现方式。

1. 内核级线程 KST（Kernel Supported Threads）实现方式

内核级线程是指所有的线程都在内核的支持下运行的,线程的创建、阻塞、撤销和调度等都必须依赖内核空间。内核空间为每一个内核级线程设置一个线程控制块,通过该线程控制块感知线程的存在,对线程进行控制和管理。

这种实现方式的优点:

（1）在多处理机系统中,内核能够同时调度同一进程中的多个线程并行执行。

（2）其中一个进程被阻塞了,内核可以调度该进程中其他线程占用处理机运行,也可以运行其他进程中的线程。

（3）内核级线程具有较小的数据结构和堆栈,线程的切换比较快,切换开销小。

（4）内核本身也采用多线程技术,提高系统运行效率。

主要缺点：

线程在模式切换环节开销较大,同一进程中的多个线程进行切换时,需要先从用户态切换到核心态,这是因为用户级线程在用户态运行,而线程的调度和管理则是在内核中实现的,所以线程的状态切换会导致系统开销增大。

2. 用户级线程 ULT(User Level Threads)实现方式

用户级线程是在用户空间中实现的。线程的创建、撤销、同步与通信等操作,都无需内核的支持,即用户级线程是与内核无关的。线程的任务控制块也是设置在用户空间的,线程所执行的操作也无需内核帮助,因而内核完全不知道用户级线程的存在。

这种实现方式的优点：

(1) 线程切换不需要转换到内核空间。

(2) 调度算法可以是进程专用的。

(3) 与实现的平台没有关系。

主要缺点：

(1) 系统调用会存在阻塞问题。

(2) 单纯的用户线程实现方式中,多线程应用不能利用多处理机进行多重处理的优点,内核每次分配给一个进程仅有一个 CPU,因此,进程中仅有一个线程能执行,该进程放弃 CPU 之前,其他线程只能等待。

3. 组合实现方式

有些操作系统把用户级线程和内核级线程两种方式进行结合,提供了组合方式的 ULT/KST 线程。在组合方式线程系统中,系统内核支持多个内核级线程的建立、调度与管理,同时也允许用户级线程的建立、调度与管理。

用户级线程通过时分多路复用内核支持线程来实现。组合方式的线程中,同一个进程内多个线程可以同时在多处理机上并行执行,并且阻塞一个线程,不需要把整个进程都阻塞。

## 2.10 小结

广义的处理机管理的主要功能有作业调度、进程调度和交通控制(如进程间的通信和同步)。作业从输入并装入主存储器的过程中操作系统自动产生一个相关进程,操作系统再运用进程的调用算法来选择哪个进程执行(前提条件是并发进程),这样进程就在处理机当中不断地运行起来一直到终止。其实,现代操作系统采用了多线程的技术,线程与进程相比,它是轻型的进程,这样一来可以进一步提高操作系统的性能与工作效率。

## 思考与习题

**1.** 为什么程序并发执行会产生间断性特征?

**2.** 程序并发执行时为什么会失去封闭性和可再现性?

**3.** 为什么要在操作系统中引入进程?

**4.** 简述进程的几种状态及其转换过程?

**5.** 为什么要在操作系统中引入线程?

**6.** 简述线程与进程的区别?

**7.** 试说明用户级线程的实现方法?

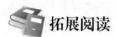 **拓展阅读**

## Linux 进程管理

Linux 是一种动态系统,能够适应不断变化的计算需求。Linux 计算需求的表现是以进程的通用抽象为中心的。进程可以是短期的(从命令行执行的一个命令),也可以是长期的(一种网络服务)。因此,对进程及其调度进行一般管理就显得极为重要。

在用户空间,进程是由进程标识符(PID)表示的。从用户的角度来看,一个 PID 是一个数字值,可唯一标识一个进程。一个 PID 在进程的整个生命期间不会更改,但 PID 可以在进程销毁后被重新使用,所以对它们进行缓存并不见得总是理想的。

在用户空间,创建进程可以采用几种方式。可以执行一个程序(这会导致新进程的创建),也可以在程序内,调用一个 fork 或 exec 系统调用。fork 调用会导致创建一个子进程,而 exec 调用则会用新程序代替当前进程上下文。

### 1. 进程表示

在 Linux 内核内,进程是由相当大的一个称为 task_struct 的结构表示的,此结构包含所有表示此进程所必需的数据。此外,还包含了大量的其他数据用来统计(accounting)和维护与其他进程的关系(父和子)。task_struct 位于./linux/include/linux/sched.h 文件中,其部分代码如下。

代码 1. task_struct 的部分代码

```
struct task_struct {
        volatile long state;
        void * stack;
        unsigned int flags;
        int prio, static_prio;
        struct list_head tasks;
        struct mm_struct * mm, * active_mm;
        pid_t pid;
        pid_t tgid;
        struct task_struct * real_parent;
        char comm[TASK_COMM_LEN];
        struct thread_struct thread;
        struct files_struct * files;
        ...
};
```

state 变量是一些表明任务状态的比特位。最常见的状态有:TASK_RUNNING 表示进程正在运行,或是排在运行队列中正要运行;TASK_INTERRUPTIBLE 表示进程正在休眠；TASK_UNINTERRUPTIBLE 表示进程正在休眠但不能叫醒；TASK_STOPPED 表示进程停止等等。这些标志的完整列表可以在./linux/include/linux/sched.h 内找到。

flags 定义了很多指示符，表明进程是否正在被创建（PF_STARTING）或退出（PF_EXITING），或是进程当前是否在分配内存（PF_MEMALLOC）。可执行程序的名称（不包含路径）占用 comm（命令）字段。

每个进程都会被赋予优先级（称为 static_prio），但进程的实际优先级是基于加载以及其他几个因素动态决定的。优先级值越低，实际的优先级越高。

tasks 字段提供了链接列表的能力。它包含一个 prev 指针（指向前一个任务）和一个 next 指针（指向下一个任务）。

进程的地址空间由 mm 和 active_mm 字段表示。mm 代表的是进程的内存描述符，而 active_mm 则是前一个进程的内存描述符（为改进上下文切换时间的一种优化）。

thread_struct 则用来标识进程的存储状态。此元素依赖于 Linux 在其上运行的特定架构，在./linux/include/asm-i386/processor.h 内有这样的一个例子。在此结构内，可以找到该进程自执行上下文切换后的存储（硬件注册表、程序计数器等）。

2. 进程管理

在很多情况下，进程都是动态创建并由一个动态分配的 task_struct 表示。一个例外是 init 进程本身，它总是存在并由一个静态分配的 task_struct 表示。在./linux/arch/i386/kernel/init_task.c 内可以找到这样的一个例子。

Linux 内所有进程的分配有两种方式。第一种方式是通过一个哈希表，由 PID 值进行哈希计算得到；第二种方式是通过双链循环表。循环表非常适合于对任务列表进行迭代。由于列表是循环的，没有头或尾，但是由于 init_task 总是存在，所以可以将其用作继续向前迭代的一个锚点。

任务列表无法从用户空间访问，但该问题很容易解决，方法是以模块形式向内核内插入代码。

代码 2. 发出任务信息的简单内核模块（procsview.c）

```c
# include < linux/kernel.h >
# include < linux/module.h >
# include < linux/sched.h >

int init_module( void )
{
    /* Set up the anchor point */
    struct task_struct * task = &init_task;

    /* Walk through the task list, until we hit the init_task again */
    do {

        printk( KERN_INFO "*** %s [%d] parent %s\\n",
            task->comm, task->pid, task->parent->comm );
```

```
    } while ( (task = next_task(task)) != &init_task );

        return 0;
    }

    void cleanup_module( void )
    {
        return;
    }
```

代码 2 中所示的是一个很简单的程序,它会执行迭代任务列表并会提供有关每个任务的少量信息(name、pid 和 parent 名)。注意,在这里此模块使用 printk 来发出结果。要查看具体的结果,可以通过 cat 实用工具(或实时的 tail-f /var/log/messages)查看/var/log/messages 文件。next_task 函数是 sched.h 内的一个宏,它简化了任务列表的迭代(返回下一个任务的 task_struct 引用)。

可以用代码 3 所示的 Makefile 编译此模块。在编译时,可以用 insmod procsview.ko 插入模块对象,也可以用 rmmod procsview 删除它。

代码 3. 用来构建内核模块的 Makefile

```
    obj-m += procsview.o

    KDIR = /lib/modules/$(shell uname-r)/build
    PWD = $(shell pwd)

    default:
        $(MAKE) -C $(KDIR) SUBDIRS = $(PWD) modules
```

插入后,/var/log/messages 可显示输出。从中可以看到,这里有一个空闲任务(称为swapper)和 init 任务(pid 1)。

```
Nov 12 22:19:51 mtj-desktop kernel: [8503.873310] *** swapper [0] parent swapper
Nov 12 22:19:51 mtj-desktop kernel: [8503.904182] *** init [1] parent swapper
Nov 12 22:19:51 mtj-desktop kernel: [8503.904215] *** kthreadd [2] parent swapper
Nov 12 22:19:51 mtj-desktop kernel: [8503.904233] *** migration/0 [3] parent kthreadd
......
```

注意,还可以标识当前正在运行的任务。Linux 维护一个称为 current 的符号,代表的是当前运行的进程(类型是 task_struct)。如果在 init_module 的尾部插入如下这行代码:

```
printk( KERN_INFO, "Current task is %s [%d], current->comm, current->pid );
```

会看到:

```
Nov 12 22:48:45 mtj-desktop kernel: [10233.323662] Current task is insmod [6538]
```

注意,当前的任务是 insmod,这是因为 init_module 函数是在 insmod 命令执行的上下文运行的。current 符号实际指的是一个函数(get_current),并可在一个与 arch 有关的头部中找到(比如./linux/include/asm-i386/current.h 内找到)。

### 3. 进程创建

从用户空间创建一个进程的过程较为简单。用户空间任务和内核任务的底层机制是一致的,因为二者最终都会依赖于一个名为 do_fork 的函数来创建新进程。在创建内核线程时,内核会调用一个名为 kernel_thread 的函数(参见./linux/arch/i386/kernel/process.c),此函数执行某些初始化后会调用 do_fork。

创建用户空间进程的情况与此类似。在用户空间,一个程序会调用 fork,这会导致对名为 sys_fork 的内核函数的系统调用(参见./linux/arch/i386/kernel/process.c),函数关系如图 2 - 11 所示。从图 2 - 11 中可以看到,do_fork 是进程创建的基础。可以在./linux/kernel/fork.c 内找到 do_fork 函数(以及合作函数 copy_process)。

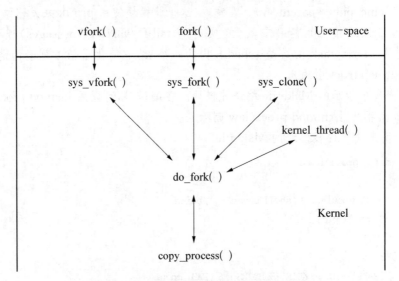

**图 2 - 11　负责创建进程的函数的层次结构**

do_fork 函数首先调用 alloc_pidmap,该调用会分配一个新的 PID。接下来,do_fork 检查调试器是否在跟踪父进程。如果是,在 clone_flags 内设置 CLONE_PTRACE 标志以做好执行 fork 操作的准备。之后 do_fork 函数还会调用 copy_process,向其传递这些标志、堆栈、注册表、父进程以及最新分配的 PID。

新的进程在 copy_process 函数内作为父进程的一个副本创建。此函数能执行除启动进程之外的所有操作,启动进程在之后进行处理。copy_process 内的第一步是验证 CLONE 标志以确保这些标志是一致的。如果不一致,就会返回 EINVAL 错误。接下来,询问 Linux Security Module(LSM)看当前任务是否可以创建一个新任务。

接下来,调用 dup_task_struct 函数(在./linux/kernel/fork.c 内),这会分配一个新 task_struct 并将当前进程的描述符复制到其内。在新的线程堆栈设置好后,一些状态信息也会被初始化,并且会将控制返回给 copy_process。控制回到 copy_process 后,除了其他几个限制和安全检查之外,还会执行一些常规管理,包括在新 task_struct 上的各种初始化。之后,会调用一系列复制函数来复制此进程的各个方面,比如复制开放文件描述符(copy_files)、复制符号信息(copy_sighand 和 copy_signal)、复制进程内存(copy_mm)以及最终复制线程(copy_thread)。

之后,这个新任务会被指定给一个处理程序,同时对允许执行进程的处理程序进行额外的检查(cpus_allowed)。新进程的优先级从父进程的优先级继承后,执行一小部分额外的常规管理,而且控制也会被返回给 do_fork。此时,新进程存在但尚未运行。do_fork 函数通过调用 wake_up_new_task 来修复此问题。此函数(可在./linux/kernel/sched.c 内找到)初始化某些调度程序的常规管理信息,将新进程放置在运行队列之内,然后将其唤醒以便执行。最后,一旦返回至 do_fork,此 PID 值即被返回给调用程序,进程完成。

### 4. 进程调度

存在于 Linux 的进程也可通过 Linux 调度程序被调度。Linux 调度程序维护了针对每个优先级别的一组列表,其中保存了 task_struct 引用。任务通过 schedule 函数(在./linux/kernel/sched.c 内)调用,它根据加载及进程执行历史决定最佳进程。

### 5. 进程销毁

进程销毁可以通过正常的进程结束、通过信号或是通过对 exit 函数的调用等方式来完成。不管进程如何退出,进程的结束都要借助对内核函数 do_exit(在./linux/kernel/exit.c 内)的调用。此过程如图 2-12 所示。

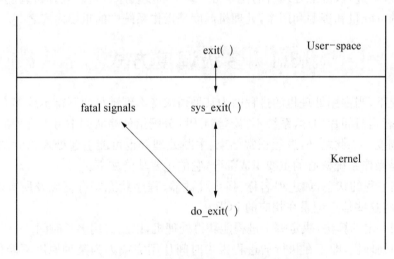

**图 2-12 实现进程销毁的函数的层次结构**

do_exit 的目的是将所有对当前进程的引用从操作系统删除(针对所有没有共享的资源)。销毁的过程先要通过设置 PF_EXITING 标志来表明进程正在退出。内核的其他方面会利用它来避免在进程被删除时还试图处理此进程。将进程从它在其生命期间获得的各种资源分离开来是通过一系列调用实现的,比如 exit_mm(删除内存页)和 exit_keys(释放线程会话和进程安全键)。do_exit 函数执行释放进程所需的各种统计,这之后,通过调用 exit_notify 执行一系列通知(比如,告知父进程其子进程正在退出)。最后,进程状态被更改为 PF_DEAD,并且还会调用 schedule 函数来选择一个将要执行的新进程。请注意,如果对父进程的通知是必需的(或进程正在被跟踪),那么任务将不会彻底消失。如果无需任何通知,就可以调用 release_task 来实际收回由进程使用的那部分内存。

# 第 3 章

# 处理机调度与死锁

多道程序处理系统中,内存中往往同时存在多个进程,当进程数量大于系统处理机数量时,就需要动态调度处理机,将其分配给处于就绪状态的某个(单核处理机)或某些(多核处理机或多处理器)进程,分配处理机的任务由处理机调度程序负责。处理机调度程序的好坏决定了系统的吞吐量和资源利用率,处理机调度是操作系统中的重要内容之一。

## 3.1 多级调度方式

一般情况下,当占用处理机的进程因为某种请求得不到满足而不得不放弃 CPU 进入等待状态时,或者当时间片用尽,系统不得不将 CPU 分配给就绪队列中另一进程的时候,都要引起处理机调度。除此之外,进程正常结束、中断处理等也可能引起处理机的调度。因此,处理机调度是操作系统核心的重要组成部分,它的主要功能如下:

(1) 记住进程的状态,如进程名称、指令计数器、程序状态寄存器以及所有通用寄存器等现场信息,将这些信息记录在相应的 PCB 中。

(2) 根据一定的算法,决定哪个进程能获得处理机,以及占用多长时间。

(3) 收回处理机,即正在执行的进程因为时间片用完或因为某种原因不能再执行的时候,保存该进程的现场,并收回处理机。

调度的实质就是一种资源分配,调度算法就是明确如何进行资源分配的相关策略机制。处理机调度的功能中,很重要的一项就是根据一定算法,从就绪队列中选出一个进程占用 CPU 运行。可见,算法是处理机调度的关键。在多道程序处理系统中,一个作业从开始提交进入就绪状态到获得处理机资源进入运行状态,直到最终运行完毕进入终止态,可能需要经历多级处理机调度,大致分为以下三种。

### 3.1.1 作业调度

作业调度又称高级调度或长程调度,其调度对象是作业。作业调度主要是根据某种调度算法,将外存上后备队列中某个或某些作业调入内存,然后为作业创建相应进程、分配必要资源,然后放入就绪队列中。其主要任务是按一定的原则从外存上处于后备状态的作业中挑选一个(或多个)作业,给它(们)分配内存、输入/输出设备等必要的资源,并建立相应的进程,以使它(们)获得竞争处理机的权利。简言之,就是内存与辅存之间的调度。对于每个作业只调入一次、调出一次。作业调度主要用于多道批处理系统中,多道批处理系统中大多配有作业调度,而其他系统中通常不需要配置作业调度,所以分时系统和实时系统不涉及。作业调度的执行频率较低,通常为几分钟一次。

### 3.1.2　内存调度

内存调度又称中级调度。相对于外存而言,内存容量较小,资源较为稀缺。为了提高内存利用率和系统吞吐量,应把暂时无法运行的进程保存到外存等待,此时进程的状态称为挂起状态(也称作就绪驻外存状态)。当内存空闲且进程所需条件具备时,系统根据内存调度算法从外存中选取某个或某些就绪进程重新载入内存,修改其状态为就绪状态,压入就绪队列等待。由此可见,内存调度实质上就是内外存储器管理中的对换操作。

引入中级调度是为了提高内存利用率和系统吞吐量。为此,应使那些暂时不能运行的进程调至外存等待,此时的进程状态称为挂起状态。当它们已具备运行条件且内存又稍有空闲时,由中级调度来决定,把外存上的那些已具备运行条件的就绪进程再重新调入内存,并修改其状态为就绪状态,挂在就绪队列上等待。

### 3.1.3　进程调度

进程调度又称低级调度或短程调度,其调度对象为进程(也可以是内核级线程)。进程调度主要是根据某种调度算法,在就绪队列中选择一个进程,将处理机资源赋予该进程。进程调度是最基本的一种调度,在多道批处理系统、分时和实时系统中都必须设置进程调度。进程调度的频率很高,一般为几十毫秒一次。

在上述三种调度中,进程调度的运行频率最高,因此把它称为短程调度。由于调度频繁,为避免调度本身占用太多的 CPU 时间,不宜使进程调度算法太复杂。作业调度往往是发生在一批作业已运行完毕退出系统后又需要重新调入另一批作业进入内存时,作业调度的周期较长,因此把它称为长程调度。由于其运行频率较低,故允许作业调度算法花费较多的时间。中级调度的运行频率介于上述两种调度之间,因此又把它称为中程调度。

## 3.2　进程调度

无论是在批处理系统还是分时系统中,用户进程数一般都多于处理机数,这将导致它们互相争夺处理机。另外,系统进程也同样需要使用处理机。这就要求进程调度程序按一定的策略、动态地把处理机分配给处于就绪队列中的某一个进程,以使之执行。

### 3.2.1　调度的时机

进程调度就是按照某种算法从就绪队列中选择一个进程为其分配处理机。进程调度和切换程序是操作系统内核程序。当请求调度的事件发生后,才可能会运行进程调度程序,当调度了新的就绪进程后,才会去进行进程间的切换。理论上这三件事情应该顺序执行,但在实际设计中,在操作系统内核程序运行时,如果某时发生了引起进程调度的因素,并不一定能够马上进行调度与切换。

需要进程调度的时机有以下两种情况：当前进程主动放弃处理机和当前进程被动放弃处理机。

1. 当前进程主动放弃处理机

（1）进程正常终止。正在执行的进程执行完毕，这时如果不选择新的就绪进程执行，将浪费处理机资源。

（2）执行中进程自己调用阻塞原语将自己阻塞起来进入睡眠等状态。

（3）执行中进程调用了 wait()原语操作，从而因资源不足而被阻塞；或调用了 signal()原语操作激活了等待资源的进程队列。

（4）进程执行过程中提出 I/O 请求后未及时获得资源而被阻塞。

（5）运行过程中发生异常而终止，在一次出错陷入之后，该陷入使现行进程在出错处理时被挂起时。

2. 当前进程被动放弃处理机

（1）分给进程的时间片用完，如在分时系统中，当进程使用完规定的时间片，进程缺少了执行必需的时间片资源，时钟中断使该进程让出处理机。

（2）有更紧急的事需要处理，如打印进程在打印过程中发生了打印机卡纸而导致的 I/O 中断等而被迫放弃处理机。

（3）在采取可剥夺调度方式的系统中，有更高优先级的进程进入就绪队列要求处理机时，就绪队列中的某进程的优先级变得高于当前执行进程的优先级，从而也将引发进程调度。

除了以上两种进程调度情况之外，有些进程在执行过程中是不允许进行调度或者状态切换的，禁止进行进程调度和切换的时机有以下三种：

1. 在处理中断的过程中进程禁止调度

中断处理过程复杂，与硬件密切相关，很难做到在中断处理过程中进行进程切换。而且中断处理是系统工作的一部分，逻辑上不属于某一进程，不应被剥夺处理机资源。

2. 进程在操作系统内核程序临界区中

进入临界区后，需要独占式地访问共享数据，理论上必须加锁，以防止其他并行程序进入，在解锁前不应切换到其他进程运行，以加快该共享数据的释放。

3. 其他需要完全屏蔽中断的原子操作过程中

如加锁、解锁、中断现场保护、恢复等原子操作。在原子操作过程中（原语），连中断都要屏蔽，因为原子操作不可中断，更不应该进行进程调度与切换。

如果在上述过程中发生了引起调度的条件，并不能马上进行调度和切换，应设置系统的请求调度标志，直到上述过程结束后才进行相应的调度与切换。

## 3.2.2 调度的方式

进程调度方式是指当某一个进程正在处理机上执行时，若有某个更为重要或紧迫的进程需要处理，即有优先权更高的进程进入就绪队列，此时应如何分配处理机。

通常有以下两种进程调度方式：

（1）非剥夺调度方式，又称非抢占方式（Nonpreemptive Mode）。是指当一个进程正在处理机上执行时,即使有某个更为重要或紧迫的进程进入就绪队列,仍然让正在执行的进程继续执行,直到该进程完成或发生某种事件而进入阻塞状态时,即只允许进程主动放弃处理机。也就是说当前进程在运行过程中即便有更紧迫的任务到达,也会继续使用处理机,直到该进程终止或主动要求进入阻塞状态、睡眠状态,或时间片用完时,才把处理机分配给更为重要或紧迫的进程。

在非剥夺调度方式下,一旦把 CPU 分配给一个进程,那么该进程就会保持 CPU 直到终止或转换到等待状态。这种方式的优点是实现简单、系统开销小,适用于大多数的批处理系统,但它不能用于分时系统和大多数的实时系统。

(2) 剥夺调度方式,又称抢占方式(Preemptive Mode)。是指当一个进程正在处理机上执行时,若有某个更为重要或紧迫的进程需要使用处理机,则立即暂停正在执行的进程,将处理机分配给这个更为重要或紧迫的进程。

采用剥夺式的调度,对提高系统吞吐量和响应效率都有明显的好处。但"剥夺"不是一种任意性行为,必须遵循一定的原则,主要有:优先权原则、短进程优先原则和时间片原则等。

## 3.2.3　调度的设计准则及性能衡量

进程运行需要各种各样的系统资源,如内存、文件、打印机和最宝贵的 CPU 等,调度的实质就是资源的分配。在一个操作系统的设计中,应如何选择调度方式和算法,在很大程度上取决于操作系统的类型及其目标。例如,在批处理系统、分时系统和实时系统中,通常采用不同的调度方式和算法。选择调度方式和算法的准则,有的是面向用户的,有的是面向系统的。

### 1. 面向用户的准则

为了满足用户的需求,应该遵循如下一些准则:

(1) 周转时间短

通常把周转时间的长短作为评价批处理系统的性能、选择作业调度方式与算法的重要准则之一。其中周转时间是指从作业被提交给系统开始,到作业完成为止的这段时间间隔。它包括四部分时间:作业在外存后备队列上等待(作业)调度的时间、进程在就绪队列上等待进程调度的时间、进程在 CPU 上执行的时间,以及进程等待 I/O 操作完成的时间。其中后三项在一个作业的整个处理过程中可能会发生多次。

对每个用户来说,都希望自己作业的周转时间最短。但作为计算机系统的管理者,则是希望能使平均周转时间最短,这不仅会有效地提高系统资源的利用率,而且还可使大多数用户都感到满意。

(2) 响应时间快

常把响应时间的长短用来评价分时系统的性能,这是选择分时系统中进程调度算法的重要准则之一。其中响应时间是指从用户通过键盘提交一个请求开始,直至系统首次产生响应为止的时间。它包括三部分时间:从键盘输入的请求信息传送到处理机的时间、处理机对请求信息进行处理的时间,以及将所形成的响应信息回送到终端显示器的时间。

(3) 截止时间的保证

最迟时间是评价实时系统性能的重要指标,因而是选择实时调度算法的重要准则。所谓截止时间,是指某任务必须开始执行的最迟时间,或必须完成的最迟时间。对于严格的实时系统,其调度方式和调度算法必须保证这一点,否则将可能造成难以预测的后果。

（4）优先权准则

在批处理、分时和实时系统中选择调度算法时,都应该遵循优先权原则,以便让某些紧急的作业能得到及时处理。在要求严格的场合,往往还须选择抢占式调度方式,才能保证紧急作业得到及时处理。

**2. 面向系统的准则**

这是为了满足系统要求而应遵循的一些准则。其中,较重要的有如下几点:

（1）系统吞吐量高

系统吞吐量是用于评价批处理系统性能的一个重要指标,因而是选择批处理作业调度的重要准则。对于大型作业,一般吞吐量约为一道作业;对于中、小型作业,其吞吐量则可能达到数十道作业之多。作业调度的方式和算法对吞吐量的大小也将产生较大影响。事实上,对于同一批作业,若采用了较好的调度方式和算法,则可显著地提高系统的吞吐量。

（2）处理机的利用率高

对于大、中型多用户系统,由于 CPU 价格十分昂贵,致使处理机的利用率成为衡量系统性能的十分重要的指标,而调度方式和算法对处理机的利用率起着十分重要的作用。在实际系统中,CPU 的利用率一般在 40% 到 90% 之间。在大、中型系统中,在选择调度方式和算法时,应考虑到这一准则,但对于单用户微机或某些实时系统,此准则就不那么重要了。

（3）各类资源的平衡利用

在大、中型系统中,不仅要使处理机的利用率高,而且还应能有效地利用其他各类资源,如内存、外存和 I/O 设备等。选择适当的调度方式和算法可以保持系统中各类资源都处于忙碌状态,但对于微型机和某些实时系统而言,该准则并不重要。

总之,一个好的调度算法(时间片轮转调度算法、优先权调度算法、多级反馈队列调度、实时调度等)应当考虑以下几个方面。

（1）公平:保证每个进程得到合理的 CPU 时间。

（2）高效:使 CPU 保持忙碌状态,即总是有进程在 CPU 上运行。

（3）响应时间:使交互用户的响应时间尽可能短。

（4）周转时间:使批处理用户等待输出的时间尽可能短。

（5）吞吐量:使单位时间内处理的进程数量尽可能多。

很明显,不可能同时满足所有五个方面,所以每种调度算法都是满足其中的一种或多种,而且不同的调度算法具有不同的特性,在选择调度算法时,必须考虑算法所具有的特性。为了比较处理机调度算法的性能,人们提出很多性能衡量指标:

（1）CPU 利用率。CPU 是计算机系统中最重要和昂贵的资源之一,所以应尽可能使 CPU 保持"忙"状态,使这一资源利用率最高。

（2）系统吞吐量。表示单位时间内 CPU 完成作业的数量。由于长作业需要消耗较长的处理机时间,因此会降低系统的吞吐量;而对于短作业,它们所需要消耗的处理机时间较短,因此能提高系统的吞吐量。调度算法和方式的不同,也会对系统的吞吐量产生较大的影响。

（3）周转时间。从作业提交到作业完成所经历的时间,包括作业等待、在就绪队列中排队、在处理机上运行以及进行输入/输出操作所花费时间的总和。

作业的周转时间可用公式表示为：

$$周转时间 = 作业完成时间 - 作业提交时间$$

平均周转时间是指多个作业周转时间的平均值：

$$平均周转时间 = \frac{作业 1 周转时间 + \cdots + 作业 n 周转时间}{n}$$

带权周转时间是指作业周转时间与作业实际运行时间的比值：

$$带权周转时间 = \frac{作业周转时间}{作业实际运行时间}$$

平均带权周转时间是指多个作业带权周转时间的平均值：

$$平均带权周转时间 = \frac{作业 1 带权周转时间 + \cdots + 作业 n 带权周转时间}{n}$$

（4）等待时间。是指进程处于等待处理机状态时间之和，等待时间越长，用户满意度越低。处理机调度算法实际上并不影响作业执行或输入/输出操作的时间，只影响作业在就绪队列中等待所花的时间。因此，衡量一个调度算法优劣常常只需简单地考察等待时间。

（5）响应时间。是指从用户提交请求到系统首次产生响应所用的时间。在交互式系统中，周转时间不可能是最好的评价准则，一般采用响应时间作为衡量调度算法的重要准则之一。从用户角度看，调度策略应尽量降低响应时间，使响应时间处在用户能接受的范围之内。

要想得到一个满足所有用户和系统要求的算法几乎是不可能的。设计调度程序，一方面要满足特定系统用户的要求（如某些实时和交互进程快速响应要求），另一方面要考虑系统整体效率（如减少整个系统进程平均周转时间），同时还要考虑调度算法的开销。

【例 3-1】 设单处理机系统中有 4 个周期性实时任务 $A$、$B$、$C$、$D$，到达时间分别为 0、1、2 和 3，运行时间分别为 12、5、7 和 3，求采用抢占式最短作业优先策略时的平均周转时间。

【解答】

表 3-1 任务运行时序表

| 时间(s) | 1 | 2 | 3 | 4 | 5 | 6 | 7 | 8 | 9 | 10 | 11 | 12 | 13 | 14 |
|---|---|---|---|---|---|---|---|---|---|---|---|---|---|---|
| 任务列表 | A(12)<br>B(5) | A(11)<br>B(4)<br>C(7) | A(11)<br>B(3)<br>C(7)<br>D(3) | A(11)<br>B(2)<br>C(7)<br>D(3) | A(11)<br>B(1)<br>C(7)<br>D(3) | A(11)<br>C(7)<br>D(3) | A(11)<br>C(7)<br>D(3) | A(11)<br>C(7)<br>D(2) | A(11)<br>C(7)<br>D(1) | A(11)<br>C(6) | A(11)<br>C(5) | A(11)<br>C(4) | A(11)<br>C(3) | A(11)<br>C(3) |
| 运行 | A | B | B | B | B | B | D | D | D | C | C | C | C | C |

| 时间(s) | 15 | 16 | 17 | 18 | 19 | 20 | 21 | 22 | 23 | 24 | 25 | 26 | 27 |
|---|---|---|---|---|---|---|---|---|---|---|---|---|---|
| 任务列表 | A(11)<br>C(2) | A(11)<br>C(1) | A(11) | A(10) | A(9) | A(8) | A(7) | A(6) | A(5) | A(4) | A(3) | A(2) | A(1) |
| 运行 | C | C | A | A | A | A | A | A | A | A | A | A | A |

如表 3-1 所示,按一个周期讨论四个进程任务的执行过程。

(1) 0 时刻进程 A 进入任务列表,当前只有 A 任务,进程 A 被执行;

(2) 1 个时间单位后,进程 B 进入任务列表,任务列表中有 A、B 两个进程,A 任务要执行完毕需要 11 个单位时间,B 任务需要 5 个单位时间,按短作业优先策略原则,执行 B 进程;

(3) 下一个单位时间,C 进程进入任务队列,A 进程需要 11 个单位时间,B 进程需要 4 个单位时间,C 需要 7 个单位时间,继续执行 B 进程;

(4) 第 4 个单位时间,D 进程进入队列,此时 A、B、C、D 四个进程所需要的时间片分别为 11、3、7、3,此时 B、D 所需时间长度一致,执行 B 或执行 D 均可,此处按执行 B 进程进行分析(读者可自行分析执行 D 进程的平均周转时间,结果是相同的);

(5) 第 5—6 单位时间内,B 进程任务最短,继续执行直至执行完毕;

(6) 第 7 个单位时间,进程 B 执行完毕,任务列表中只有 A、C、D 三个进程,所需时间分别为 11、7、3,所以 7—9 对应的单位时间执行 D 进程;

(7) 第 10 个单位时间,进程 D 执行完毕,只剩下 A 和 C 进程,A 进程需要 11 个单位时间,C 进程需要 7 个单位时间,所以第 10—16 单位时间进程 C 执行;

(8) 第 17 个单位时间,队列中只剩下 A 进程,尚需 11 个单位时间,所以第 17—27 单位时间段,进程 A 执行。

下面分析四个进程各自所消耗的周转时间。

(1) 进程 A 从第 1 个单位时间进入,一直到第 27 个单位时间才结束,总耗时为 27 个单位时间;

(2) 进程 B 从第 2 个单位时间进入,持续到第 6 个单位时间结束,耗时 5 个单位时间;

(3) 进程 C 从第 3 个单位时间进入,持续到第 16 个单位时间才结束,耗费 14 个单位时间;

(4) 进程 D 从第 4 个单位时间进入,持续到第 9 个单位时间结束,耗时 6 个单位时间。

所以,A、B、C、D 四个进程的平均周转时间 $=\dfrac{27+5+14+6}{4}=13$。

## 3.3 调度算法

在多道程序环境下,主存中有多个进程,其数目往往多于处理机数目。操作系统通过处理机调度程序,按照某种调度算法动态地把处理机分配给就绪队列中的一个进程,使之执行。处理机是重要的计算机资源,提高处理机的利用率及改善系统性能(吞吐量、响应时间),很大程度上取决于处理机调度性能的好坏,因而操作系统的调度算法是非常重要的。调度算法是指根据系统的资源分配策略所规定的资源分配算法。对于不同的系统和系统目标,通常采用不同的调度算法,例如,在批处理系统中,为了照顾为数众多的短作业,应采用短作业优先的调度算法;在分时系统中,为了保证系统具有合理的响应时间,应采用轮转法进行调度。目前存在的多种调度算法中,有的算法适用于作业调度,有的算法适用于进程调度,但也有些调度算法既可以用于作业调度,也可用于进程调度。

### 3.3.1　先来先服务和短进程优先调度算法

先来先服务(FCFS,First Come First Served)调度算法是一种最简单的调度算法,该算法既可以用于作业调度,也可以用于进程调度。当在作业调度中采用该算法时,每次调度都是从后备作业队列中选择一个或多个最先进入该队列的作业,将它们调入内存,为它们分配资源、创建进程,然后放入就绪队列。在进程调度中采用 FCFS 算法时,则每次调度是从就绪队列中选择一个最先进入该队列的进程,为之分配处理机,使之投入运行。该进程一直运行到完成或者发生某事件而阻塞后才放弃处理机。

FCFS 算法比较有利于长进程(作业),而不利于短进程(作业)。FCFS 调度算法有利于 CPU 繁忙型的作业,而不利于 I/O 繁忙型的进程(作业)。CPU 繁忙型作业是指该类作业需要大量的 CPU 时间进行计算,而很少请求 I/O,通常的科学计算属于 CPU 繁忙型作业。I/O 繁忙型作业是指 CPU 进行处理时需频繁地请求 I/O,目前大多数事务处理都属于 I/O 繁忙型进程(作业)。

短进程优先调度算法(SPF,Shortest Process First),是对短作业或者短进程优先调度的算法,是对 FCFS 算法的改进,其目标是减少平均周转时间。短进程优先调度算法则是从就绪队列中选出一个估计运行时间最短的进程,将处理机分配给它,使它立即执行并一直执行到完成,或发生某事件而被阻塞放弃处理机时再重新调度。SPF 调度算法对服务时间较短的进程非常有利,能有效地降低作业的平均等待时间,提高系统吞吐量。

但 SPF 调度算法也存在一定的缺点,如下几个方面:

(1) 该算法对长作业不利,如果有一长进程进入系统的后备队列(就绪队列),由于调度程序总是优先调度短进程,将导致长进程长期得不到调度。

(2) 该算法完全未考虑进程的紧急程度,因而不能保证紧迫性进程会被及时处理。

(3) 由于进程的长短只是根据用户提供的估计执行时间而定的,而用户又可能有意或无意地缩短其进程的估计运行时间,致使该算法不一定能真正做到优先调度短进程。

### 3.3.2　最高响应比优先调度算法

最高响应比优先调度算法(HRN,Highest Response-ratio Next)是对 FCFS 方式和 SPF 方式的一种综合平衡。FCFS 方式只考虑每个作业的等待时间而未考虑执行时间的长短,而 SPF 方式只考虑执行时间而未考虑等待时间的长短。因此,这两种调度算法在某些极端情况下会带来不便。如果能为每个作业引入前面所述的动态优先权,并使作业的优先级随着等待时间的增加而以速率 $\alpha$ 提高,则长作业在等待一定时间后,必然有机会分配到处理机。HRN 调度策略同时考虑每个作业的等待时间长短和估计需要的执行时间长短,从中选出响应比最高的作业分配处理机。

响应比 $R$ 定义如下:

$$R = \frac{W+T}{T} = 1 + \frac{W}{T}$$

其中,$T$ 为该作业估计需要的执行时间,$W$ 为作业在后备队列中的等待时间。每当进行作业调度时,系统计算每个作业的响应比,选择其中 $R$ 最大者投入执行。这样,即使是长作

业,随着等待时间的增加,$\frac{W}{T}$ 也随着增加,也有机会获得调度执行。同时根据上述公式可以看出:

(1) 如果作业的等待时间相同,则要求服务的时间越短,其优先级越高,因而该算法有利于短作业。

(2) 当要求服务的时间相同时,作业的优先权取决于其等待时间,等待时间越长,其优先级越高,因而它实现的是先来先服务。

(3) 对于长作业,作业的优先级可以随等待时间的增加而提高,当其等待时间足够长时,其优先级便可升到很高,从而获得处理机。

总之,该算法既照顾了短作业,又考虑了作业到达的先后次序,不会使长作业长期得不到服务。因此,该算法是介于 FCFS 和 SPF 之间的一种折中算法。然而,在利用该算法时,由于长作业也有机会投入运行,在同一时间内处理的作业数显然要少于 SPF 算法,从而采用 HRN 方法时,其吞吐量将小于采用 SPF 方法时的吞吐量。另外,在利用该算法时,每次进行调度之前,都须先计算响应比,系统开销也会相应增加。

### 3.3.3 时间片轮转调度算法

轮转法(RR,Round Robin)是系统将所有的就绪进程按先来先服务的原则排成一个队列,每次调度时,把 CPU 分配给队首进程,并令其执行一个时间片,时间片的大小从几毫秒到几百毫秒。当执行的时间片用完时,由一个计时器发出时钟中断请求,调度程序便据此信号来停止该进程的执行,并将它送往就绪队列的末尾,然后,再把处理机分配给就绪队列中新的队首进程,同时也让它执行一个时间片。这样就可以保证就绪队列中的所有进程在一给定的时间内均能获得一个时间片的处理机执行时间。总之,系统能在给定时间内响应所有用户的请求。

在轮转调度算法中,时间片的大小对系统性能有很大的影响:过长会使得每个进程都能在一个时间片内完成,时间片轮转算法就退化为 FCFS 算法,无法满足交互式用户的需求;过短将有利于短作业,因为它能较快地完成,但会频繁地发生中断、进程上下文的切换,从而增加系统的开销。一个较为可取的大小是,时间片略大于一次典型交互所需的时间。一般对时间片的确定要从下面几个方面考虑:

(1) 对响应时间的要求。$T$(响应时间)$= N$(进程数目)$\times q$(时间片)。

(2) 就绪进程的数目。数目越多,时间片越小。

(3) 系统的处理能力。应当使用户输入通常在一个时间片内就能处理完,否则响应时间、平均周转时间和平均带权周转时间延长。

### 3.3.4 优先级调度算法

优先级调度算法(PSA,Priority Scheduling Algorithm)的原理是给每个进程赋予一个优先级,每次需要进程切换时,找一个优先级最高的进程进行调度。这样,如果赋予长进程一个高优先级,则该进程就不会再"饥饿"。

优先级调度算法有非抢占式和抢占式两种方式。

1. 非抢占式优先级算法

在这种调度方式下,系统一旦把处理机分配给就绪队列中优先级最高的进程后,该进程就能一直执行下去,直至完成;或因等待某事件的发生使该进程不得不放弃处理机时,系统才能将处理机分配给另一个优先级高的就绪队列。

2. 抢占式优先级调度算法

在这种调度方式下,进程调度程序把处理机分配给当时优先级最高的就绪进程,使之执行。一旦出现了另一个优先级更高的就绪进程时,进程调度程序就停止正在执行的进程,将处理机分配给新出现的优先级最高的就绪进程。这种调度算法常用于实时要求比较严格的实时系统,以及对实时性能要求高的分时系统中。

优先级可由用户自定或由系统确定,进程的优先级可采用静态优先级和动态优先级两种类型。

1. 静态优先级调度算法

含义:静态优先级是在创建进程时确定进程的优先级,并且规定它在进程的整个运行期间保持不变。

确定优先级的依据:

(1) 进程的类型。

(2) 进程对资源的需求。

(3) 根据用户的要求。

优点:简单易行;系统开销小。

缺点:不太灵活,很可能出现低优先级的作业长期得不到调度而等待的情况;静态优先级法仅适合于实时要求不太高的系统。

2. 动态优先级调度算法

含义:动态优先级是创建进程时赋予该进程一个初始优先级,然后其优先级随着进程的执行情况的变化而改变,以便获得更好的调度性能。

优点:使相应的优先级调度算法比较灵活、科学,可防止有些进程一直得不到调度,也可防止有些进程长期垄断处理机。

缺点:需要花费相当多的执行程序时间,因而花费的系统开销比较大。

下面以一个 C++程序为例,举例说明优先级调度算法。

(1) 假设系统中有5个进程,每个进程有一个进程控制块来标识。进程控制块内容包括:进程名,链接指针,进程的优先级,估计运行时间,进程状态。进程的优先数由用户自己指定或程序任意设定,且优先数越低,优先级越高,调度时总是选择优先级最高的进程运行。

(2) 为了调度方便,设计一个指针指向5个进程排成的就绪队列的第一个进程,另外再设一个当前运行进程指针,指向当前正在运行的进程。

(3) 处理机调度时总是选择队列中优先级最高的进程运行。为了采用动态优先级调度,进程每运行一次,其优先级就减1。由于这是一个模拟实验,所以对被选中进程并不实际启动运行,而只是执行:优先数加1和估计运行时间减1。用这两个操作来模拟进程的一次运行。

（4）进程运行一次后，若剩余的运行时间不为 0，且其优先级低于就绪队列的优先级，则选择一个高优先级进程抢占 CPU；若剩余时间为 0，则把它的状态改为完成态，并撤出就绪队列。

（5）若就绪队列非空，则重复上述的（3）和（4），直到所有进程为完成态。

（6）在所设计的程序中应有显示或打印语句，能显示或打印正在运行进程的进程名、运行一次后进程的变化、就绪队列中各进程排队情况等。

程序源码如下：

```cpp
#include <iostream>
#include <string>
#include <queue>
using namespace std;
typedef struct pcb {
    string pName;    //进程名
    int priorityNumber;    //优先数
    float serviceTime;    //服务时间
    float estimatedRunningtime;    //估计运行时间
    char state;    //状态
    bool operator <(const struct pcb &a)const {
        return priorityNumber > a.priorityNumber || priorityNumber == a.priorityNumber&&estimatedRunningtime > a.estimatedRunningtime;
    }
}PCB;


void createProcess(priority_queue <PCB> &p, int n) {    //创建 n 个进程,带头结点
    cout << endl << endl << "创建进程" << endl;
    PCB r;  //工作结点
    for (int i = 0; i <n; i ++) {
        cout << "请输入第" << i + 1 << "个进程的名字、优先数、服务时间(例如:A 12 8 ):";
        cin >> r.pName;
        cin >> r.priorityNumber;
        cin >> r.serviceTime;
        r.estimatedRunningtime = r.serviceTime;
        r.state = 'R';
        p.push(r);
    }
    cout << endl;
}


void printProcess(priority_queue <PCB> p) {
    PCB s;
    cout << "进程名\t 优先数 服务时间 已运行时间 还剩运行时间" << endl;
    while (p.size() ! = 0) {
```

```
        s = p.top();
        cout << s.pName << "\t" << s.priorityNumber << "\t " << s.serviceTime << "\t";
        cout << s.serviceTime - s.estimatedRunningtime << "\t" << s.estimatedRunningtime <<
endl;
        p.pop();
    }
    cout << endl;
}


void runProcess(priority_queue<PCB> &p) {    //运行进程
    PCB s;
    while(p.size()! = 0){
        s = p.top();
        p.pop();
        cout << "正在运行的进程" << endl;
        cout << "进程名\t优先数 服务时间 已运行时间 还剩运行时间" << endl; \输出当前进程
        cout << s.pName << "\t" << s.priorityNumber << "\t " << s.serviceTime << "\t";
        cout << s.serviceTime - s.estimatedRunningtime << "\t" << s.estimatedRunningtime <<
endl;
        s.priorityNumber ++;    //优先数加 1
        s.estimatedRunningtime --;    //估计运行时间减 1
        if (s.estimatedRunningtime == 0) {
            s.state = 'C';
        }
        else
            p.push(s);
        cout << "进程" << s.pName << "执行一次之后就绪队列中的进程" << endl;
        printProcess(p);
    }
    cout << endl;
}


int main() {
    priority_queue<PCB> p;
    int n;
    cout << "请输入进程的个数:";
    cin >> n;
    createProcess(p, n);
    runProcess(p);
    getchar();
    getchar();
    return 0;
}
```

程序运行结果如图 3-1 所示。

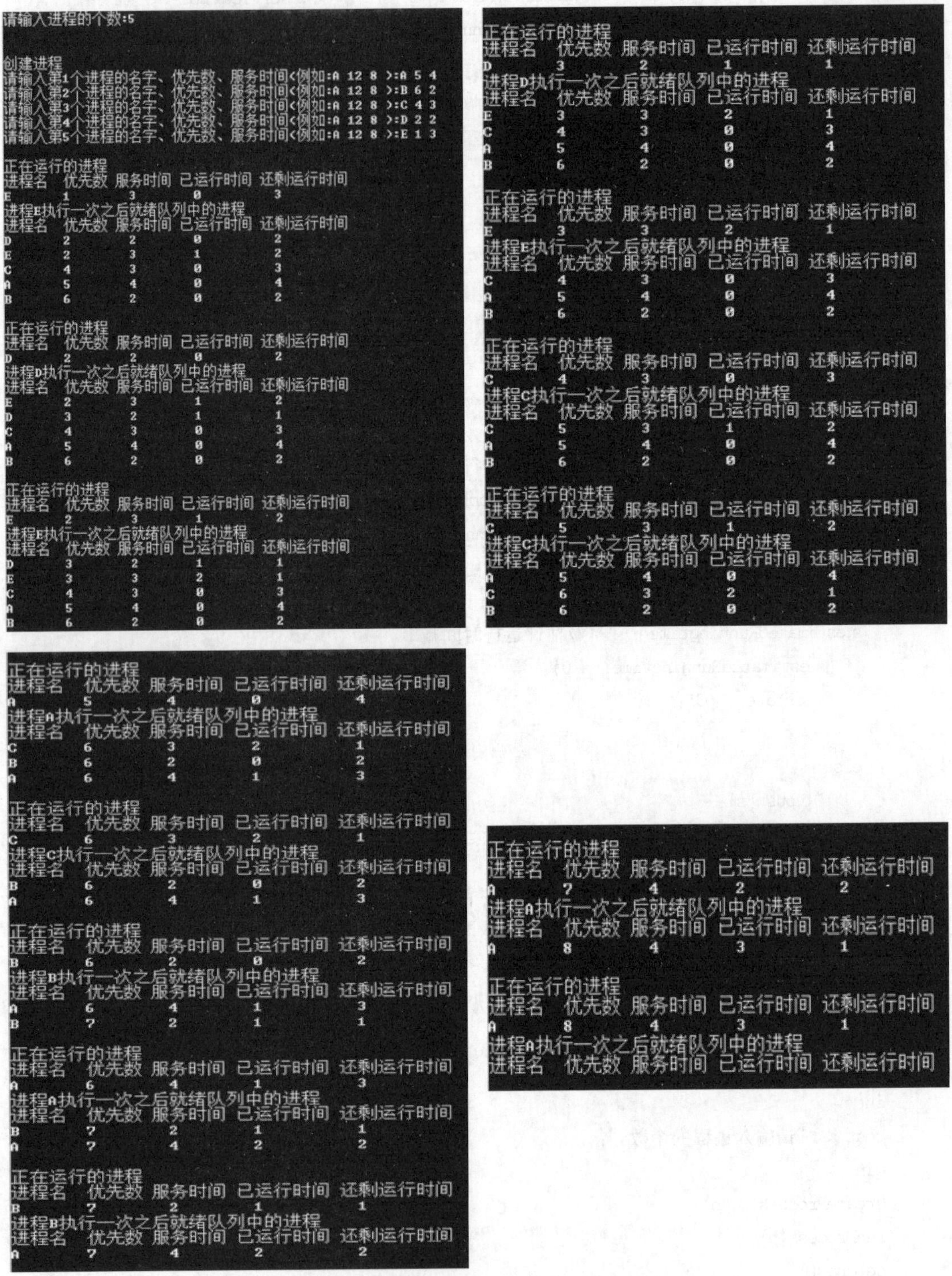

图 3-1　优先级调度算法运行结果组图

### 3.3.5　多级反馈队列调度算法

多级反馈队列(MLFQ,Multi-Level Feedback Queue)调度算法结合了先来先服务调度算法、时间片轮转调度算法、优先级调度算法和短进程优先调度算法。该算法有多个队列,同一个队列中的进程优先级相同,不同队列中进程的优先级不同;最高优先级上的进程运行一个时间片,次高优先级上的进程运行两个时间片,再下一级运行四个时间片,以此类推;每当一个进程在一个优先级队列中用完它的时间片后,就下移一级,进入另一个队列;在低优先级队列中等待时间过长的进程,将移入高优先级队列;调度程序在将进程从等待操作中释放后提高该进程的优先级。由于基于多级反馈队列调度算法能够较好地满足全部进程的CPU 运行时间,因此该方法具有很大的潜力。

多级反馈队列调度算法将所有可运行的任务都分配一个调度优先级,这个优先级决定了它们将放入哪个运行队列中。在选择一个新的任务运行时,系统从最高优先级向最低优先级搜索运行队列,并选出第一个非空队列中的第一个任务,如果一个队列中有多个任务,则系统按先来先服务原则分配处理机,即系统分配以相同的时间量,按照它们在队列中的顺序运行它们,如果一个任务被封锁,它不被放回任何运行队列中。如果一个进程用完分配给它的时间段,则把它放回它原来队列的末端,并选出该队列前端的进程投入运行。时间片越短,交互响应越好。然而,较长的时间片提供了较高的系统总体吞吐量,因为系统减少了用于环境切换的开销,并且处理器的快速缓存将较少刷新。

图 3-2 为多级反馈队列调度算法执行示意图,算法执行过程遵循以下规则:

(1) 各级就绪队列中的任务具有不同的时间片,优先级最高的第一级队列中执行时间片最小,随着队列的级别增加,其任务的优先级降低了,但是时间片的大小却增加了。队列提高一级,其时间片增加一倍。

(2) 各级队列均按先来先服务原则排序。

(3) 当第 $n-1$ 级任务就绪队列为空后调度程序才去调度第 $n$ 级就绪队列中的任务,调度方法相同。所有就绪队列中优先级最低级别队列中的任务采用时间片轮转调度。

(4) 当比运行任务更高级别的队列中到达一个新的任务时,它将抢占先运行任务的处理机,而被抢占的任务回到其原队列末尾。

多级反馈队列调度算法具有更好的性能,能更好地满足以下几种类型用户的需要:

(1) 终端型作业用户。由于终端型作业用户所提交的作业大多属于交互作业,作业通常较小,系统只要能使这些作业(进程)在第一队列所规定的时间片内完成,便可使终端型作业用户都感到满意。

(2) 短批处理作业用户。对于很短的批处理型作业,开始时像终端型作业一样,如果仅在第一队列中执行一个时间片即可完成,便可获得与终端型作业一样的响应时间。对于稍长的作业,通常也只需要在第二队列和第三队列各执行一个时间片即可完成,其周转时间仍然较短。

(3) 长批处理作业用户。对于长作业,它将依次在第 $1,2,\cdots,n$ 个队列中运行,然后再按轮转方式运行,用户不必担心其作业长期得不到处理。

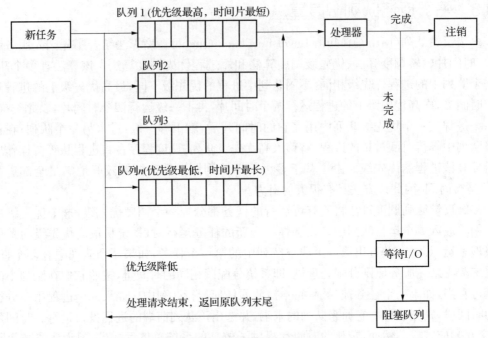

图 3−2　多级反馈队列调度算法

## 3.4　死锁

在多道程序系统中,可借助于多个进程的并发执行来改善系统的资源利用率和提高系统的处理能力,但可能发生一种危险——死锁。死锁(Deadlock)是指多个进程因竞争资源而造成的一种僵局,若无外力作用这些进程都将永远不能再向前推进。

### 3.4.1　死锁的定义

死锁,顾名思义是一把没有钥匙的锁,指计算机系统、进程陷入一种死循环的状态,常常定义为在系统进程集合中的每个进程都在请求并等待其他进程所占有的资源,导致所有进程都处于等待状态而不能运行,形成死循环。在该状态中,没有终止条件能使陷入死循环的进程得以解脱,从而也不能解开环路使其他进程得以释放。由此引发了所有进程都陷入想得到资源却又都得不到资源的局面。如果长期无法改变这种等待状态,那么这种现象被称为"饥饿"。简单地讲,就是在两个或多个并发进程中,如果每个进程持有某种资源而又都等待着别的进程释放它或它们现在保持着的资源,在未改变这种状态之前都不能向前推进,称这一组进程便产生了死锁。

### 3.4.2　产生死锁的原因

多个进程竞争资源或进程推进顺序不当都可能引发死锁。当多个进程所共享的资源不足时,容易引起它们对资源的竞争而产生死锁,进程运行过程中请求和释放资源的顺序不当也可能导致进程死锁。

**1. 资源有限,引发资源竞争**

系统资源有限,而进程运行又要求占用足够多的资源。当进程所需资源被另一进程所占,另一进程所需资源被其他进程所占,循环往复,这就导致了所有进程都处于一个不能继续执行的状态,此时系统处于死锁状态。如图 3-3 所示,(a) 中 $P_1$ 和 $P_2$ 两个进程争夺一个通道资源;(b) 中四个进程环状堵塞其他进程;(c) 中进程 $P_1$ 占有资源 $R_1$ 同时还需要资源 $R_2$ 才能继续运行,而资源 $R_2$ 被进程 $P_2$ 占用且 $P_2$ 还需要 $R_1$ 才能继续运行,这三种情况都形成了死锁。

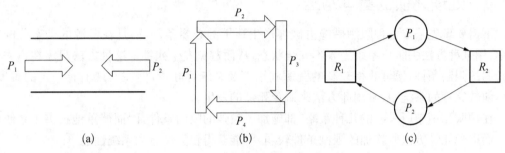

**图 3-3　进程死锁示意图**

**2. 并发进程的执行次序不当或非法**

由于进程具有异步特性,这就可能使进程按下述两种顺序推进:

(1) 进程推进顺序合法

在进程 $P_1$ 和 $P_2$ 并发执行时,如果按照下述顺序推进则两个进程可顺利完成。

$P_1$:Req($R_1$);　　　$P_1$:Req($R_2$);　　　$P_1$:Rel($R_1$);　　　$P_1$:Rel($R_2$);

$P_2$:Req($R_2$);　　　$P_2$:Req($R_1$);　　　$P_2$:Rel($R_2$);　　　$P_2$:Rel($R_1$);

我们称这种不会引起进程死锁的推进顺序是合法的。

(2) 进程推进顺序非法

若并发进程 $P_1$ 和 $P_2$ 按 $P_1$:Req($R_1$);$P_2$:Req($R_2$);$P_1$:Req($R_2$);$P_2$:Req($R_1$)的顺序推进,它们将进入死锁状态。这样的进程推进顺序被称为是非法的。

再借助例子阐明,山谷内有仅容一人通过的洞口,大家顺序通过,则可保持通畅,当发生混乱,一群人涌向洞口,则此时就会造成洞口堵塞,导致谁也不能通过,进程也是如此,当其执行顺序不合理时,进程进入死锁区,在死锁点产生死锁。

### 3.4.3　产生死锁的必要条件

对于可再使用的永久资源来说,产生死锁的必要条件主要有四个方面。

**1. 互斥条件**

并发进程所要求和占有的资源是不能同时被两个以上进程使用或操作的,进程对它所需要的资源进行排他性控制,即进程间必须互斥使用资源。

**2. 请求并保持**

也称部分分配条件。进程每次申请它所需要的一部分资源,在等待新资源的同时,继续占用已分配到的资源。即进程保持已占用资源,同时等待分配附加资源。

### 3. 不可剥夺条件

进程所获得的资源在未使用完毕之前,不能被其他进程强行剥夺,而只能由获得该资源的进程自己释放。即进程已获得资源,只能在使用完时自行释放。

### 4. 循环环路等待

死锁发生时,系统中存在着一条由至少 2 个进程组成的环路,在这条环路中的每一个进程都在等待后一个进程所占资源的释放,因此导致环路堵塞,使进程不能再继续运行。

## 3.4.4 处理死锁的基本方法

不需要事先采取各种限制措施去破坏产生死锁的必要条件,而是在资源的动态分配过程中,用某种方法去防止系统进入不安全状态,从而避免发生死锁。这种方法只需在事先施加较弱的限制条件,便可获得较高的资源利用率及系统吞吐量,但在实现上有一定的难度。在目前较完善的系统中,常用此方法来避免死锁的发生。

在预防死锁中所采取的几种策略,都施加了较强的限制条件,因而严重地损害了系统性能。而避免死锁方法所施加的限制条件较弱,可能获得较为满意的系统性能。

死锁避免又被称为动态预防,因为系统采用动态分配资源的方法,在分配过程中预测出死锁发生的可能性并加以避免。这种方法把运行中的系统归为下述两种状态:

### 1. 安全与不安全状态

在避免死锁方法中,系统允许进程动态地申请资源。系统在为进程分配资源前,要先对系统的安全性进行计算。若为进程分配了其所需的资源后,系统仍处于安全状态,那么才可将资源分配给进程。所谓安全状态,是指系统能按某种进程推进顺序$(P_1, P_2, \cdots, P_n)$(称$\langle P_1, P_2, \cdots, P_n \rangle$为安全序列),来为每个进程分配其所需资源,直至满足最大需求,使每个进程都能顺利完成(即所有并发进程都在该序列中)。若系统不存在这样一个安全序列,则称系统处于不安全状态。只要系统处于安全状态,系统便可避免进入死锁状态。因此,避免死锁的实质在于如何使系统不进入不安全状态。

以下是一个安全状态的例子,假定系统有三个进程 $P_1$、$P_2$、$P_3$,共有 12 台磁带机。进程 $P_1$、$P_2$、$P_3$ 分别要求 10 台、4 台和 9 台。设在 $T_0$ 时刻进程 $P_1$、$P_2$、$P_3$ 已分别获得 5 台、2 台和 2 台,尚有 3 台空闲磁带机未分配出去。磁带机分配情况如表 3-2 所示。

表 3-2　磁带机需求分配表

| 进程号 | 最大需求(台) | 已分配(台) | 未分配(台) |
|---|---|---|---|
| $P_1$ | 10 | 5 | |
| $P_2$ | 4 | 2 | 3 |
| $P_3$ | 9 | 2 | |

经分析,在 $T_0$ 时刻系统是安全的,因为此时存在一个安全序列$\langle P_2, P_1, P_3 \rangle$,即只要系统按此进程顺序分配资源,每个进程就都可顺利完成。如:将剩余的磁带机取 2 台分配给 $P_2$,使之继续运行,待 $P_2$ 完成便使可用资源增至 5 台,再将它们全部分配给 $P_1$,待 $P_1$ 完成后释放出10 台磁带机,$P_3$ 便可获得足够的资源,从而使 $P_1$、$P_2$、$P_3$ 三个进程都能顺利完成。

假设某时刻,系统状态开始向不安全状态进行转换。如果在 $T_0$ 时刻以后,$P_3$ 请求 1 台磁带机,若系统此时把剩余 3 台中的 1 台分配给 $P_3$,则系统进入不安全状态。因为把未分配的 2 台分配给 $P_2$,而 $P_2$ 完成后只能释放出 4 台,既不能满足 $P_3$,也不能满足 $P_1$,从而它们都无法推进到完成,于是,系统进入了不安全状态。由此可见,在 $P_3$ 请求资源时,尽管系统中尚有可用的磁带机,但却不能为它分配,而需让它一直等到 $P_1$、$P_2$ 完成,释放出资源后,再将足够的资源分配给 $P_3$,它才能顺利完成。

2. 利用银行家算法避免死锁

银行家算法(Banker's Algorithm)是一个避免死锁的著名算法,是由艾兹格·迪杰斯特拉在 1965 年为 T.H.E 系统设计的一种避免死锁产生的算法。银行家算法是由于该算法能用于银行系统现金贷款的发放而得名。它以银行借贷系统的分配策略为基础,判断并保证系统的安全运行。该算法的基本思想是:设当前资源分配状态为 $T_0$,根据进程 $P_i$ 发出的合理资源请求,系统试探性地将资源分配给它,形成一种新的状态 $T_1$,检查 $T_1$ 是否处于安全状态,如仍处于安全状态,则正式分配给它;否则,将试探分配作废,恢复原来的资源分配状态,让进程 $P_i$ 等待。

在银行中,客户申请贷款的数量是有限的,每个客户在第一次申请贷款时要声明完成该项目所需的最大资金量,在满足所有贷款要求时,客户应及时归还。银行家在客户申请的贷款数量不超过自己拥有的最大值时,都应尽量满足客户的需要。在这样的描述中,银行家就好比操作系统,资金就是资源,客户就相当于要申请资源的进程。

银行家算法是一种最有代表性的避免死锁的算法。在避免死锁方法中允许进程动态地申请资源,但系统在进行资源分配之前,应先计算此次分配资源的安全性,若分配不会导致系统进入不安全状态,则分配,否则等待。

要解释银行家算法,必须先解释安全序列、操作系统安全状态和不安全状态。安全序列是指一个进程序列 $\langle P_1,\cdots,P_n \rangle$ 是安全的,即对于每一个进程 $P_i(1 \leqslant i \leqslant n)$,它以后尚需要的资源量不超过系统当前剩余资源量与所有进程 $P_j(j<i)$ 当前占有资源量之和。如果存在一个由系统中所有进程构成的安全序列 $\langle P_1,\cdots,P_n \rangle$,则系统处于安全状态。安全状态一定是没有死锁发生。如果不存在一个安全序列,有可能会导致死锁,但不安全状态不一定导致死锁。为实现银行家算法,系统必须设置若干数据结构。

(一)数据结构

(1)可利用资源向量 Available

是个含有 $m$ 个元素的数组,其中的每一个元素代表一类可利用的资源数目。如果 Available[j]=K,则表示系统中现有 $R_j$ 类资源 K 个。

(2)最大需求矩阵 Max

这是一个 $n \times m$ 的矩阵,它定义了系统中 $n$ 个进程中的每一个进程对 $m$ 类资源的最大需求。如果 Max[i,j]=K,则表示进程 $i$ 需要 $R_j$ 类资源的最大数目为 K 个。

(3)分配矩阵 Allocation

这也是一个 $n \times m$ 的矩阵,它定义了系统中每一类资源当前已分配给每一进程的资源数。如果 Allocation[i,j]=K,则表示进程 $i$ 当前已分得 $R_j$ 类资源的数目为 K 个。

(4)需求矩阵 Need。

这也是一个 $n \times m$ 的矩阵,用以表示每一个进程尚需的各类资源数。如果 Need[i,

j]＝K，则表示进程 i 还需要 $R_j$ 类资源 K 个，方能完成其任务。三个矩阵之间存在以下关系：

$$Need[i,j]＝Max[i,j]－Allocation[i,j]$$

（二）算法原理

可以把操作系统看作是银行家，操作系统管理的资源相当于银行家管理的资金，进程向操作系统请求分配资源相当于用户向银行家贷款。为保证资金的安全，银行家规定：

（1）当一个顾客对资金的最大需求量不超过银行家现有的资金时就可接纳该顾客；

（2）顾客可以分期贷款，但贷款的总数不能超过最大需求量；

（3）当银行家现有的资金不能满足顾客尚需的贷款数额时，对顾客的贷款可推迟支付，但总能使顾客在有限的时间里得到贷款；

（4）当顾客得到所需的全部资金后，一定能在有限的时间里归还所有的资金。

操作系统按照银行家制定的规则为进程分配资源，当进程首次申请资源时，要测试该进程对资源的最大需求量，如果系统现存的资源可以满足它的最大需求量则按当前的申请量分配资源，否则就推迟分配。当进程在执行中继续申请资源时，先测试该进程本次申请的资源数是否超过了该资源所剩余的总量。若超过则拒绝分配资源，若能满足则按当前的申请量分配资源，否则也要推迟分配。

（三）算法实现

（1）初始化

由用户输入数据，分别对可利用资源向量矩阵 Available、最大需求矩阵 Max、分配矩阵 Allocation、需求矩阵 Need 赋值。

（2）银行家算法

在避免死锁的方法中，所施加的限制条件较弱，有可能获得令人满意的系统性能。在该方法中把系统的状态分为安全状态和不安全状态，只要能使系统始终都处于安全状态，便可以避免发生死锁。

银行家算法的基本思想是分配资源之前，判断系统是否安全；若是，才分配。它是最具有代表性的避免死锁的算法。

设进程 cusneed 提出请求 Request [i]，则银行家算法按如下规则进行判断。

① 如果 Request [cusneed] [i]＜＝Need[cusneed][i]，则转②；否则，出错。

② 如果 Request [cusneed] [i]＜＝Available[i]，则转③；否则，等待。

③ 系统试探分配资源，修改相关数据：

Available[i]－＝Request[cusneed][i]；

Allocation[cusneed][i]＋＝Request[cusneed][i]；

Need[cusneed][i]－＝Request[cusneed][i]；

④ 系统执行安全性检查，如安全，则分配成立；否则试探性分配作废，系统恢复原状，进程等待。

（3）安全性检查算法

① 设置两个工作向量 Work＝Available；Finish

② 从进程集合中找到一个满足下述条件的进程，

Finish = = false;

Need < = Work;

如找到,执行③;否则,执行④。

③ 设进程获得资源,可顺利执行,直至完成,从而释放资源。

Work = Work + Allocation;

Finish = true;

GOTO 2

④如所有的进程 Finish = true,则表示安全;否则系统不安全。

（四）银行家算法 C 语言实现

```c
#include <STRING.H>

#include <stdio.h>

#include <stdlib.h>

#include <CONIO.H>/* 用到了 getch() */
#define  M  5/* 进程数 */
#define  N  3/* 资源数 */
#define  FALSE  0
#define  TRUE  1
/* M 个进程对 N 类资源最大资源需求量 */
int Max[M][N]={{7,5,3},{3,2,2},{9,0,2},{2,2,2},{4,3,3}};
/* 系统可用资源数 */
int Available[N]={10,5,7};
/* M 个进程已分配到的 N 类数量 */
int Allocation[M][N]={{0,0,0},{0,0,0},{0,0,0},{0,0,0},{0,0,0}};
/* M 个进程已经得到 N 类资源的资源量 */
int Need[M][N]={{7,5,3},{3,2,2},{9,0,2},{2,2,2},{4,3,3}};
/* M 个进程还需要 N 类资源的资源量 */
int Request[N]={0,0,0};
void main()
{
  int i = 0,j = 0;
  char flag;
  void showdata();
  void changdata(int);
  void rstordata(int);
  int chkerr();
  showdata();
  enter:
  {
    printf("请输入需申请资源的进程号(从 0 到");
    printf("%d",M-1);
    printf("):");
```

```
        scanf("%d",&i);
    }
    if(i<0||i>=M)
    {
        printf("输入的进程号不存在,重新输入! \n");
        goto enter;
    }
    err:
    {
        printf("请输入进程");
        printf("%d",i);
        printf("申请的资源数\n");
        printf("类别:ABC\n");
        printf("");
        for(j=0;j<N;j++)
    {
        scanf("%d",&Request[j]);
        if(Request[j]>NEED[i][j])
        {
            printf("%d",i);
            printf("号进程");
            printf("申请的资源数>进程");
            printf("%d",i);
            printf("还需要");
            printf("%d",j);
            printf("类资源的资源量! 申请不合理,出错! 请重新选择! \n");
            goto err;
        }
        else
        {
            if(Request[j]>Available[j])
            {
                printf("进程");
                printf("%d",i);
                printf("申请的资源数大于系统可用");
                printf("%d",j);
                printf("类资源的资源量! 申请不合理,出错! 请重新选择! \n");
                goto err;
            }
        }
    }
    }
    changdata(i);
```

```
if(chkerr())
{
    rstordata(i);
    showdata();
}
else
    showdata();
printf("\n");
printf("按'y'或'Y'键继续,否则退出\n");
flag = getch();
if(flag = = 'y'||flag = = 'Y')
{
    goto enter;
}
else
{
    exit(0);
}
}
/ * 显示数组 * /
void showdata()
{
    int i,j;
    printf("系统可用资源向量:\n");
    printf(" * * * Available * * * \n");
    printf("资源类别:ABC\n");
    printf("资源数目:");
    for(j = 0;j < N;j + +)
    {
        printf(" % d",Available[j]);
    }
    printf("\n");
    printf("\n");
    printf("各进程还需要的资源量:\n");
    printf(" * * * * * * Need * * * * * * \n");
    printf("资源类别:ABC\n");
    for(i = 0;i < M;i + +)
    {
        printf("");
        printf(" % d",i);
        printf("号进程:");
        for(j = 0;j < N;j + +)
        {
```

```
                printf(" % d",Need[i][j]);
        }
        printf("\n");
    }
    printf("\n");
    printf("各进程已经得到的资源量:\n");
    printf(" * * * Allocation * * * \n");
    printf("资源类别:ABC\n");
    for(i = 0;i < M;i + +)
    {
        printf("");
        printf(" % d",i);
        printf("号进程:");
        / * printf(":\n"); * /
        for(j = 0;j < N;j + +)
        {
            printf(" % d",Allocation[i][j]);
        }
        printf("\n");
    }
    printf("\n");
}
/ * 系统对进程请求响应,资源向量改变 * /
void changdata( int k)
{
    int j;
    for(j = 0;j < N;j + +)
    {
        Available[j]= Available[j] - Request[j];
        Allocation[k][j]= Allocation[k][j] + Request[j];
        Need[k][j]= Need[k][j] - Request[j];
    }
}
/ * 资源向量改变 * /
void rstordata( int k)
{
    int j;
    for(j = 0;j < N;j + +)
    {
        Available[j]= Available[j] + Request[j];
        Allocation[k][j]= Allocation[k][j] - Request[j];
        Need[k][j]= Need[k][j] + Request[j];
    }
```

```
}
/ * 安全性检查函数 * /
int chkerr() //在假定分配资源的情况下检查系统的安全性
{
    int Work[N],Finish[M],temp[M]; //temp[]用来记录进程安全执行的顺序
    int i,j,m,k = 0,count;
    for(i = 0;i < M;i ++)
      Finish[i]= False;
    for(j = 0;j < N;j ++)
      Work[j]= Available[j];//把可利用资源数赋给 Work[]
    for(i = 0;i < M;i ++)
    {
      count = 0;
      for(j = 0;j < N;j ++)
          if(Finish[i]= = False && Need[i][j]< = Work[j])
                count ++;
      if(count = = N)//当进程各类资源都满足 Need < = Work 时
      {
          for(m = 0;m < N;m ++)
              Work[m]= Work[m]+ Allocation[i][m];
          Finish[i]= True;
          temp[k]= i; //记录下满足条件的进程
          k ++;
          i = -1;
      }
    }
    for(i = 0;i < M;i ++)
      if(Finish[i]= = False)
      {
          printf("系统不安全!!! 本次资源申请不成功!!! \n");
          return 1;
      }
    printf("\n");
    printf("经安全性检查,系统安全,本次分配成功。\n");
    printf("\n");
    printf("本次安全序列:");
    for(i = 0;i < M;i ++) //打印安全系统的进程调用顺序
    {
      printf("进程");
      printf(" % d",temp[i]);
      if(i < M-1)
          printf(" ->");
    }
```

```
        printf("\n");
        return 0;
    }
```

### 3.4.5  死锁的预防

通过设置某些限制条件,以破坏产生死锁的四个必要条件中的一个或几个,来防止发生死锁。预防死锁是一种较易实现的方法,已被广泛使用。但由于所施加的限制条件往往太严格,可能导致资源利用率很低。

我们可以通过使请求和保持、不可剥夺、循环环路等待三个必要条件不能成立的方法,来预防死锁的产生,至于互斥条件,由于是设备的固有特性,不仅不能改变,还应设法加以保证。

1. 摒弃"请求和保持"条件

为了摒弃这一条件,系统要求所有进程都一次性地申请其所需的全部资源,若系统拥有足够的资源分配给进程时,便把进程所需资源分配给它。这样,该进程在整个运行期间,便不会再提出资源请求,从而摒弃了请求条件,但只要有一种资源的要求不能满足,则已有的其他资源也全部不分配给该进程,让进程等待。由于在等待期间的进程不占有任何资源,因此摒弃了保持条件,从而可以避免发生死锁。

这种方法的优点是简单,易于实现,且很安全。但缺点也极其明显,首先,资源严重浪费,一个进程一次获得其所需的全部资源,严重地恶化了系统的资源利用率;其次,进程推迟运行,仅当进程获得其所需全部资源后,方能开始运行,但可能有某些资源长期被其他进程占用,致使进程迟迟不能运行。

2. 摒弃"不剥夺"条件

该策略规定,一个已保持了某些资源的进程,若新的资源要求不能立即得到满足,它必须释放已保持的所有资源,以后需要时再重新申请。这意味着,进程已占有资源在运行过程中可被剥夺,从而摒弃了"不剥夺条件"。

这种策略实现起来比较复杂,且要付出很大代价。因为一个资源在使用一段时间后被释放,可能会造成前阶段工作的失效。此外,该策略还可能由于反复地申请和释放资源,使进程的执行无限推迟。这不仅延长了进程的周转时间,也增加了系统开销。

3. 摒弃"循环环路等待"条件

该策略规定,系统将所有的资源按类型进行线性排队,并赋予不同的序号。例如,令输入设备的序号为1,打印机为2,穿孔机为3,磁带机为4,磁盘为5。所有进程对资源请求,必须严格按资源序号递增的顺序提出,如果申请的资源号小于已占用的资源序号,则它必须释放出序号小于申请序号的已占用资源。可以证明系统在任何情况下,不可能进入循环等待状态(用反证法),因而摒弃了"循环环路等待"条件。在采用这种策略时,由于总有一个进程占据了较高序号的资源,它继续请求的资源必然是空闲的,因此进程可以一直向前推进。

该策略较之前两种策略,在资源利用率、系统吞吐量上都有显著提高,但也存在下述严重问题。首先,为系统中各种资源类型分配的序号,必须相对稳定,这就限制了新设备类型的增加;其次,尽管在为资源分配序号时,已考虑到大多数作业实际使用这些资源的顺序,但也经常会发生作业使用资源的顺序与系统规定顺序不同的情况，造成资源的浪费。

## 3.4.6　死锁的检测与解除

预防和避免死锁的方法相对比较保守，且都是以牺牲机器的效率和浪费资源为代价的。检测和解除死锁预先并不采取任何限制性措施，也不检查系统是否已进入不安全状态，允许系统在运行过程中发生死锁，但可通过系统设置的检测机构，及时地检测出死锁的发生，并精确地确定与死锁有关的进程和资源；然后，采取适当措施，以最小的代价从系统中将已发生的死锁清除掉。

### 1. 系统资源分配图

系统资源分配图是一种有向二元图，是描述死锁问题的有力工具。这种图由序对 $G = (V, E)$ 所组成，其中 $V$ 表示一组顶点（Vertics），而 $E$ 表示一组边界线（Edges）。顶点可区分两部分：一组 $P = \{p_1, p_2, \cdots, p_n\}$，由系统中所有的进程所组成；另一组是 $R = \{r_1, r_2, \cdots, r_m\}$ 由系统中所有的资源类型所构成。

边界线 $E$ 中的每一元素是个有序对（Odered pair）：$(p_i, r_j)$ 或 $(r_j, p_i)$，其中 $p_i$ 是一个进程（$p_i \in P$），而 $r_j$ 是某一资源类型（$r_j \in R$）。如果写成 $(p_i, r_j) \in E$，表示一个有向的边界线由进程 $p_i$ 指向资源类型 $r_j$，其意指进程 $p_i$ 曾提出请求使用资源类型 $r_j$ 中的一个个体，而且目前还在等待。$(r_j, p_i) \in E$ 则表示一个有向的边界线由资源型 $r_j$ 指向进程 $p_i$，意指资源类型 $r_j$ 中的一个个体已分配给进程 $p_i$ 使用。$(p_i, r_j)$ 线段称之为请求边（Reguest Edge），而 $(r_j, p_i)$ 线段称之为分配边（Assignment Edge）。

图 3-4 为由 $P_1$、$P_2$ 两个进程和 $R_1$、$R_2$ 两种资源组成的系统资源分配示意图，其中有两个请求边和四个分配边，$E = \{(P_1, R_2), (R_2, P_2), (P_2, R_1), (R_1, P_1), (R_1, P_1), (R_1, P_2)\}$。当进程 $P_i$ 申请资源类 $R_k$ 中的一个资源实例时，要在资源分配图中增加一条申请边，当该申请可以得到满足时，应立即将该申请边改为一条分配边，当进程释放该资源实例时，就删除该分配边。如果资源分配图中不存在环路则系统中不存在死锁。如果资源分配图中存在环路则系统中可能存在死锁，也可能不存在死锁，即环路是死锁的必要条件。

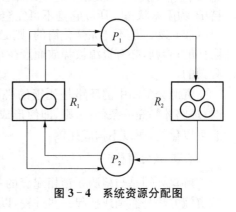

图 3-4　系统资源分配图

### 2. 检测死锁的化简法

采用化简方法对系统资源分配图进行化简，可以检测一个系统的初始状态 $S$ 是否处于死锁状态。具体方法如下：

（1）从系统资源分配图中找到既不是阻塞又不是孤立的结点 $P_i$，即 $P_i$ 可以获得它所需的资源不断向前推进，直到运行完，然后释放它所占有的全部资源而处于等待状态。

所以可以消去 $P_i$ 的所有请求边和分配边，使之成为孤立点。如图 3-5 所示，子图（a）中，$P_1$ 是既未阻塞又非孤立点，将其两个分配边和一个请求边消去变成子图（b）。

（2）当 $P_i$ 释放的资源能唤醒因等待该资源而被阻塞的进程 $P_j$ 时，$P_j$ 不会死锁。所以可

消去 $P_i$ 所有的请求边和分配边,使之成为孤立点。子图(b)中 $P_2$ 原为阻塞态,后因 $P_1$ 释放 $R_1$ 后被唤醒,于是消去它的两条请求边和两个分配边而成为孤立点。即由子图(b)转换成为子图(c)。

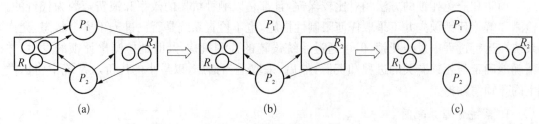

图 3-5  资源分配图的化简

经过(1)、(2)两步后,若消去了图中所有的边,则称该图是"可完全化简的",否则称为"不可完全化简的"。图 3-5 中的子图(a)就是可完全化简的。

3. 死锁定理

一个系统的初始状态 $S$ 为死锁的充要条件是该状态下的资源分配图是"不可完全化简的"。

下面给出证明:

(1) 假设 $S$ 是死锁状态,进程 $P_i$ 死锁于 $S$ 状态,则使 $S \rightarrow T$ 后($S \rightarrow T$ 表示系统状态转换由 $S$ 状态变换到 $T$ 状态,是由于不同的进程执行了若干次操作的结果),$T$ 仍是死锁状态,$P_i$ 被阻塞于 $T$。又因为化简结果图与化简顺序无关,在化简后的不可化简状态中,必保持 $P_i$ 为阻塞状态。所以它是不可完全化简图。

(2) 设 $S$ 是不能完全化简的,则必存在某一进程 $P_i$,在所有可能的化简方案中一定是阻塞的;否则,必有资源被释放而产生分配,导致不被阻塞。所以 $P_i$ 是永远被阻塞的,即是死锁的。

资源分配图中的环路是死锁的必要条件,但不是充分的,仅当每类资源仅有一个单位时,环路才是充分条件;否则,即使形成环路也不会死锁,例如图 3-5 子图(a)中有环路,但它可以化简,所以不构成死锁。

4. 死锁的解除

解除死锁是与检测死锁相配套的一种措施,用于将进程从死锁状态下解脱出来。常用的实施方法是撤销或挂起一些进程,以便回收一些资源,再将这些资源分配给已处于阻塞状态的进程,使之转为就绪状态以继续运行。

(1) 剥夺资源。从其他进程剥夺足够数量的资源给死锁进程,以解除死锁状态。

(2) 撤销进程。最简单的撤销进程的方法是使全部死锁进程都夭折掉;稍为温和一点的方法是按照某种顺序逐个地撤销进程,直至有足够的资源可用,死锁状态消除为止。

死锁的检测和解除,有可能使系统获得较好的资源利用率和系统吞吐量,但在实现上难度也较大。

# 3.5  小结

处理机管理是操作系统的重要功能之一,其主要任务是对处理机进行分配,对处理机的运行进行有效的控制和管理,也称处理机调度。处理机调度一般可分为微观和宏观两个层次,即微观层次上的进程调度和宏观层次上的作业调度。从操作系统资源管理的角度来看,进程调度中往往涉及对具有临界资源特性的公用资源的管理,从而引出了进程的同步、通信等问题;作业调度中也涉及对其他竞争性资源的管理,从而引出了死锁的概念。

# 思考与习题

**1.** 高级调度与低级调度的主要任务是什么?

**2.** 为什么要引入中级调度?

**3.** 在选择调度方式和调度算法时,应遵循哪些准则?

**4.** 产生死锁的原因和必要条件是什么?

**5.** 预防死锁的途径和方法有哪些?

 **拓展阅读**

对于一个具体的操作系统死锁问题的处理一般有两种方法:一个是采取某种预防措施来避免死锁的发生;另一个是允许死锁存在,用检测和恢复方法加以解决。实际上,一般系统都双管齐下,对于系统进程采用预防方法,对于用户进程则使用检测和恢复的方法。对于大系统,特别是实时系统,应采取某种预防措施来尽量避免死锁的发生。

1. 预先静态分配法

(1) 基本思想:当作业获得其所需的全部资源后,才被调度进入运行,在运行期间一直占有它,而不再提出任何其他的资源要求。

(2) 优点:简单、安全。

(3) 缺点:资源利用率低。

现代许多操作系统采用预先静态资源分配法与动态资源分配法相结合的算法,即一部分资源采用预先静态分配算法进行分配,其余部分资源则采用动态分配算法进行分配。例如主存资源常常静态分配,而输入输出资源采用动态分配算法。

2. 有序资源分配法

(1) 基本思想:将资源按类型进行线性排队,并赋予一个唯一的代码,如输入键盘代码为1,显示器代码为2,磁盘机代码为3,光盘机代码为4,打印机代码为5,等等。所有进程对资源的请求严格按递增的次序,而且前一个请求得到满足之后,才能申请下一个资源。

(2) 优点:较前一方法提高了资源利用率。

(3) 缺点:进程实时需要的资源的序号并不一定与系统规定的次序相符,所以可能出现提前分配的资源,而暂时不用,从而造成资源空闲等待,造成浪费现象。

3. 按级分配资源法

按级分配资源法即资源按级分配法,又称为资源分层分配法。

(1) 基本思想:把资源排成若干等级,如 $L_1, L_2, \cdots, L_m$,其中每一级可包含几类资源,并要求每个进程在获得了 $L_j$ 级中的资源之后,才能再申请更高级 $L_k(k>j)$ 中的资源。但若

再申请 $L_j$ 级资源,则必须先释放所有 $L_k$ 级资源,当每级只有一类资源时,此法与有序资源分配法相同。

(2) 优点:安全可靠,进一步提高了资源利用率。

(3) 缺点:与有序资源分配法相同。

**4. Habermann 方法**

(1) 基本思想:每当进程 $P_i$ 请求分配时,便进行死锁的检测,主要检测有向图是否会形成环路,若形成环路时必然会死锁,则不分配,否则可能不会死锁,则分配。

(2) 具体方法

① 根据进程的数目和每个进程所需资源信息建立进程请求矩阵:

$$B = \begin{bmatrix} W_1 & W_2 & \cdots & W_m \\ b_{11} & b_{12} & \cdots & b_{1m} \\ \cdots & \cdots & \cdots & \cdots \\ b_{n1} & b_{n2} & \cdots & b_{nm} \end{bmatrix} \begin{matrix} 资源类别 \\ p_1 \\ \vdots \\ p_m \end{matrix}$$

其中 $b_{ij} = (p_i, p_j)$,其值表示进程 $p_i$ 申请 $R_j$ 类资源的数目,当每种资源仅有一个时,$b_{ij}$ 取 1 或 0 值。

② 画进程有向图(与进程资源有向图不同),用 $\{n, E\}$ 表示,其中 $\pi = \{p_1, p_2, \cdots, p_n\}$,凡属 $E$ 中的边都连接着两个进程,$e_{ik} = \{p_i, p_k\}$ 表示进程 $p_i$ 请求的资源 $R_j$ 亦可能为进程 $P_k$ 所需要。例如 $P_1$ 请求 $R_1$,同时 $P_2$ 请求 $R_1$,记作 $e_1 = \{p_1, p_2\}$,又有 $P_3$ 请求 $R_1$,可记作 $e_1 = \{p_1, p_3\}$,于是有向图如图 3-6 所示。

③ 每当进程提出资源请求时,便可能引起进程有向图增加一条或几条有向边,系统应检查是否因此而形成环路。若形成了环路,则不分配,在进程有向图中则用虚线表示;又因为未分配资源,所以下次检查时便不存在该线条了。例如,$P_1$ 请求 $R_1$,但 $R_1$ 又被 $P_2$ 请求;$P_2$ 还请求 $R_2$,$R_2$ 又为 $P_1$ 所需,于是形成了环路,这时可表示成图 3-7 形式,所以不能分配。

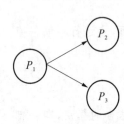

**图 3-6 进程有向图**

由于没有分配,则下一步表示成如图 3-8 所示的形式,即去掉虚线。

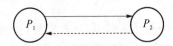

**图 3-7 带虚线的进程有向图**

**图 3-8 删掉虚线的进程有向图**

【微信扫码】
在线练习 & 相关资源

# 第 4 章

## 存储器管理

存储器资源是计算机系统中非常重要的资源,任何程序和数据都必须占用一定的存储空间。如何将存储资源合理高效地利用起来,是操作系统必须要认真考虑的问题,因此存储器管理是操作系统的重要功能之一。

在计算机系统中,存储器可分成主存储器(简称主存)和辅助存储器(简称辅存)两类,本章讨论主存储器的管理。

## 4.1 存储器管理概述

在单道程序系统中,主存储器的存储空间被划分成两部分:一部分是系统区,存放操作系统以及一些标准子程序,例如驻留监控程序、系统内核等;另一部分是用户区,存放用户的程序和数据等。而在多道程序系统中,存储器的用户区必须进一步细分,以适应多个进程的要求。而细分的任务由操作系统动态实现,称作存储器管理。

### 4.1.1 计算机系统存储层次

目前,在计算机系统中通常采用三级层次结构来构成存储系统,主要由高速缓冲存储器(Cache)、主存储器和辅助存储器组成。在存储系统的多级层次结构中,由上向下其容量逐渐增大,速度逐渐降低,成本则逐渐减少。

整个结构又可以分成两个层次,分别是"主存—辅存"层次和"Cache—主存"层次。这个层次系统中的每一种存储器都不再是孤立的存储器,而是一个有机的整体。它们在辅助硬件和计算机操作系统的管理下,可以把"主存—辅存"层次作为一个存储整体,形成一个虚拟的存储空间,比主存储器实际空间要大得多。辅存容量大,价格低,使得存储系统的整体平均价格也降低。由于 Cache 的存取速度可以和 CPU 的工作速度相媲美,所以"Cache—主存"层次可以缩小主存和 CPU 之间的速度差距,从整体上提高存储器系统的存取速度。尽管 Cache 成本高,但是由于容量小,故不会使存储系统的整体价格增加多少。

一个较大的存储系统是由各种不同类型的存储设备构成的,是一个具有多级层次结构的存储系统。该系统既有与 CPU 相近的速度,又有极大的容量,而且成本较低。其中高速缓存解决了存储系统的速度问题,辅助存储器则解决了系统的容量问题。采用多级层次结构的存储器可以有效解决存储器的速度、容量和价格之间的矛盾。

### 4.1.2 从程序到准备执行

计算机程序本质上就是指令序列。当程序没有被执行的时候，是长期存在外存上。外存的特点就是断电不会丢失数据，容量大，但是速度比内存慢好几个数量级。

计算机工作时，把要处理的程序和数据先从外存调入主存，再从主存调入 CPU。CPU处理完毕以后，又将数据送回到主存，最后再保存到外存中去，如果程序运行结束，也会将其从主存中清空，收回分配给它的存储资源。

当我们要求计算机完成一项较大的工作，比如设计一个数据库管理系统时，需要运行的程序和数据会很多。在程序的编译、调试、运行过程中，需要使用大量的软件资源。但是，CPU 在某一段时间内运行的程序和数据只是所需软件资源的一部分，其余大部分都暂时不用。因此，CPU 只将当前要运行的程序和数据调入主存，而把其他暂时不用的程序和数据存到磁盘等外存储器中去。

例如有一个爱好运动的人，一定会有一个背包。登山前会往里面放登山鞋、绳索、钉爪等用品。要是想出门打网球了呢？那么得把原来包里的东西倒出来，换成网球、球拍等用品。主存就像背包，容量不大，但装的都是马上要用的东西。当需要打印的时候，主存里就装启动打印机的程序和数据，当要听音乐或看电影的时候，它就得换上相关的程序和数据了。

## 4.2　存储管理的功能

计算机系统采用多道程序设计技术后，往往要在主存中同时存放多个作业的程序，而这些程序在主存中的位置是不能预先知道的，所以用户在编写程序时不能使用绝对地址。指令中地址部分所指示的地址通常是逻辑地址，用户按逻辑地址编写程序。当要把程序装入计算机时，首先操作系统要为其分配一个合适的主存空间。由于逻辑地址经常与分配到的主存空间的绝对地址不一致，而处理机执行指令是按绝对地址进行的，所以必须把逻辑地址转换成绝对地址才能得到信息的真实存放处。把逻辑地址转换成绝对地址的工作称为地址转换。另外，在多道程序系统中，活动进程可以换入换出主存空间，每次重新装载的物理位置可能不同，这就要求系统能够把该进程重定位到主存的不同区域。

多个作业共享主存时，必须对主存中的程序和数据进行保护，并进行合理有效地调动，以充分发挥主存的效率。同时，保护机制必须具有一定的灵活性，允许多个进程访问主存的同一部分。

为方便用户编制程序，使用户编写程序时不受主存实际容量的限制，可以采用一定的技术"扩充"主存容量，得到比实际容量大的主存空间。

总之，存储管理的目的是要尽可能地方便用户和提高主存的效率。下面从存储空间的分配和回收、保护、共享和扩充等四个方面来介绍存储管理。

### 4.2.1 存储空间的分配和回收

存储空间的分配和回收是指按用户要求把适当的存储空间分配给相应的作业。一个有效的存储分配机制，应在用户请求时能做出快速的响应，分配相应的存储空间，在用户不再使用它时,应能立即回收以供其他用户使用。

要把作业装入主存,必须按照规定的方式向操作系统提出申请,由存储管理进行具体分配。存储管理设置一张表格记录存储空间的分配情况,根据申请者的要求按一定的策略分析存储空间的使用情况,找出足够的空闲区域。分配情况不能满足申请要求时,则让申请者处于等待主存资源的状态,直到有足够的主存空间时再分配给它。

当主存中某个作业撤离或主动归还主存资源时,存储管理要收回它所占用的全部或部分存储空间,使它们成为空闲区域(也叫自由区),这时也要修改表格的有关项。收回存储区域的工作也称"去配"。

1. 存储分配的三种方式

存储分配主要解决多道作业之间划分主存的问题。存储分配主要有三种分配方式,分别为:

(1)直接分配方式:程序员在编写程序或编译程序对源程序编译时采用实际存储地址。这种方式必须事先划定作业的可用空间,因此使用率不高,而且对用户来说也不方便。

(2)静态分配方式:当作业装入内存时才能确定它们在主存中的位置。采用这种方式,在一个作业装入时必须分配其要求的全部存储资源,如果主存不足,就不能调入该作业。而且,一旦作业进入主存,在整个运行期间不能产生主存的移动,也不能再申请主存空间。

(3)动态分配方式:作业在存储器中的位置也是在装入时确定的,但是在其执行期间可根据实际需要申请附加的存储空间。当一个作业占用的主存空间不再需要时,可以及时归还给系统。同时,在作业运行过程中,允许其在主存空间中移动。目前,绝大多数计算机系统都采用动态存储分配方式。

2. 重定位

为了实现静态和动态两种存储分配策略,需要将计算机的物理地址和逻辑地址分开,并对逻辑地址实施重定位技术。首先需要分清楚两个基本概念:地址空间和存储空间。

地址空间:一个用于高级语言编制的源程序,存在于程序员建立的符号名字空间内。一个应用程序经编译后,通常会形成若干目标程序,这些目标程序连接后形成可装入程序。这些程序的地址都是从"0"开始的,程序中的其他地址都是相对于起始地址计算的。由这些地址所形成的地址范围称为地址空间,其中的地址称为逻辑地址或相对地址。

存储空间:是指主存中一系列存储信息的物理单元的集合,其中的地址称为物理地址或绝对地址。存储空间的大小完全取决于主存的实际容量。

通常一个作业在装入时分配到的存储空间和它的地址空间是不一致的,而且在多道程序系统中,可用的主存空间通常被许多进程共享。通常情况下,应用程序在执行期间,一部分驻留在主存中,其他部分则通过交换技术可以灵活地换入或换出主存,通过提供一个巨大的就绪进程池,最大程度地使用处理机。而对有关地址部分的调整过程称为地址重定位。实质上,重定位就是一个地址变换的过程。

根据地址变换进行的时间以及采用的技术手段的不同,可以把重定位分成静态重定位和动态重定位两类。

静态重定位:是在程序执行之前,由链接程序进行的重定位。也就是说,在程序装入主存的同时,就将程序中的逻辑地址转换成为物理地址。静态重定位的特点是无需增加硬件地址变换机构。但是,要求为每个程序分配一个连续的存储区,在程序执行期间不能移动,而且难以做到程序和数据的共享。

动态重定位:是在程序执行过程中,每当访问指令或数据时,将要访问的程序或数据的逻辑地址转换成物理地址。由于重定位过程是在程序执行期间随着指令的执行逐步完成的,因此称为动态重定位。动态重定位需要依靠硬件地址变换机构来实现。最简单的实现方法是利用一个重定位寄存器,当某个作业开始执行时,操作系统负责把该作业在主存中的起始地址送入重定位寄存器中,之后,在作业的整个执行过程中,每当访问内存时,重定位寄存器的内容将被自动加到逻辑地址中去,从而得到了该逻辑地址对应的物理地址。动态重定位的特点是可以将程序分配到不连续的存储区中,在程序运行之前可以只装入部分代码即可投入运行,在程序执行期间,根据需要动态申请分配,并可以将暂时不需要的数据换出主存,便于程序段的共享,而且可以向用户提供一个比主存的实际空间大得多的地址空间。但是动态重定位需要附加的硬件支持,且实现存储管理的算法比较复杂。

静态重定位和动态重定位的过程如图 4-1 所示。

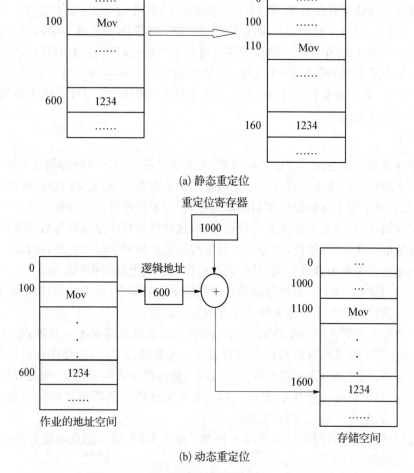

(a) 静态重定位

(b) 动态重定位

图 4-1　静态重定位和动态重定位的过程

## 4.2.2 主存空间的保护

主存空间的保护是指确保各道用户作业都在所分配的存储区域内操作,互不干扰。主存中不仅有系统程序,而且还有若干道用户作业程序。为了避免主存中的若干道程序相互干扰,必须对主存中的程序和数据进行保护。通常,用户进程不能访问操作系统的任何部分,不论是程序还是数据。再者,一个进程中的程序通常不能分支到另一个进程中的指令,如果没有特别的安排,一个进程中的程序不能访问另一个进程的数据区。处理机必须能够在执行时取消这样的指令。

需要说明的是,存储器的保护要求通常由硬件来满足,而不是由操作系统满足,软件只是配合其实现。因为操作系统通常不能预测一个程序可能产生的所有存储器的访问,即使可以预测,提前的屏蔽工作是相当费时的。当要访问主存某一单元时,由硬件检查是否允许访问,若允许则执行,否则产生中断,由操作系统进行相应的处理。

最基本的保护措施是规定各道程序只能访问属于它的那些区域或存取公共区域中的信息,同时对公共访问区域的访问加以限制。一般说,一个程序执行时可能有下列三种情况:

(1) 对属于自己主存区域中的数据既可读又可写;

(2) 对公共区域中允许共享的信息或获得可使用的别的用户的信息,可读而不准修改;

(3) 对未获得授权使用的信息,既不可读又不可写。

对于不同结构的主存,采用的保护方法是各不相同的,在以后各节将作详细介绍。

## 4.2.3 主存空间的共享

为了提高主存空间的利用率,所谓主存空间共享有两方面的含义:

(1) 共享主存资源。采用多道程序设计技术使若干个程序同时进入主存,各自占用一定数量的存储空间,共同使用一个主存。

(2) 共享主存的某些区域。若干个作业有共同的程序段或数据时,可将这些共同的程序段或数据存放在某个存储区域内,各作业执行时都可访问它们。

任何保护机制都必须具有一定的灵活性,以允许多个进程访问主存的同一部分。例如,许多进程正在执行同一个程序,则允许每个进程访问该程序的同一个副本要比让每个进程有自己单独的副本更具优势。合作完成同一个任务的进程可能需要共享访问同一个数据结构。因此内存管理系统必须允许对内存共享区域进行受控访问,而不会损害基本的保护。

## 4.2.4 主存空间的扩充

大多数程序执行时,在一段时间内仅使用它的程序编码的一部分,因此不需要在整个执行时间内将该程序的全部指令和数据都存放在主存中,所以程序的地址空间部分装入主存时,它仍能正确地执行。

在计算机硬件的支撑以及软硬件协作下,可把磁盘等辅助存储器作为主存的扩充部分来使用。当一个大型的程序要装入主存时,可先把其中的一部分装入主存,其余部分存放在磁盘上,如果程序在执行中需要使用不在主存中的信息,由操作系统采用覆盖技术将其调入主存。这样从效果上看,用户编制程序时不需考虑实际主存空间的容量,计算机系统好像为其提供了一个存储容量比实际主存大得多的存储器,这个存储器称为虚拟存储器。之所以称其为虚拟存储器,是因为这种存储器实际上并不存在,只是由于系统采用了部分装入程序并能根据程序运行的需要调入将要使用的内容,并置换出不再使用或暂时不用的内容,给用户的感觉是好像在一个能满足作业地址空间要求的主存中工作。实现虚拟存储器的关键技术是提供能快速有效地进行自动地址变换的硬件机构和相应的软件算法。

虚拟存储器的实质是让作业存在的地址空间和运行时用于存放作业的存储空间区分开。程序员可以在地址空间内编写程序,而完全不需要考虑主存的实际大小。需要说明的是,虚拟存储器的容量并不是无限的,它的最大容量由计算机的地址结构确定。另外,实现虚拟存储技术,需要有一定的物质基础。首先要有相当数量的外存,足以存放多用户的作业,其次要有一定容量的实际主存,因为作业处理时,必须有一部分信息要被存放在实际主存中。另外还要具备地址变换机构,以动态实现虚地址到实地址的地址变换。

## 4.3　单一连续存储管理

这是一种最简单的存储器管理方式,只适用于单用户、单任务的操作系统。采用单一连续存储管理时,主存分配十分简单,将主存分成两个存储区,一个存储区给操作系统使用,另一个存储区给用户使用。单一连续分配方式主要采用静态分配方式,即作业一旦进入主存,就要等到它执行结束后才能释放主存。因此这种分配方式不支持虚拟存储器的实现。这种管理方式的分配过程如图 4 - 2 所示,很明显这种管理方式仅用在单道程序运行的情况下,资源利用率很低。

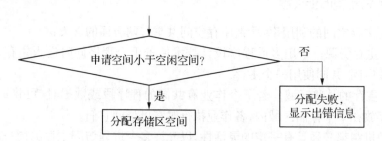

**图 4 - 2　单一连续区管理的内存分配**

单一连续存储管理的地址转换多采用静态定位,如图 4 - 3(a)所示。具体来说,可设置一个栅栏寄存器(Fence Register)用来指出主存中的系统区和用户区的地址界限,通过装入程序把程序装入到从界限地址开始的区域,由于用户是按逻辑地址来编排程序的,所以当程序被装入主存时,装入程序必须对它的指令和数据进行重定位。存储保护也是很容易实现的,由装入程序检查其绝对地址是否超过栅栏地址,若没有,则可以装入,否则产生地址错误,不能装入。所以一个被装入的程序执行时,总是在它自己的区域内进行,而不会破坏系统区的信息。

单一连续存储管理的地址转换也可以采用动态定位,如图 4 - 3(b)所示。具体来说,可设置一个定位寄存器,它既用来指出主存中的系统区和用户区的地址界限,又作为用户区的基地址,通过装入程序把程序装入到从界限地址开始的区域,但不同时进行地址转换,程序执行过程中动态地将逻辑地址与定位寄存器中的值相加就可得到绝对地址。存储保护的实现很容易,程序执行中由硬件的地址转换机构根据逻辑地址和定位寄存器的值产生绝对地址,并且检查该绝对地址是否在所分配的存储区域内,若超出所分配的区域,则产生地址错误,不允许访问该单元中的信息。

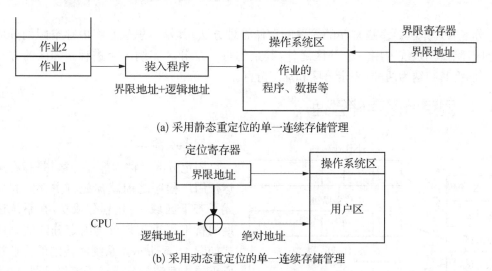

(a) 采用静态重定位的单一连续存储管理

(b) 采用动态重定位的单一连续存储管理

**图 4‑3　单一连续储存器管理中的重定位**

　　单一连续分配方式的主要特点是管理简单,只需要很少的软件和硬件支持,而且便于用户了解和使用。但由于采用这种存储分配方式,内存中只能装入一道作业程序,从而使各类资源的利用率都不高。

　　在单用户系统中的存储保护,只要求对操作系统区域加以保护,而且单用户系统的存储保护问题并不严重。因为即使操作系统遭到破坏,受影响的只是单个用户,系统可以通过重新启动来重新加载主存中现有的作业。

　　在单一连续区管理方式中,计算机主存通常划分成如图 4‑4(a)所示的两个部分。其中操作系统区放在主存中的低地址部分,而用户区则放在主存中的高地址部分,其中用户区又细分成非空闲区和空闲区。系统区和用户区之间通过栅栏寄存器(Fence Register)分割,每次分配存储器时,首先检验逻辑地址是否小于 Fence Register 的值,若小于则越界,给出出错信息。具体的流程如图 4‑4(b)所示。当然其中 Fence Register 的值在系统中设置了一些特殊的特权指令进行设置和修改。

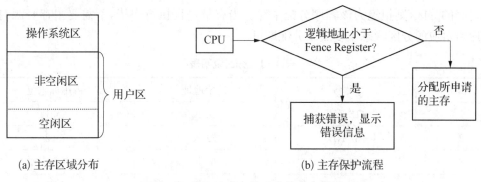

(a) 主存区域分布　　　　　　　(b) 主存保护流程

**图 4‑4　单一连续区管理中的主存保护**

# 4.4 分区存储管理

分区管理是满足多道程序的简单的存储管理方法,其基本思想是将内存空间划分成若干分区,除操作系统占用一个分区之外,其余的每一个分区容纳一个进程。分区的方式很多,我们将其归纳为两种:固定分区和动态分区。

## 4.4.1 固定分区存储管理

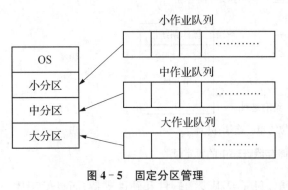

图 4-5 固定分区管理

### 1. 基本原理

固定分区又称为静态分区,是指在系统运行用户程序之前就预先将主存空间划分成了若干区域,一旦划分成功,在系统运行期间就不再重新划分。固定分区的具体形式如图 4-5 所示。系统将接纳的作业按其所需的主存容量分成若干等级,同样将用户的可用空间也分成相应的若干等级,并建立相应的作业队列。在系统进行调度时,将作业分别调用相应的主存块运行。当然,不同等级区域的划分和作业等级的划分根据具体的应用,可以由操作员完成也可以由操作系统实现。

### 2. 管理过程

为了实现这种固定分区管理,系统需要建立一张分区说明表,以记录可用于分配的分区数目、分区大小、起始地址及占用标志位,如表 4-1 所示,该表又称为主存分配表。

主存分配表指出各分区的起始地址和长度,表中的占用标志位用来指示该分区是否被占用了,当占用标志位为"0"时,表示该分区尚未被占用。进行主存分配时总是选择那些标志为"0"的分区,当某一分区分配给一个作业后,则在占用标志位填上占用该分区的作业名。如表 4-1 所示,第 1、2 号分区分别被 job1 和 job2 占用,而第 3、4 号分区目前处于空闲状态。当有一用户程序要装入主存时,由内存分配程序检索分区说明表,从表中找出一个能满足要求的尚未分配的分区分给该程序,然后修改分区说明表中该分区表项的状态;若找不到大小足够的分区,则拒绝为该程序分配主存。当有某进程执行完毕,不需要主存资源时,管理程序将对应的分区状态恢复成未分配即可。

表 4-1 分区说明表

| 分区号 | 大小 | 起始地址 | 占用标志位 |
| --- | --- | --- | --- |
| 1 | 12 KB | 20 K | job1 |
| 2 | 32 KB | 32 K | job2 |
| 3 | 64 KB | 64 K | 未分配(0) |
| 4 | 128 KB | 128 K | 未分配(0) |

固定分区存储管理的地址转换可以采用静态重定位方式,装入程序在进行地址转换时检查其绝对地址是否在指定的分区中,若是,则可把程序装入,否则不能装入,且应归还所分的区域。固定分区方式的主存回收很简单,只需将主存分配表中相应分区的占用标志位设置为"0"即可。

固定分区存储管理的地址转换也可以采用动态重定位方式。如图4-6所示,系统专门设置一对地址寄存器——上限/下限寄存器,当一个进程占有CPU执行时,操作系统就从主存分配表中取出相应的地址占有上限/下限寄存器,硬件地址转换机构根据下限寄存器中保存的基地址B与逻辑地址得到绝对地址;硬件的地址转换机构同时把绝对地址和上限/下限寄存器中保存的相应地址进行比较,从而实现存储保护。

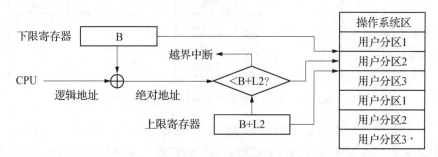

**图4-6 固定分区存储管理的地址转换和存储保护**

从上面的管理过程可以看到,固定分区仅仅适用于作业大小及数量比较清楚的系统中,否则就会影响主存资源的利用率。以图4-5为例,如果系统中小作业很多,相应的队列中有多个作业等待分配主存;而中作业和大作业较少,甚至为0,即相应的队列为空;此时就会出现主存空间闲置,而某些作业排队等待的情况。假设总的空闲空间为50 KB,经过划分后,大、中、小作业的主存空间均低于20 KB,若出现空间需求大于各作业主存空间大小的作业时,例如24 KB的作业,其需求不能得到满足,即使此时总空闲空间是足够的。

## 4.4.2 可变分区存储管理

### 1. 基本思想

所谓可变分区又称为动态分区,是指不预先划分主存空间,而是在作业装入主存时,根据所要求的主存容量以及当时的主存资源使用情况,将一块大小与请求大小相近的区域分配给该作业。它是固定分区的改进,主要用于提高利用率。

### 2. 主存空间的分配和回收管理

可变分区方式是按作业的大小来划分分区。当要装入一个作业时,根据作业需要的主存容量查看主存中是否有足够的空间,若有,则按需要量分割一个分区分配给该作业;若无,则令该作业等待主存空间。由于分区的大小是按作业的实际需要量来定的,且分区的个数也是随机的,所以可以克服固定分区方式中的主存空间的浪费现象。

随着作业的装入、撤离,主存空间被分成许多个分区,有的分区被作业占用,而有的分区是空闲的。当一个新的作业要求装入时,必须找一个足够大的空闲区,把作业装入该区。如果找到的空闲区大于作业需要量,则作业装入后又把原来的空闲区分成两部分,一部分给作业占用了,另一部分又分成为一个较小的空闲区。当某一作业结束撤离时,它归还的区域如果与其他空闲区相邻,则可合并成为一个较大的空闲区,以利于大作业的装入。采用可变分区方式的主存分配示例如图 4-7 所示。

从图 4-7 可以看出,主存中分区的数目和大小随作业的执行而不断改变。为了方便主存的分配和回收,主存分配表可由两张表格组成,一张记录已分配区域的情况,另一张记录未分配区域的情况。

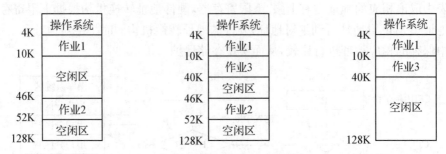

**图 4-7 可变分区存储管理的主存分配示例**

图 4-8 的两张表的内容是按图 4-7 最左边的情况填写的,当要装入长度为 30 KB 的作业时,从未分配情况表中可找到一个足够容纳它的长度为 36 KB 的空闲区,将该区分成两部分,一部分为 30 KB,用来装入作业 3,成为已分配区;另一部分为 6 KB,仍是空闲。这时,应从已分配区域情况表中找一个空的栏目登记作业 3 占用的起址、长度,同时修改未分配区情况表中空闲区的长度和起址。当作业撤离时则已分配区情况表中的相应状态改成"空",而将收回的分区登记到未分配情况表中,若有相邻空闲区则将其连成一片后登记。由于分区的个数不定,所以表格应组织成链表结构。

| 分区号 | 起始地址 | 长度 | 标志 |
| --- | --- | --- | --- |
| 1 | 4 K | 6 KB | job1 |
| 2 | 46 K | 6 KB | job2 |

(a) 已分配区域情况表

| 分区号 | 起始地址 | 长度 | 标志 |
| --- | --- | --- | --- |
| 1 | 10 K | 36 KB | 未分配 |
| 2 | 52 K | 76 KB | 未分配 |

(b) 未分配区域情况表

**图 4-8 可变分区存储管理的主存分配表**

### 4.4.3 分区分配算法

常用的可变分区管理方式的分配算法有如下几种:

(1) 首次适应算法(First-Fit):每次分配时,总是顺序查找未分配表,找到第一个能满足长度要求的空闲区为止。分割这个找到的未分配区,一部分分配给作业,另一部分仍为空闲区。这种分配算法可能将大的空间分割成小区,造成较多的主存"碎片"。作为改进,可把空闲区按地址从小到大排列在未分配表中,为作业分配主存空间时,尽量利用低地址部分的区域,而可使高地址部分保持一个大的空闲区,有利于大作业的装入。但是,这给收回分区带来了一些麻烦,每次收回一个分区后,必须搜索未分配区表来确定它在表格中的位置且要移动表格中的登记。

(2) 下次适应算法(Next-Fit):又称为循环首次适应算法。对首次适应算法的一个简单改动就是每次要从上次查找停止的位置开始查找,也就是前次分配后的空闲分区。这种算法使得空闲块的大小更加均匀地分布在列表中,并减少平均查找时间。不幸的是,实验表明,在主存利用率方面,它比首次适应算法稍差一点。

(3) 最佳适应算法(Best-Fit):从空闲区中挑选一个能满足作业要求的最小分区。这样可以保证不去分割一个更大的区域,使装入大作业时比较容易得到满足。采用这种分配算法时可把空闲区按长度以递增排列,查找时总是从最小的一个区开始,直到找到一个满足要求的区为止。按这种方法,在收回一个分区时也必须对表格重新排列。最优适应分配算法找出的分区如果正好满足要求则是最合适的了,如果比所要求的略大则分割后使剩下的空闲区就很小,以致无法使用。

(4) 最坏适应算法(Worst-Fit):与最佳适应算法相反,每次分配时挑选一个最大的空闲区分割给作业使用,这样剩下的空闲区不至于太小。这种算法对中、小作业是有利的。

需要说明的是,以上分配方法各有优缺点,操作系统中通常将多种分配方法结合使用。

【例 4 - 1】 表 4 - 2 给出了某系统中的空闲分区表,系统采用可变式分区存储管理策略。现有以下作业序列:96 KB、20 KB、200 KB。若用(1) 首次适应算法;(2) 最佳适应算法来处理这些作业序列,试问哪一种算法可以满足该作业序列的请求,为什么?

表 4 - 2 某系统空闲分区表

| 分区号 | 大小 | 起始地址 |
|---|---|---|
| 1 | 32 KB | 100 K |
| 2 | 10 KB | 150 K |
| 3 | 5 KB | 200 K |
| 4 | 218 KB | 220 K |
| 5 | 96 KB | 530 K |

【解答】

(1) 若采用首次适应算法,在申请 96 KB 存储区时,选中的是 4 号分区,进行分配后 4 号分区还剩下 122 KB;接着申请 20 KB 时,选中 1 号分区,分配后剩下 12 KB;最后申请 200 KB,现有的五个分区都无法满足要求,该作业等待。显然采用首次适应算法进行主存分配,无法满足该作业序列的需求。这时的空闲分区表如表 4 - 3(a)所示。

(2) 若采用最佳适应算法,在申请 96 KB 存储区时,选中的是 5 号分区,5 号分区大小与申请空间大小一致,应从空闲分区表中删去该表项;接着申请 20 KB 时,选中 1 号分区,分配后 1 号分区还剩下 12 KB;最后申请 200 KB,选中 4 号分区,分配后剩下 18 KB。显然采用最佳适应算法进行主存分配,可以满足该作业序列的需求。为作业序列分配了主存空间后,空闲分区表如表 4 - 3(b)所示。

表 4-3(a) 采用首次适应算法后的空闲分区表

| 分区号 | 大小 | 起始地址 |
|---|---|---|
| 1 | 12 KB | 120 K |
| 2 | 10 KB | 150 K |
| 3 | 5 KB | 200 K |
| 4 | 122 KB | 316 K |
| 5 | 96 KB | 530 K |

表 4-3(b) 采用最佳适应算法后的空闲分区表

| 分区号 | 大小 | 起始地址 |
|---|---|---|
| 1 | 12 KB | 120 K |
| 2 | 10 KB | 150 K |
| 3 | 5 KB | 200 K |
| 4 | 18 KB | 420 K |

【例 4-2】 某 OS 采用可变分区分配存储管理方法,用户区为 512 KB 且始址为 0,用空闲分区表管理。若采用分配空闲区低地址部分的方案,且初始时用户区的 512 KB 空间空闲,对下述申请序列:申请 300 KB,申请 100 KB,释放 300 KB,申请 150 KB,申请 30 KB,申请 40 KB,申请 60 KB,释放 30 KB。回答下列问题:

(1) 采用首次适应算法,空闲分区中有哪些空块?(给出始址、大小)

(2) 采用最佳适应算法,空闲分区中有哪些空块?(给出始址、大小)

(3) 如再申请 100 KB,针对(1)和(2)各有什么结果?

【解答】

(1) 采用首次适应算法,在完成了题目所给的系列申请及释放主存操作后,空闲分区表如表 4-4 所示。

表 4-4 采用首次适应算法后的空闲分区表

| 分区 | 大小 | 起始地址 |
|---|---|---|
| 0 | 30 KB | 150 K |
| 1 | 20 KB | 280 K |
| 2 | 112 KB | 400 K |

(2) 采用最佳适应算法,完成了题目所给的系列申请及释放内存操作后,空闲分区表如表 4-5 所示。

表 4-5 采用最佳适应算法后的空闲分区表

| 分区 | 大小 | 起始地址 |
|---|---|---|
| 0 | 30 KB | 400 K |
| 1 | 42 KB | 470 K |
| 2 | 90 KB | 210 K |

（3）如再申请 100 KB 空间，由上述结果可知，采用首次适应算法后剩下的空闲分区能满足这一申请要求；而采用最佳适应算法后剩下的空闲分区不能满足这一申请要求。

## 4.4.4 碎片问题及拼接技术

### 1. 碎片问题

固定分区和可变分区这两种存储方式都存在着碎片问题。固定分区存储方式的主要优势在于它的简单。分区在系统初始化时就建立了，在运行时刻只需要很小的软件来执行必要的调度。但是固定分区有两个很大的缺陷。首先，系统能运行的最大作业受到最大分区尺寸的限制。其次，作业大小和分区的大小不可能完全吻合，这样必然在分区中产生一部分不能使用的区域，该区域是不能被其他作业所使用的。这个浪费的区域我们称之为内碎片，之所以称它为内碎片是因为它位于分区的内部。

可变分区存储方式可以提高系统的利用率，减少内碎片，但是又会导致外碎片的产生。比如，在首次适应算法中，这种策略总是从链表的开头开始查找，一旦找到了足够大的、能满足给定的请求的第一个空闲分区，就停止查找。从该分区中划出一块主存空间分配给请求者，余下的空闲分区仍然留在空闲链中。采用该种算法，会使得空闲链的低址部分利用率很充分，高址部分留下大的空闲区，为以后的大作业预留空间。但是随着作业的增多，会在低址部分留下很多小的、难以利用的空闲分区，我们称这些小的难以利用的分区为外碎片。其次，每次查找都是从低址部分开始，必然会增加查找的时间。

又比如，在最佳适应算法中，这种策略的直观想法是：总给主存请求者分配最适合它大小的空闲分区，提高主存的利用率。实验表明，最佳适配算法在主存利用率上并不是最佳的，甚至比首次适应算法和下次适应算法更差。这是因为，我们每次都选择最接近请求的空闲分区，那么剩余的碎片通常太小而无法使用。结果，此算法会产生数量最多的外碎片。另外，此算法的查找时间也是最长的，因为它总要检索所有的空闲分区以确定哪个分区是最佳的。正因为有很多小的空闲分区的出现，这种查找就进一步恶化了。

### 2. 拼接技术

连续分配方式中要求作业存放在一个连续的主存空间中。当可用主存没有足够大的分区来容纳请求时，这个请求就不能满足。如果系统中有若干个小的空闲分区，而它们的容量总和可以满足主存请求时，我们可以把这些小的空闲分区合并成一个大的空闲分区，这种技术称之为拼接技术或者主存紧凑技术。引入了主存拼接技术的可变分区存储方式，我们称之为可重定位分区分配存储方式。

有几种方法来解决紧凑问题，为了说明它们的区别，假设主存初始占用如图 4-9(a)所示，并要分配一个大小为 50 KB 的主存请求。实现这一点的直接方法是把所有当前占用的块移动到主存的一端，这样就产生了一个 80 KB 的单个的空闲空间，如图 4-9(b)所示。

然而，为了产生一个 50 KB 的空间，有没有必要重新组织整个主存？为了避免一次移动所有的空闲分区，紧凑的过程可以与前面的情况一样，把占用的主存空间移动到主存的一端，但当产生足够大小的空闲空间就停止移动，图 4-9(c)说明此时的主存情况。这种方法节省了时间，因为一般只有一小部分块会被移动。

当程序在主存中被移动之后，其地址发生变化了该如何处理？所以我们还要考虑重定位问题。构成一个程序的指令是由系统程序生成的。任何实际程序都是由单独的模块组成的,然后把这些模块链接并加载到主存,这样程序才能够运行。当编译器或汇编器编译一个单独的模块时,它不知道这个模块会被加载到主存中的何处。因此这些编译程序输出代码时都遵循一个惯例,编译每个模块时都是从地址 0 开始。当这个模块真正装入主存时,它是不可能从 0 开始的,这样就需要一个地址转换,我们称之为重定位。例如,假定程序的第一条指令是要调用地址为 100 的一个过程,如果这个程序调入分区 1(在地址 100 K),则指令的目标地址 100 应该是 100 K+100。如果程序被调入分区 2(在地址 300 K),那么指令的目标地址 100 应该是 300 K+100。

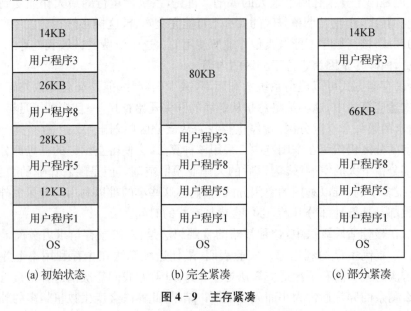

(a) 初始状态　　　　　(b) 完全紧凑　　　　　(c) 部分紧凑

**图 4‑9　主存紧凑**

# 4.5　分页存储管理

在前面的分区管理中,一个作业无论是在逻辑空间还是物理空间上都要求占用连续区域,这样随着分配回收工作的不断进行就产生了零头问题。即使所有零头的总和超过某个作业所需的主存空间,但由于不连续也不能分配给该作业,从而造成了主存空间的浪费。虽然使用移动技术,将空间碎片通过移动合并形成连续整体,可以解决这一问题,但是移动大量信息需要花费处理机的大量时间,例如 Windows 系统中的磁盘碎片的整理就是采用了类似的原理,只不过它是针对辅助存储空间的。如果主存分配工作能够避免连续性的要求,也就是说一个作业保持逻辑上的连续性,而实质在物理空间上并不一定连续存放。这样,不需要移动主存空间就可以较好地解决零头问题。而分页存储管理机制就是基于这一思想。

## 4.5.1　分页存储管理基本思想

在分页存储管理中,将每个作业的地址空间分成一些大小相等的片,并称之为页面或页(Page)。同样地,将主存空间也分成与页大小相同的片,这些片称为存储块或页框(Page Frame)。这种页面划分对于用户来说是透明的。在为作业分配存储空间时,总是以页框为单位,例如,设某个作业共有 $m$ 页,则需要为其分配 $m$ 个页框,分别将每页装入到某个页框中。其中页框可以相邻,也可以不相邻。换句话说,一个作业可以分散驻留在主存的各个页框中,避免了连续性要求,从而较好地解决了零头问题。

所谓纯分页管理系统,又称为静态分页管理系统,是指在调度某个作业时,系统必须完全满足该作业所需的主存页框数后,才能为该作业分配主存空间,并一次性将作业的所有页装入到主存的页框内;如果当时页框数不足,则该作业必须等待,系统调度其他作业。

页的大小总是选择 $2^n$ B,这样分页存储器的逻辑地址就可以划分成两部分:页号和页内相对地址(单元号)。逻辑地址格式如下:

| 页　号 | 页内相对地址 |
|---|---|

## 4.5.2　分页存储管理的地址变换

采用分页式存储管理时,逻辑地址是连续的。所以,用户在编制程序时仍只需使用顺序的地址,而不必考虑如何去分页。由地址结构自然就决定了页面的大小,也就确定了主存分块的大小。

在进行存储分配时,总是以页框为单位进行分配,一个作业的信息有多少页,那么在把它装入主存时就分配多少页框供它使用。但是分配给作业的主存页框可以是不连续的,即作业的信息可按页分散存放在主存的空闲区域中,这就避免了为得到连续存储空间而进行的移动,提高了主存的使用率。但是当作业按页被分散存放后,如何保证作业的正确执行呢? 也就是说,如何将作业的逻辑地址转换成主存物理地址? 在分页内存管理中,这是借助于页表来实现的。

由于作业以页为基本单位,主存的分配也是以页为单位,因此地址转换机制中要求为每个页都设置一个重定位寄存器,而这些寄存器组成一个组,通常被称为页表。在实际系统中,为了减少硬件成本,页表通常存放在受保护的系统区内。

| 页表 | 页号 | 页框号 | 存取控制 |  | 作业表 | 作业名 | 页表起始址 | 页表长度 |
|---|---|---|---|---|---|---|---|---|
|  | 第0页 | 页框号1 | 存取控制 |  |  | A | ××× | ×× |
|  | 第1页 | 页框号2 | 存取控制 |  |  | B | ××× | ×× |
|  | … | … | … |  |  | … | … | … |

**图 4 - 10　页表和作业表**

当作业装入主存进行存储分配,首先为进入主存的每个用户作业建立一张页表,指出逻辑地址中页号与主存中页框号的对应关系,作业中的每页都有相应的表目,因此页表的长度随作业的大小而定。同时分页式存储管理系统包括一张作业表,将这些作业的页表进行登记,每个作业在作业表中有一个登记项。作业表和页表的一般格式如图 4 - 10 所示,其中页表中的每一项(页框号和存取控制)又称为页描述子(Page Descriptor)。

然后,借助于硬件的地址转换机制,在作业执行过程中按页动态进行重定位。逻辑地址转换时,硬件组成的地址转换机构将它分成两部分:页号和页内偏移量。调度程序在选择作业后,从作业表的登记项中得到该作业的页表起始地址和页表长度,将其送入硬件设置的页表控制寄存器中。地址转换时,首先将逻辑地址中的页号和页表寄存器中的当前页表大小进行比较,如果逻辑地址的页号过大,表示访问越界,系统产生相应的中断。如果访问合法,则由页表起始地址和页号计算出相应的页表单元地址,从页表单元中就可以取出所对应的页描述子。取出页描述子后,先检验其存取控制字段,以保证此次访问是合法的,然后将页描述子中的页框号与逻辑地址中的页内偏移量组合,形成最终访问主存的物理地址。根据以下关系式:

$$绝对地址 = 页框号 \times 页框长度 + 页内偏移量$$

计算出欲访问的主存单元的地址。因此,虽然作业存放在若干个不连续的块中,但在作业执行中总是能找到相应的物理地址进行存取。

整个系统只有一个页表控制寄存器,只有占用 CPU 者才占有页表控制寄存器。在多道程序中,当某个程序让出处理机时,应同时让出页表控制寄存器。

图 4-11 给出了页式存储管理的地址转换和存储保护的过程。

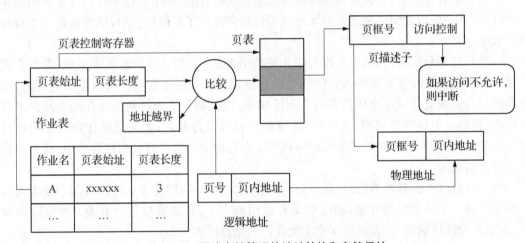

图 4-11　页式存储管理的地址转换和存储保护

【例 4-3】　设有一页式存储管理系统,向用户提供的逻辑地址空间最大为 16 页,每页 2 048 字节,内存总共有 8 个存储块,试问:(1) 逻辑地址至少应为多少位? (2) 主存空间有多大?

【解答】

(1) 本题中,每页 2 048 字节,所以页内位移部分地址需要占据 11 个二进制位;逻辑地址空间最大为 16 页,所以页号部分地址需要占据 4 个二进制位。故逻辑地址至少应为 15 位。

(2) 由于主存共有 8 个存储块,在页式存储管理系统中,存储块大小与页面的大小相等,因此主存空间为 8 页 * 2 048 字节 = 16 KB。

### 4.5.3　相联存储器

页表可以存放在一组寄存器中,地址转换时只要从相应的寄存器中取出就可以得到页框号,这样方便了地址转换,但硬件花费代价太高。因此在实际系统中为了减少硬件成本,通常将页表放在主存的系统区域中来降低成本。但是当按照给定的逻辑地址进行读/写时，必须访问两次主存：第一次按页号读出表中相应栏内容的页框号，第二次根据计算出来的绝对地址进行读/写。显然使主存访问次数加倍必然会影响系统的性能。

为了提高存取速度，实际的系统中通常都设置一个专用的高速缓冲存储器，用来存放当前访问的那些页描述子，这种高速存储器称为相联存储器（Associative Memory，也称为 Translation Lookaside Buffer，TLB），存放在相联存储器中的页表称为快表。

相联存储器的存取时间小于主存，但成本较高，因此一般都是小容量的，通常只有几十个表项单元。例如 Intel 80486 有 32 个。对于较小的进程，可将其页表中的所有内容存入 TLB；对于较大进程，可能将页表中的一部分存入 TLB。因为程序执行具有局部性的特点，即在一定时间内总是经常访问某些页。若把这些页登记在快表中，而快表的查找机制又是完全由硬件完成的（容量小，硬件实现的代价较小），这无疑将大大加快存取的速度。快表的格式如下：

| 页　　号 | 页描述子 |
|---|---|
| … | … |
| 页　　号 | 页描述子 |

它指出已经在快表中存在的页及其对应主存的页框号和访问权限。有了快表以后，页式管理系统的地址变换过程如下：

（1）在处理机得到进程的逻辑地址后，将该地址分成页号和页内偏移两部分。

（2）由地址变换机构自动将页号与快表中的所有页进行比较，若与某页相匹配，则从快表中直接取出页描述子，查出对应页的存储块号，然后转(4)；若快表中查不到对应页号，则转(3)。

（3）访问内存，找到页表并读出存储块号，形成物理地址，并同时将该页表项内容存入快表中的某个单元以修改快表，如果 TLB 已满，将快表中某个不再需要的页换出。

（4）进行访问权限的检查，检查通过后，由存储块号与页内偏移得到物理地址。

采用高速缓冲存储器的方法后，地址转换时间大大下降。一般说来，由于访问的局部性原理，在快表中找到所需页描述子的概率，即命中率可以达到 90% 以上。换句话说，由于分页系统执行地址变换而引起的速度损失可以减少到 10% 以下。

同样，整个系统也只有一个高速缓存，只有占用 CPU 者才占有高速缓冲存储器。在多道程序中，当某道程序让出处理机时，应同时让出高速缓冲存储器。由于快表是动态变化的，所以让出高速缓冲存储器时应该把快表保护好以便再执行时使用。当一道程序占用处理机时，除设置页表控制寄存器外还应将它的快表送入高速缓冲存储器。当然，快表的大小是有限的，当快表已满而又有新的页面描述子要放入快表时，就会采用一些淘汰措施，最常见的是先进先出算法。

## 4.5.4　基本分页存储系统中的有效访问时间

从进程发出指定逻辑地址的访问请求开始，经过地址变换，到在主存中找到相应的实际物理地址单元并取出数据，所需要花费的总时间，称为有效访问时间，简称 EAT（Effective Access Time）。

（1）没有快表时有效访问时间的计算

在进程运行期间,需要将每条指令的逻辑地址变换为物理地址,这个过程需借助页表来实现。由于页表的访问频率非常高,页表大多驻留在主存中。因此,CPU 在执行指令时,先访问主存中的页表,根据页号检索到相应的物理块号,再根据块号和页内偏移量得到物理地址;然后根据前面得到的这个物理地址去访问相应的主存单元,取得或存入数据。假设访问一次主存的时间为 $t$,在这种系统中主存的有效访问时间为两次访问主存的时间之和 $2t$。

（2）有快表时有效访问时间的计算

在分页式系统中,需要考虑逻辑地址到物理地址的映射速度问题。在很多系统中设置了快表这种结构,暂存当前访问的那些页表项。在进行地址变换时,首先检索快表,如果在快表中能找到相应的页表项,则拼接得到物理地址,不再查找主存中的页表。然后根据物理地址访问相应的主存地址单元。如果在快表中未找到相应的页表项,则仍需访问主存中的页表,还是需要两次访问主存。访问快表的时间和访问主存的时间相比非常小。假设快表的命中率为 $a$,访问快表的时间为 $\lambda$,引入快表后的有效访问时间分为查找页表项获得物理地址的平均时间和访问物理地址的时间之和,则有

$$\text{EAT} = [a \times \lambda + (1-a)(t+\lambda)] + t = 2t + \lambda - at$$

也可以这样推导

$$\text{EAT} = a \times (\lambda + t) + (1-a)(\lambda + 2t) = 2t + \lambda - at$$

如果忽略访问快表的时间,则又有

$$\text{EAT} = 2t - at$$

【例 4-4】 有一个将页表存放在内存中的分页系统,在下面两种情况下,请计算有效访问时间分别为多少:系统中未设置快表,访问一次主存需要 $0.2\ \mu s$;系统中设置了快表,快表的命中率为 $90\%$,并且假定查快表需花的时间为 $0$,访问一次内存仍需 $0.2\ \mu s$。

【解答】

分析可知,本例需要计算在有快表和没有快表两种情况下的有效访问时间,而且在计算时访问快表的时间忽略不计。应用上面的公式进行计算即可:未设置快表需两次访问主存,故有效访问时间为 $2 \times 0.2\ \mu s = 0.4\ \mu s$。

若能从快表中直接找到相应的页表项,则可立即形成物理地址去主存访问相应的数据;否则,仍需两次访问主存。有效访问时间为 $0.9 \times 0.2\ \mu s + (1-0.9) \times 0.2\ \mu s \times 2 = 0.22\ \mu s$。

## 4.5.5 多级页表

现代计算机都有非常大的逻辑地址空间,以 32 位计算机为例,假设页的大小为 4 KB,那么一个作业的页最多可以达到 $2^{20}$ 个,这意味着该作业的页表项为 $2^{20}$ 个。假设一个页表项占用一个字节,那么该页表的大小为 $2^{20}$ B,即需要 1 MB 的主存空间,并且要求这 1 MB 的主存空间是连续的。这在计算机主存资源极度珍贵的时代显然是不现实的,解决这个问题的最好办法是:把页表也看成普通的文件,对它进行离散的分配,即对页表再分页,由此形成多级页表的思想。

以二级页表为例,将页表进行分页后,离散地存放在不同的物理块中,这样对这些离散分配的页表再建立页表,即二级页表。在图 4 - 12 中,32 位的虚地址划分成 10 位的外层页表域,10 位的主存页表域和 12 位的页内偏移量。

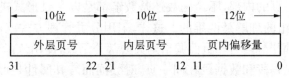

图 4 - 12　具有两个页表的 32 位地址

图 4 - 13 演示了二级页表的地址转换。32 位逻辑地址空间使用两级页表映射到 32 位物理地址空间,每个页面大小为 4 KB。一级页表的开始物理地址被存放在页表基址寄存器(PTBR)中。一级地址映射使用逻辑地址的最高 10 位来索引,并产生第二级页表的物理地址。下面 10 位用来索引第二级页表,产生出的物理页的地址和逻辑地址的最低 12 位相结合以生成物理地址。如果某二级页表中没有实际映射,就可将其删除并在顶级页表中标记为不可用。许多分页方案在构造的时候都使各级页表的大小和页的大小一致,这样存储它们占用的空间可以和进程使用的主存页使用相同的分配方案。

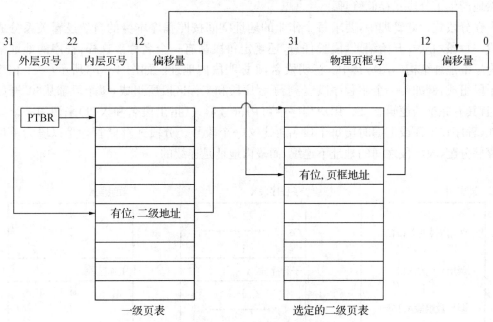

图 4 - 13　二级页表的地址转换

对于 32 位的机器,采用二级页表是合适的。但对于 64 位的机器,采用二级页表是否仍可适用的问题,我们做以下简单分析。如果页面大小仍采用 4 KB,即占地址空间中的 12 位,那么还剩下 52 位,假定仍按物理块的大小划分页表,则将余下的 42 位用于外层页号。外层页表中可能有 $2^{42}$ 个页表项,假设一个页表项占用 4 个字节,则一共要占用 16 384 GB 的连续主存空间。这样的结果显然是无法接受的,因此必须采用多级页表,对外层页表再进行分页。但是随着页表分页技术的增加,一个页面的访问就要多次访问主存,这样势必会增加系统的开销。

# 4.6　分段式存储管理

页式管理中,在一页的内部,不论函数还是数组都是以一维形式进行存储的,而在现实中,程序员对函数、数组的理解是两维的。这样,采用分页管理方式就可能会出现某一函数部分在另一页面上的情况,当另一页面调出则失去部分函数,使用该函数必须将另一页面调入主存;也可能出现代码段和数据段在同一页,对数据而言其属性是可写的,而代码段的属性为只读,这样该页的访问属性就很难确定。可以看到,为用户提供一个线性地址空间,这对于模块化程序和变化的数据结构的处理以及不同作业之间某些公用子程序或数据块的共享存在一些问题,为了解决这些问题引入了分段式存储管理方案。

## 4.6.1　分段式存储管理基本思想

一般来说,一个用户作业是由若干程序和数据模块组成,此外在各种软件系统中还经常包含各种子程序、过程、标准函数等程序模块;再则常用的数组、表格、文件、数据集合也具有模块特征。我们把各种程序和数据模块称为段(Segment),按这些段分配主存并进行管理就自然地产生了分段式存储管理。

在分段式存储管理中,要求每个作业的地址空间按照程序本身的自然逻辑关系分成若干段。每段均从 0 开始编址,段长任意,还规定每段都有一个名称。这样,程序的地址结构成为二维地址结构(s,d),其中 s 标明段名,d 标明段内地址。如图 4-14 所示,一个程序由若干段组成,例如由一个主程序段、若干子程序段和工作区段所组成,每个段都从"0"开始编址,且具有完整的逻辑意义。用户程序中可用符号形式(指出段名和入口)来调用一个段的功能,程序在编译或汇编时给每个段名再定义一个段号。分段式存储管理是以段为单位进行存储分配,段与段之间的地址不连续,而段内地址是连续的。

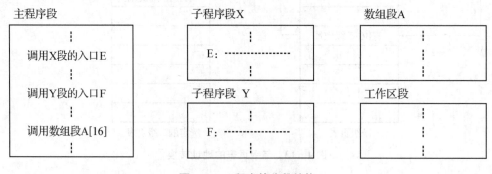

图 4-14　程序的分段结构

请求式分段管理是指调入一个作业的一段或几段就可启动运行之,其余的段仍驻留在外存,需要时再动态链接,调入运行。

## 4.6.2　分段存储管理的地址变换

在分段系统中地址结构为如下形式:

| 段号 s | 单元号 w |
|--------|---------|

在分页式存储管理中,页的划分——即逻辑地址如何划分为页号和单元号是用户不可见的,连续的用户地址空间将根据页框(块)的大小自动分页;而在分段式存储管理中,地址结构是用户可见的,即用户知道逻辑地址如何划分为段号和单元号,用户在程序设计时,每个段的最大长度受到地址结构的限制,进一步,每一个程序中允许的最多段数也可能受到限制。例如,PDP-11/45 的段址结构为段号占 3 位,单元号占 13 位,也就是一个作业最多可分为 8 段,每段的长度可达 8 KB。

为了实现分段式管理,与分页管理类似,系统为每个作业建立一个段表,它实现段地址与主存物理地址空间的映射,段表各表目按照段号从小到大顺序排列,这样便可以方便地检索段表。同时段式存储管理系统包括一张作业表,将现有作业进行登记,每个作业在作业表中有一个登记项。作业表和段表的一般格式如图 4-15 所示。

| 段表 | 段号 | 段长 | 始址 |   | 作业表 | 作业名 | 段表始址 | 段表长度 |
|------|------|------|------|---|--------|--------|----------|----------|
|      | 第0段 | ××× | ××× |   |        | A | ××× | ×× |
|      | 第1段 | ××× | ××× |   |        | B | ××× | ×× |
|      | … | … | … |   |        | … | … | … |

**图 4-15　段表和作业表的一般格式**

段表中的表目实际上起到了基址/限长寄存器的作用。作业执行时通过段表可将逻辑地址转换成绝对地址。由于每个作业都有自己的段表,地址转换应按各自的段表进行。类似于分页存储那样,分段存储也设置一个段表控制寄存器,用来存放当前占用处理机的作业的段表始址和长度。分段式存储管理的地址转换和存储保护流程如图 4-16 所示。

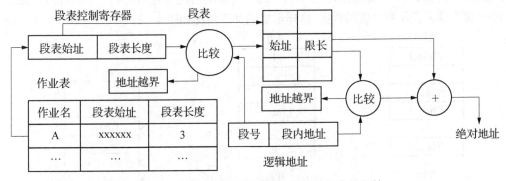

**图 4-16　分段式存储管理的地址转换和存储保护**

在多道作业系统中,启动某作业时系统首先从作业表中找到该作业,并将对应的段表起始地址和段表长度加载到段表控制寄存器中。然后比较逻辑地址中的段号是否超过段表长度,若超过则表示段号太大、访问越界,产生越界中断;若未越界,则根据段号找到段表中相应的表目(包含该段的起始地址和限长),接着比较逻辑地址中段内地址与限长,如果超过限长,表示段内地址越界,产生越界中断;如果没有越界,则将段起始地址与段内地址相加得到绝对地址,再到相应主存块中访问。

与分页管理系统一样,当段表放在主存中时,每当要访问一个数据时,都必须两次访问主存,从而成倍地降低了计算机的速率。解决的方法也和分页系统类似,再增设一个快表用于存放最近常用的段表项,这样便可以显著地减少存取数据的时间,只比没有地址变换的常规存储器的存取速度慢约 $10\%\sim15\%$。

### 4.6.3　段的共享与保护

在可变分区存储管理中,每个作业只能占用一个分区,那么就不允许各道作业有公共的区域。这样,当几道作业都要用某个例行程序时就只好在各自的区域内各放一套。显然,降低了主存的利用率。

前面已经介绍了在分段存储管理系统中,段是信息的逻辑单位,每个作业可以由几个段组成,达到段的共享。所谓段的共享,事实上就是共享分区,为此计算机系统要提供多对基址/限长寄存器。几道作业共享的例行程序就可放在一个公共的分区中,只要让各道的共享部分有相同的基址/限长值就行了。

由于段号仅仅用于段之间的相互访问,段内程序的执行和访问只使用段内地址,因此不会出现页共享时出现的问题,对数据段和代码段的共享都不要求段号相同。当然对共享区的信息必须进行保护,如规定只能读出不能写入,欲往该区域写入信息时将遭到拒绝并产生中断。

在分页式存储管理系统中虽然也能实现程序和数据的共享,但远不如分段系统来得方便,我们可以通过一个例子来说明这个问题。例如,有一个多用户系统可同时接纳 20 个用户,它们都执行同一个应用程序,如果该应用程序含有 80 KB 的代码和 20 KB 的数据,共有 5 MB 空间来支持这 20 个用户。如果代码部分可以被共享,则该应用程序只需要保存代码的一个备份,因此所需要的内存空间为 20 KB×20 个用户+80 KB=480 KB。在分页系统中,假定每个页面的大小为 2 KB,那么代码共需要 40 个页面,数据共需要 10 个页面。为实现代码共享,在每个进程所对应的页表中都应该建立 40 个页表项,表明物理页框(设为 21~60);另外还要建立 10 个页表项来指示所对应的数据,这样形成的共享情况如图 4-17 所示。

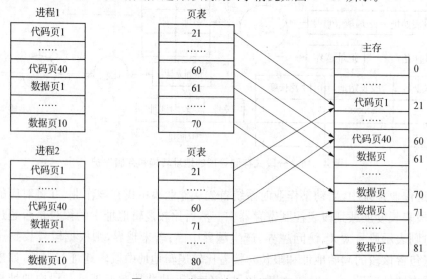

**图 4-17　分页系统中共享示意图**

而在分段存储管理系统中,实现共享容易得多,即在每个进程的段表中,只需要为该应用程序代码设置一个段表项,所对应的段长度为 80 KB;再为数据设置一个段表项,所对应的段长度为 20 KB 即可。图 4-18 是分段系统中共享同一应用程序的示意图。

段的保护措施通常有以下几种:

(1) 段表限制:每个作业一个段表,在作业表中指明段表的长度,转换地址时首先判断逻辑地址中的段号是否超过该段表的长度,超过则访问越界;段表中每个段表项中含有该段的长度,访问前先比较逻辑地址中的段内地址与所对应段的长度,若超过则访问越界。只有符合段表限制的访问才被允许。

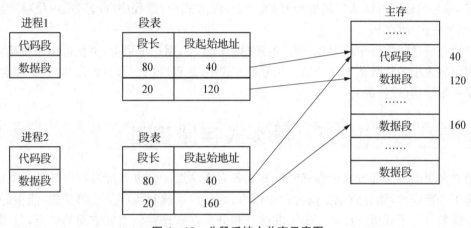

图 4-18 分段系统中共享示意图

(2) 存取控制:对段表中各项进行扩充,增加存取控制项。访问该段时,首先检查段的存取访问是否符合存取控制,若不符合则异常中断。

(3) 保护级:在每个作业的地址空间中既有用户信息,又有系统信息,它们的保护权限是不同的。可以为每个段增加一个保护权限数,权限大的段可以访问权限小的段中的信息,反之认为是非法行为。

## 4.6.4 分段存储管理的优缺点

### 1. 分段管理的主要优点

(1) 便于程序模块化处理:在分段系统中,每个程序模块构成各自独立的分段,并赋予不同的名字,可以采用不同的访问控制方式。所以一个模块不会受到其他模块的影响和干扰,因此有利于模块化处理。

(2) 便于处理变化的数据结构:因为在分段存储管理方式中,段的大小是任意的,可以很方便地动态扩展一个分段。而这非常符合实际应用中数据信息长度不定的特征。

(3) 便于动态链接:段式存储管理方案中,分段地址空间是二维的,而且每一分段就是一组有意义的信息或具有独立功能的程序。因此,可以在作业运行过程中使用到某段程序时进行动态链接。

(4) 便于共享分段:由于分段是一组有意义的信息集合,且能够实现分段的动态链接,同时一个分段在共享它的作业时可以有不同的段号,因此实现信息段的同一物理副本的共享是非常方便的。

（5）可以实现多段式虚拟存储器，来扩充主存容量。

2. 分段管理的缺点

（1）和分页管理一样，处理地址变换有一定的开销；

（2）为满足分段的动态增长和减少外碎片，要采用拼接手段；

（3）分段的最大尺寸受主存可用空间的限制。

3. 分段和分页的主要区别

分段是信息的逻辑单位，由源程序的逻辑结构所决定，用户可见；段长可根据用户需要来规定，段起始地址可以从任何地址开始。在分段方式中，源程序（段号，段内位移）经链接装配后仍保持二维结构。

分页是信息的物理单位，与源程序的逻辑结构无关，用户不可见；页长度由系统确定，页面只能以页大小的整数倍地址开始。在分页方式中，源程序（页号，页内位移）经链接装配后变成了一维结构（线性的）。

# 4.7 段页式存储管理

前面介绍的分页和分段的存储管理方式各有优缺点。分页系统对程序员是透明的，并且消除了外部碎片，能有效地提高内存使用率；而分段系统对程序员是可见的，能很好地满足用户需要。为了获得分段在逻辑上的优点和分页在管理存储空间方面的优点，兼用分段和分页两种方法，即采用所谓的段页式存储管理。这种技术的基本思想是：用分段方法来分配和管理虚拟存储器，而用分页方法来分配和管理实际存储器（即主存）。这样，一方面可以保持分段地址空间所带来的优点，例如允许分段动态扩展，可实现分段的动态链接、分段的共享、实施段保护等等；另一方面，又能像分页系统那样很好地解决了主存的外部碎片问题，以及为各个分段可离散地分配主存等问题。

## 4.7.1 段页式存储管理的实现原理

在段页式系统中，一个程序首先被分成若干程序段，每一段赋予不同的分段标识符，然后对每一分段又分成若干个固定大小的页面。图 4 - 19 显示了段页式系统中一个作业的地址空间结构。由图可以知道该作业有三个分段，第一段为 14 KB，占 4 页，最后一页有 2 KB 空间未使用；第二段为 8 KB，恰好为 2 页；第三段为 10 KB 空间，占 3 页，最后一页有 2 KB 未使用。和分页系统一样，未写满的页面在装入主存空间后仍然存在内碎片问题。

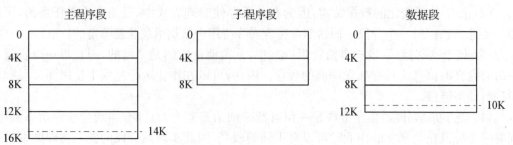

图 4 - 19    段页式作业地址空间

在段页式管理系统中,从程序员的角度看,逻辑地址仍然由段号和段偏移量组成,但从系统的角度看,段偏移量看作是指定段中的一个页号和偏移量。也就是说,在段页式系统中为作业地址空间增加了一级结构,形成了新的地址空间结构。新的地址空间结构需要更新的地址结构来访问地址空间内的指令和数据。新形成的逻辑地址如图 4-20 所示。

| 段号 | 页号 | 偏移量 |
|---|---|---|

**图 4-20　由段号、页号、偏移量组成的新逻辑地址**

## 4.7.2　段页式存储管理的地址变换

段页式系统中地址转换过程如图 4-21 所示。和前面一样,段表项含有段长度和一个基址,该基址现在指向一个页表,在段表中还有一些额外的访问控制位用于进行段保护和共享,而指示该段是否在主存内的"中断位"与"修改否位"在段表中不存在,因为在主存中是否存在以及修改回写辅存的工作都放在了页一级处理。页表中的表项在本质上和分页系统中完全一样,如果某一页在主存中存在则将它映射到主存中相应的页框上。而修改否位表示该页调出主存时,是否要回写到辅助存储器中。当然页表中也保留了其他一些控制位,用于页一级的保护和控制。

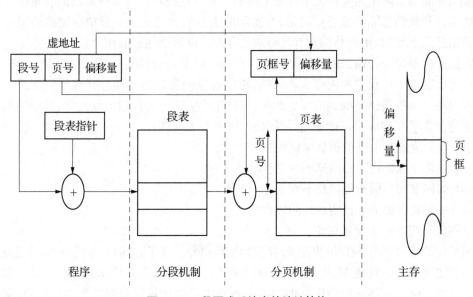

**图 4-21　段页式系统中的地址转换**

## 4.7.3　段页式存储管理的优缺点

由于段页式系统是分段和请求式分页管理方案的结合,因而具有两者的全部优点。而它的主要缺点有:

(1) 增加了软件复杂性和管理开销,需要的硬件支持也增加了;

(2) 段表、页表等表格需要占用额外的存储空间;

（3）与请求式分页系统和分段系统一样，存在系统抖动的危险；

（4）与分页式管理一样，仍然存在内碎片问题。

# 4.8 虚拟存储技术

在前面介绍的各种存储管理方式中，必须为作业分配足够的存储空间，以装入有关作业的全部信息。但当把有关作业的全部信息都装入主存后，作业执行时实际上不是同时使用这些信息的，甚至有些部分在作业执行的整个过程中都不会被使用到。于是，提出了这样的问题：能否不把作业的全部信息同时装入主存，而是将其中一部分先装入主存，另一部分暂时存放在辅助存储器中，待用到这些信息时，再把它们装到主存储器中。如果"部分装入、部分对换"这个问题能解决的话，那么当主存空间小于作业需要量时，作业也能执行。这样，不仅使主存空间能充分地被利用，而且用户编制程序时可以不必考虑主存的实际容量，允许用户的逻辑地址空间大于主存的绝对地址空间。对于用户来说，好像计算机系统具有一个容量很大的主存，我们把它称为"虚拟存储器"。

## 4.8.1 虚拟存储器概述

虚拟存储器实际上是为扩大主存而采用的一种设计技巧。虚拟存储器的容量由计算机的地址结构和辅助存储器的容量决定，与实际的主存的容量无关。虚拟存储器的实现对用户来说是感觉不到的，用户总以为有足够的主存空间可容纳他们的作业。

虚拟存储器是一种假想的而不是物理存在的存储器，允许用户程序以逻辑地址来寻址，而不必考虑物理上可获得的内存大小，这种将物理空间和逻辑空间分开编址但又统一使用的技术为用户编程提供了极大方便。此时，用户作业空间称为虚拟地址空间，其中的地址称为虚地址。为了实现虚拟存储器，必须解决好以下有关问题：

（1）如何决定当前哪些信息应该在主存中？

（2）如果作业要访问的信息不在主存时怎么办？

（3）如何发现当前所用信息不在主存内？

（4）如何实现虚地址到实地址的转换？

这些问题将在后面详细讨论。

虚拟存储器的思想早在 20 世纪 60 年代初期就已经出现了。到 60 年代中期，较完整的虚拟存储器在两个分时系统 MULTICS(Multiplexed Information and Computing Service)和 IBM 系列中得到实现。70 年代初期开始推广应用，逐步为广大计算机研制者和用户接受，虚拟存储技术不仅用于大型机上，而且随着微型机的迅速发展，也研制出了微型机虚拟存储系统。

## 4.8.2 请求分页存储管理方式

请求式分页管理是动态页面管理，它的基本思想是由操作系统自动把主存和外存结合起来，统一使用。而且运行一个作业时，并不要求将该作业一次性全部装入主存，只要把当前要执行的几页调入主存的空闲块中，其余部分仍驻留在外存，以后作业运行过程中需要时再调入。从而给用户一个比真实物理主存空间大得多的地址空间，这个空间就是虚拟存储器。

在请求式页面管理方式中,关于作业地址空间分页,内存分成页框与前面纯分页管理系统中类似,页表、作业表以及地址变换过程也基本相似。由于一个作业投入运行前,没有将它全部装入主存,就会遇到这样一些问题:

(1) 作业信息不全部装入主存的情况下能否保证作业的正确运行?

(2) 要访问的页面不在主存中时怎么办?

(3) 调入新页面时,主存中无空闲页框可用时如何处理?

下面我们就来逐个解决这些问题。

(1) 程序的局部性

人们对程序行为的研究表明一个程序在一段时间内总是集中在一个有限的存储区域中执行,这正是程序局部性的概念。可将其细分为时间局部性和空间局部性。时间局部性指的是一旦某个位置或数据被访问了,它常常很快又要再次被访问。空间局部性是指一旦某个位置被访问,那么它附近的位置极大可能很快也要被访问。我们注意到以下事实:

① 程序往往包含若干个循环,运行时某部分的指令被执行或某部分的数据被访问后,常常会多次执行或访问这个部分。

② 程序在每次运行的某一段时间内,往往是集中访问一个区域中的数据。因为许多例行程序是顺序结构,按顺序执行的,它们没有必要同时驻留在主存中。

③ 程序中有些部分是彼此互斥的,不是每次运行时都用到的,例如出错处理程序,仅在数据和计算中出现错误时才会用到。

这些现象充分说明,作业执行时没有必要把全部信息同时存放在主存中。在装入部分信息的情况下,只要调度得好,不仅可以正确运行,而且能提高系统效率。

(2) 地址变换及缺页中断处理

在请求式分页系统中地址变换过程十分类似于纯分页系统的地址转换,也引入了作业情况表、页表和存储分块表,区别在于:分页式虚拟存储系统是将作业信息的副本存放在辅助存储器中,当作业被调度投入时,将作业的部分信息装入主存,在执行过程中访问到不在主存的页时,再把它们装入。因此,首先应该指出哪些页已经在主存,哪些还没有装入主存,这只需要将页表中的各个页描述子扩展为如图 4-22 所示的新页描述子。

| 页框号 | 存取控制 | 中断位 | 外存地址 | 页面修改位 |
|---|---|---|---|---|

**图 4-22 扩展后的页描述子**

其中:中断位用来表示对应的页面是否在主存中,Y 表示在主存,N 表示在外存中暂时不能访问;外存地址表示对应页所在外存中的地址;页面修改位用于页面淘汰时,根据该标志位决定是否将已作修改一次性回写到所对应的外存中。

这样,地址变换过程为:首先将虚地址译成页号和页内偏移量。开始在高速缓冲存储器中查找页描述子是否存在,如果存在则使用它去计算有关物理地址;如果不存在,则查找页表获得相应的页描述子并更新缓存。到此为止,与前面介绍的纯分页系统一样,只是找到的页描述子是扩展后的页描述子。不论从高速缓存中还是从页表中获得了页描述子后,首先检查页面的访问控制是否合格,若不合格则违例中断;若合格,检查页描述子中的中断位,检验该页是否存在于主存中,如果不存在,进行下面的缺页中断处理;如果存在主存中,更新页面修改位,计算出物理地址进行访问。

当找到相应页面的页描述子后,根据中断位标志可知该页是否在主存中,如果发现该页在外存,将导致缺页软中断,该中断并非表明程序出错,而是通知操作系统当前访问的页面不在主存中。而操作系统接受该软中断后,根据页表描述子中外存地址将这一页面调入主存,若主存中有空闲块则装入新调入的页面,并修改表目的中断位,再重新启动程序运行,以后访问该页就不会发生缺页中断。若主存中当时没有空闲块可用,则依赖一定的旧页面淘汰算法淘汰某些页面,让出空间。

请求式分页管理中的地址转换和缺页处理过程如图 4 - 23 所示,虚线以上由硬件完成,而虚线以下是由软件实现的。

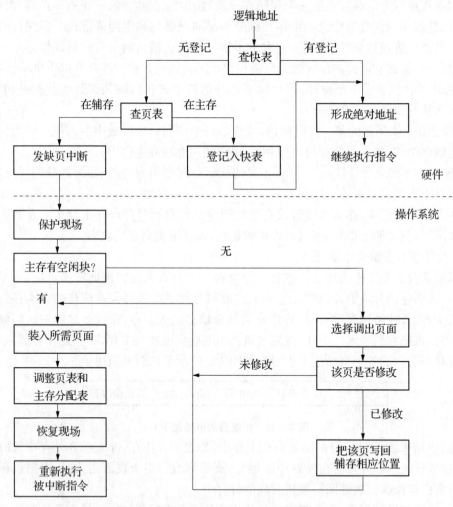

**图 4 - 23  请求式分页管理中的地址转换和缺页处理**

## 4.8.3  页面置换算法

实现虚拟存储器能给用户提供一个容量很大的存储器,但当主存空间已满而又要装入新页时,必须按一定的算法把在主存的一些暂时不用的页面调出去,这个工作称页面调度。所以页面调度算法实际上就是用来确定应该淘汰哪些页的算法。

　　为了衡量调度算法的优劣,我们在固定空间的前提下来讨论各种页面调度算法。这一类算法是假定每道作业都给固定数目的主存空间,即每道作业占用的主存块数不允许页面调度算法加以改变。在这样的假定下,怎样来衡量一个算法的好坏呢? 我们先来叙述一个理论算法。假定作业 $p$ 共计 $n$ 页,而系统分配给它的主存页框只有 $m$ 个($m,n$ 均为正整数,且 $1 \leqslant m \leqslant n$),即最多只能容纳 $m$ 页。如果作业 $p$ 在运行中成功的访问次数为 $S$(即所访问的页在主存中),不成功的访问次数为 $F$(即缺页中断次数),则总的访问次数 $A$ 为:$A = S + F$,又定义:$f = F/A$,其中 $f$ 称为缺页中断率。影响缺页中断率 $f$ 的因素主要有:

　　(1) 分配给作业的主存块数。分配给作业的主存块数多,缺页中断率就低,反之,缺页中断率就高。

　　(2) 页面的大小。划分的页面大,则缺页中断率就低,否则缺页中断率就高。最极端的情况,页面大小超过作业大小,只需一页,一次性完全调入主存。

　　(3) 作业本身的程序编制方法。程序编制的方法不同,对缺页中断的次数有很大影响。例如:有一个程序要将 $128 \times 128$ 的数组置初值"0"。现假定分给该程序的主存页框数为 1,页面的尺寸为每页 128 个字,数组中的元素每一行存放在一页中,开始时第一页在主存。若程序如下编制:

```
int a[128][128],j,i;
for (i = 0;i < 128;i ++)
        for (j = 0;j < 128;j ++)
            a[j][i] = 0;
```

　　则每执行一次 a[j][i] = 0;就要产生一次缺页中断,于是总共要产生($128 \times 128 - 1$)次缺页中断。如果重新编制这个程序如下:

```
int a[128][128],j,i;
for (i = 0;i < 128;i ++)
        for (j = 0;j < 128;j ++)
                a[i][j] = 0;
```

　　由于数组中每一行存放在一页中,只有换行读取时才产生缺页中断,那么总共只产生($128 - 1$)次缺页中断。

　　从原理上说,提供虚拟存储器以后,每个作业只要能分到一块主存空间就可以执行,从表面上看,这增加了可同时运行的作业个数,但实际上是低效率的。实验表明当主存容量增大到一定程度,缺页中断次数的减少就不明显了。大多数程序都有一个特定点,在这个特定点以后再增加主存容量收效就不大。这个特定点是随程序而变的,对每个程序来说,要使其有效地工作,它在主存中的页面数应不低于它的总页面数的一半。所以,如果一个作业总共有 $n$ 页那么只有当主存至少有 $n/2$ 块空间时,才让它进入主存执行,这样可以使系统获得高效率。

　　一个理想的调度算法是:当要调入一页而必须淘汰一页旧页时,所淘汰的页应该是以后不再访问的页或距现在最长时间后再次被访问的页。这样的调度算法使缺页中断率最低,然而这样的算法是无法实现的,因为在程序运行中无法对以后要使用的页面作出精确的断言。不过,这个理论上的调度算法可以作为衡量各种具体算法的标准。这个算法是由 Belady 提出来的,所以叫作 Belady 算法,又叫作最佳算法(OPT)。在实际应用中,下面几种页面调度算法较为实用。

(1) 先进先出算法 FIFO(First In First Out)

顾名思义,该算法采用先调入主存的页面先淘汰的规则,换句话说,即总选择在主存中驻留时间最长的一页淘汰。FIFO 算法的出发点是基于这样的判断:最早调入主存的页面,其不再使用的可能性比最近调入的要大,它是一种低开销的页面调度算法。

这种算法可以采用不同的技术来实现。一种实现方法是借助循环数组的方式实现:在系统中设置一张具有 $m$ 个元素的页号表,它是由 $m$ 个数:$P[0],P[1],\cdots,P[m-1]$ 构成的一个数组,其中每个 $P[i]$($i=0,1,\cdots,m-1$)表示一个在主存中的页面的页号。假设用指针 $k$ 指示当前调入新页时应淘汰的那一页在页号表中的位置,则淘汰的页号就是 $P[k]$。当调入一个新页后,执行:

$$P[k] = 新页的页号;$$
$$k = (k+1)\%m;$$

假定主存中已经装了 $m$ 页,$k$ 的初值为 $0$,那么第一次淘汰的页号应为 $P[0]$,而调入新页后 $P[0]$ 的值为新页的页号,$k$ 取值为 $1$;…;第 $m$ 次淘汰的页号为 $P[m-1]$,调入新页后,$P[m-1]$ 的值为新页的页号,$k$ 取值为 $0$;显然,第 $m+1$ 次页面淘汰时,应淘汰页号为 $P[0]$ 的页面,因为它是主存中驻留时间最长的那一页。

这种算法较易实现,但效率不高,因为在主存中驻留时间最长的页面未必是最长时间以后才使用的页面。也就是说,如果某一页要不断地和经常地被使用,但它在一定的时间以后就会变成驻留时间最长的页,这时若把它淘汰了,可能立即又要用,必须重新调入。据估计,采用 FIFO 调度算法,缺页中断率为最佳算法的三倍,而且该算法与页的调度频度无关。

(2) 最近最少使用算法 LRU(Least Recently Used)

LRU 算法选择最近很长时间内未被访问的页面淘汰,而不管它是否经常被用到,该算法的依据是程序的局部性。即若一页被访问过,它很可能马上还要被访问;相反,若该页很长时间内从未被访问过,则在最近的将来也不可能访问。它是一种通用的有效算法,被操作系统、数据库管理系统和专用文件系统广泛采用。

为了能比较准确地淘汰最近最少使用的页,从理论上来说,必须维护一个特殊的队列(本书中称它为页面淘汰序列)。该队列中存放当前在主存中的页号,每当访问一页时就调整一次,使队尾总指向最近访问的页,队首就是最近最少用的页。显然,发生缺页中断时总淘汰队首所指示的页;而执行一次页面访问后,需要从队列中把该页调整到队尾。该调度算法与页的调度频度相关。

假设给某作业分配了三块主存,该作业依次访问的页号为:4、3、0、4、1、1、2、3、2。于是当访问这些页时,页面淘汰序列的变化情况如下:

| 访问页号 | 页面序列 | 被淘汰页面 | 访问页号 | 页面序列 | 被淘汰页面 |
| --- | --- | --- | --- | --- | --- |
| 4 | 4 | | 1 | 0,4,1 | |
| 3 | 4,3 | | 2 | 4,1,2 | 0 |
| 0 | 4,3,0 | | 3 | 1,2,3 | 4 |
| 4 | 3,0,4 | | 2 | 1,3,2 | |
| 1 | 0,4,1 | 3 | | | |

从实现角度来看,LRU 算法的操作复杂,代价极高,因此在实现时往往采用模拟的方法。

第一种模拟方法是为每个页面设置时钟位,发生页面淘汰时总是淘汰时钟最旧的那一页。

第二种模拟方法是为每个页面设置一位标志位,调用某页时,将该标志位设置为 1,隔一段时间将所有页面的标志位清零,如此循环往复。这样某一时刻需要调入某个页面时,只要找到第一个标志位不为 1 的页面覆盖即可。

第三种模拟方法则是为每个页面设置一个多位的寄存器 $r$。当页面被访问时,对应的寄存器的最左边位设置 1,每隔时间 $t$,将 $r$ 寄存器右移一位,在发生缺页中断时,找最小数值的 $r$ 寄存器对应的页面淘汰。

例如,$r$ 寄存器共有四位,页面 $P_0$、$P_1$、$P_2$ 在 $T_1$、$T_2$、$T_3$ 时刻的 $r$ 寄存器内容如下:

| 页面 | 时　刻 | | |
| --- | --- | --- | --- |
| | $T_1$ | $T_2$ | $T_3$ |
| $P_0$ | 1 000 | 0 100 | 1 010 |
| $P_1$ | 1 000 | 1 100 | 0 110 |
| $P_2$ | 0 000 | 1 000 | 0 100 |

在时刻 $T_3$ 时,该淘汰的页面是 $P_2$。这是因为,同 $P_0$ 比较,它不是最近被访问的页面;同 $P_1$ 比较,虽然它们在时刻 $T_3$ 都没有被访问,且在时刻 $T_2$ 都被访问过,但在时刻 $T_1$ 时 $P_2$ 没有被访问。

(3) 时钟页面调度算法(Clock Policy)

在 FIFO 算法的基础上,结合 LRU 算法的模拟方法进行改造,可以形成具有第二次机会的页面调度算法。该算法的基本思想是:首先采用 FIFO 算法选择最先进入主存的页,如果该页最近没有被访问过,则将其淘汰,否则把它加入队尾,继续根据 FIFO 算法选择下一页。

利用 Clock 算法时,为每一页设置一位访问位,再将主存中的所有页面都通过指针链形成一个循环队列。当某页被访问时,其访问位被设置为 1。调度算法在选择一页淘汰时,只需检查其访问位。如果是 0 就选择该页换出;若为 1 则重新将它复位成 0,暂不换出而给该页面第二次驻留主存的机会,再按照 FIFO 算法检查下一个页面。当检查到队尾时,则返回到队首再去检查第一个页面。由于该算法是循环地检查各页面的使用情况,故称为 Clock 算法。但因为该算法只有一位访问位,只能用它表示该页是否已经使用过,而调度时是将未使用过的页面换出,故该算法又称为最近未用算法 NRC(Not Recently Used)。

上面的算法在实际使用中存在一种改进的算法。在将一个页面换出时,如果该页被修改过需要将它重新写到磁盘上,但如果该页未被修改过则不必将它回写到磁盘中。换言之,对于修改过的页面在换出时所付出的开销将比未修改过的页面的开销大。在改进的 Clock 算法中,在考虑页面的使用情况的基础上,加入了置换代价这一因素的考虑。选择换出页面时,把既是未使用过的页面又是未被修改过的页面作为首选淘汰的页面。由访问位 $A$ 和修改位 $M$ 组合可以形成四种类型的页面。

1 类($A=0,M=0$)：该页最近既未被访问，又未被修改，是淘汰的首选对象；

2 类($A=0,M=1$)：该页最近未被访问，但已经修改过；

3 类($A=1,M=0$)：该页最近被访问过，但未被修改，可能再被访问；

4 类($A=1,M=1$)：该页最近被访问过，同时也被修改过。

在内存中的每个页面必定是这四类页面之一，在进行页面调度时，改进的 Clock 算法的执行过程分成以下三步：

① 从指针指示的当前位置开始扫描循环队列，查找第一类页面，并将找到的第一个页面作为选中的淘汰页。这一步不修改访问位 $A$。

② 如果①失败，进行第二次扫描，寻找第二类页面，并将遇到的首页面作为淘汰页。在第二次扫描中将所有扫描到的页面的访问位设置为 0。

③ 如果②也失败，指针返回起始位置，将所有页面的访问位设置为 0，重复①、②，直到找到淘汰页为止。

页面调度算法的优劣反映了页面调入调出的频繁程度，直接影响系统的效率。令人遗憾的是页面调度算法的效能与程序的动态特性密切相关，而这些特性是难以预测的。因此全面评价算法较困难。

请求式分页管理方案的缺点是：缺页中断与页面调度的系统开销较大；不易于实现存储保护和共享，这是因为可能出现子程序跨在两页之间，一页内部既有部分不完整的程序又有一些数据；极端情况下可能出现页面调度过于频繁的抖动现象。

**【例 4-5】** 在一个请求分页存储管理系统中，一个作业的页面走向为 4、3、2、1、4、3、5、4、3、2、1、5，当分配给该作业的物理块数分别为 3、4 时，试计算采用下述页面淘汰算法时的缺页率（假设开始执行时主存中没有页面），并比较所得结果。

(1) 最佳置换淘汰算法（Belady 算法）。

(2) 先进先出淘汰算法 FIFO。

(3) 最近最久未使用淘汰算法 LRU。

**【解答】**

(1) 根据所给页面走向，使用最佳页面淘汰算法时，页面置换情况如下：

| 走向 | 4 | 3 | 2 | 1 | 4 | 3 | 5 | 4 | 3 | 2 | 1 | 5 |
|---|---|---|---|---|---|---|---|---|---|---|---|---|
| 块1 | 4 | 4 | 4 | 4 | | | 4 | | | 2 | 2 | |
| 块2 | | 3 | 3 | 3 | | | 3 | | | 3 | 1 | |
| 块3 | | | 2 | 1 | | | 5 | | | 5 | 5 | |
| 缺页 | 缺 | 缺 | 缺 | 缺 | | | 缺 | | | 缺 | 缺 | |

缺页率为：7/12

| 走向 | 4 | 3 | 2 | 1 | 4 | 3 | 5 | 4 | 3 | 2 | 1 | 5 |
|---|---|---|---|---|---|---|---|---|---|---|---|---|
| 块1 | 4 | 4 | 4 | 4 | | | 4 | | | | 1 | |
| 块2 | | 3 | 3 | 3 | | | 3 | | | | 3 | |
| 块3 | | | 2 | 2 | | | 2 | | | | 2 | |
| 块4 | | | | 1 | | | 5 | | | | 5 | |
| 缺页 | 缺 | 缺 | 缺 | 缺 | | | 缺 | | | | 缺 | |

缺页率为:6/12

由上述结果可以看出,增加分配给作业的内存块数可以降低缺页率。

（2）根据所给页面走向,使用先进先出页面淘汰算法时,页面置换情况如下:

| 走向 | 4 | 3 | 2 | 1 | 4 | 3 | 5 | 4 | 3 | 2 | 1 | 5 |
|---|---|---|---|---|---|---|---|---|---|---|---|---|
| 块1 | 4 | 4 | 4 | 3 | 2 | 1 | 4 |  |  | 3 | 5 |  |
| 块2 |  | 3 | 3 | 2 | 1 | 4 | 3 |  |  | 5 | 2 |  |
| 块3 |  |  | 2 | 1 | 4 | 3 | 5 |  |  | 2 | 1 |  |
| 缺页 | 缺 | 缺 | 缺 | 缺 | 缺 | 缺 | 缺 |  |  | 缺 | 缺 |  |

缺页率为:9/12

| 走向 | 4 | 3 | 2 | 1 | 4 | 3 | 5 | 4 | 3 | 2 | 1 | 5 |
|---|---|---|---|---|---|---|---|---|---|---|---|---|
| 块1 | 4 | 4 | 4 | 4 |  |  | 3 | 2 | 1 | 5 | 4 | 3 |
| 块2 |  | 3 | 3 | 3 |  |  | 2 | 1 | 5 | 4 | 3 | 2 |
| 块3 |  |  | 2 | 2 |  |  | 1 | 5 | 4 | 3 | 2 | 1 |
| 块4 |  |  |  | 1 |  |  | 5 | 4 | 3 | 2 | 1 | 5 |
| 缺页 | 缺 | 缺 | 缺 | 缺 |  |  | 缺 | 缺 | 缺 | 缺 | 缺 | 缺 |

缺页率为:10/12

由上述结果可以看出,对先进先出算法而言,增加分配给作业的内存块数反而使缺页率上升,这种异常现象称为 Belady 现象。

（3）根据所给页面走向,使用最近最久未使用页面淘汰算法时,页面置换情况如下:

| 走向 | 4 | 3 | 2 | 1 | 4 | 3 | 5 | 4 | 3 | 2 | 1 | 5 |
|---|---|---|---|---|---|---|---|---|---|---|---|---|
| 块1 | 4 | 4 | 4 | 3 | 2 | 1 | 4 | 3 | 5 | 4 | 3 | 2 |
| 块2 |  | 3 | 3 | 2 | 1 | 4 | 3 | 5 | 4 | 3 | 2 | 1 |
| 块3 |  |  | 2 | 1 | 4 | 3 | 5 | 4 | 3 | 2 | 1 | 5 |
| 缺页 | 缺 | 缺 | 缺 | 缺 | 缺 | 缺 | 缺 |  |  | 缺 | 缺 | 缺 |

缺页率为:10/12

| 走向 | 4 | 3 | 2 | 1 | 4 | 3 | 5 | 4 | 3 | 2 | 1 | 5 |
|---|---|---|---|---|---|---|---|---|---|---|---|---|
| 块1 | 4 | 4 | 4 | 4 | 3 | 2 | 1 | 1 | 1 | 5 | 4 | 3 |
| 块2 |  | 3 | 3 | 3 | 2 | 1 | 4 | 3 | 5 | 4 | 3 | 2 |
| 块3 |  |  | 2 | 2 | 1 | 4 | 3 | 5 | 4 | 3 | 2 | 1 |
| 块4 |  |  |  | 1 | 4 | 3 | 5 | 4 | 3 | 2 | 1 | 5 |
| 缺页 | 缺 | 缺 | 缺 | 缺 |  |  | 缺 |  |  | 缺 | 缺 | 缺 |

缺页率为:8 /12

由上述结果可以看出,增加分配给作业的内存块数可以降低缺页率。

## 4.8.4 抖动问题与工作集

算法的选择是很重要的,选用了一个不适合的算法,就会出现这样的现象:刚被淘汰的页面又立即要用,因而又要把它调入,而调入不久再被淘汰,淘汰不久再被调入。如此反复,使得整个系统的页面调度非常频繁以至于大部分时间都在来回调度上。这种现象叫做"抖动",又称"颠簸",一个好的调度算法应减少和避免抖动现象。

工作集概念是由 Denning 提出并加以推广的,一个进程当前正在使用的页面的集合称为它的工作集(Working Set)。如果在主存中装入的是整个工作集,进程的运行就不会产生很多缺页。若分配给进程的物理块太少,无法容纳下整个工作集,进程的运行会产生大量的缺页,且速度也会很慢,因为通常执行一条指令只需要几个纳秒,而从磁盘上读入一个页面一般却需要数十个毫秒。

每个进程在给定的时间 $t$ 都有一个页面的工作集 $W(t,\tau)$,该工作集定义为这个进程在时间 $(t-\tau,t)$ 中引用的页面的集合。$\tau$ 是系统定义的一个常量,又称为滑动窗口,对于固定的 $\tau$ 值,工作集的大小是可以变化的。对于许多进程,工作集相对比较稳定的阶段与快速变化的阶段是交替出现的。当一个系统开始执行时,它访问新页的同时也逐渐建立起工作集。最终,根据程序的局部性原理,该进程将相对稳定在某些页面的集合。接下来的瞬变阶段反映了该进程进入下一个局部性阶段,然后进程又趋于稳定运行。

工作集模型中的存储器管理策略遵循下面两条规则:

(1) 每次引用时,会确定当前的工作集,而且只有属于工作集的页面才能留在主存。

(2) 当且仅当进程的整个当前工作集驻留在主存中时,一个进程才可以运行。

尽管工作集策略听起来很不错,但很难完全实现。一个问题是 $\tau$ 的估算,如何估算合适的 $\tau$ 的大小是工作集模型一个非常关键的问题,而这基本上是由经验来决定的。一般来说增加 $\tau$ 的值就会减少每个进程的缺页次数,当然代价就是减少了并发进程的数目。

纯粹的工作集方法的一个严重的问题是实现中的开销很大。这是因为每次引用时,当前工作集都会变化,也就是说工作集在时刻变化。很多系统设计了工作集的近似算法。其中的一种方法是不集中在精确的页访问上,而是在进程的缺页率上。当给进程增加一个物理块,缺页率就会下降。因此,不必直接监视工作集的大小,而是通过监视缺页率来达到类似的效果。如果一个进程的缺页率低于一个最小值,可以在不影响该进程的缺页率的情况下减少该进程的物理块数,使得整个系统从中受益。如果一个进程的缺页率超过了一个最大值,则在不降低整个系统的性能的前提下,多分配给该进程一些物理块,以降低该进程的缺页率。

Windows 2000 实现了一种页面置换机制,它结合了前面讨论的几种算法的特点,尤其是工作集模型和时钟算法。

这种置换是局部的,因为缺页时,它不会把属于其他进程的页面换出。因此系统为每个进程维护了一个当前工作集。然而,工作集的大小并不是由一个滑动窗口自动确定的,相反系统指定了一个最小尺寸和一个最大尺寸。最小尺寸的值一般是 20~50 个物理块,这取决于主存的大小;最大尺寸的值一般是 45~345 个物理块。

每次缺页时,会通过把引用到的页面添加到集合中而增加进程的工作集,直至达到最大值。此时,如果有新的页面请求,必须要从工作集中移出一个页面。

如何选择从工作集中移出哪个页面,使用了模拟 LRU 算法和时钟算法的一个变种。每个物理块有一个使用位 u 和一个计数器 count。每当访问到页面时,使用位(Windows 2000 中称为访问位)被硬件置位。当在工作集中寻找一个要移出的页面时,工作集管理器会扫

描工作集中的页面的使用位。每次扫描过程中,它执行下面的操作:

```
if(u = = 1) { u = 0; count = 0; }
else count + + ;
```

在扫描结束时,它会移出 count 值最大的页面。因此,只要一个页面经常被引用,它的 count 值比较小,不会被移出。

这种页面置换机制的另一个有趣的特点是逐步将页面从工作集中移出。首先,选择的物理块被放入这两个列表之一:一个列表保存暂时移出的并已经被修改的页面;另一个列表保存暂时移出的并且为只读的页面。但是这些页面都被保存在主存中,如果再次被引用,可以迅速地把它们从列表中移走而不会产生缺页。只有当实际的空闲页面的列表为空时,它们才被用来满足缺页。

## 4.8.5　请求分页存储系统中的有效访问时间

在请求分页存储系统中,进程运行时,只需先调入部分页面,在运行过程中如果要访问的页不在主存,则发出缺页中断,由系统负责从外存调入。在调入时,如果主存已满,还需要从主存中选择一页换出到外存上,然后再调入所缺页面,即进行页面置换。在请求分页存储系统中,应用程序采用逻辑地址,程序在装入时采用按需调入的存储管理策略。通过这种空间虚拟技术,可以从逻辑上扩大物理内存。所以,在请求分页存储系统中,内存的有效访问时间不仅要考虑访问页表和访问物理地址数据的时间,还需要考虑缺页中断的处理时间。考虑以下三种情况下的时间计算:

(1) 要访问的页在主存,且其对应的页表项已放入快表中。

此时内存有效访问时间分为查找快表的时间 $\lambda$ 与访问物理地址的时间 $t$ 之和:

$$EAT = \lambda + t$$

(2) 要访问的页在主存,但其对应的页表项不在快表中。

此时,系统先查找快表,花费时间 $\lambda$,未找到;再查找主存中的页表,花费时间 $t$;将访问页的页表项放入快表中即更新快表,花费时间 $\lambda$;根据物理地址访问主存单元存取数据,花费时间 $t$。

所以,有效访问时间由四部分组成:

$$EAT = \lambda + t + \lambda + t = 2(\lambda + t)$$

(3) 要访问的页不在内存中。

系统先查找快表,花费时间 $\lambda$,未找到;再查找内存中的页表,花费时间 $t$,未找到;进行缺页中断处理,花费时间 $\varepsilon$(包含了更新页表的时间 $t$);更新快表,花费时间 $\lambda$;更新页表,花费时间 $t$;根据物理地址访问内存单元存取数据,花费时间 $t$。所以,有效访问时间由六部分组成:

$$EAT = \lambda + t + \varepsilon + \lambda + t + t = \varepsilon + 2\lambda + 3t$$

可以把以上三种情况结合起来,用一个公式统一表示。假设快表的命中率为 $a$,缺页率为 $b$,则有效访问时间可表示为

$$EAT = \lambda + a \times t + (1-a) \times [t + b \times (\varepsilon + \lambda + t + t) + (1-b) \times (\lambda + t)]$$

为了防止系统发生抖动,需要控制缺页率。当一个进程缺页率太高时,一般会调入更多

的页面,反之可能调出部分页面。可以为所期望的缺页率设置上限和下限。在工作集算法中,保证最少缺页次数是通过调整工作集的大小来间接实现的,一种直接改善系统性能的方法是使用缺页频率替换算法。

如果忽略访问快表的时间,即令 $\lambda = 0$,则有

$$EAT = a \times t + (1-a) \times [t + b \times (\varepsilon + 2t) + (1-b) \times t]$$

【例 4 - 6】 在某页式虚拟系统中,假定访问内存的时间是 10 ms,快表的命中率为90%,平均缺页中断处理为 25 ms,平均缺页中断率为 5%,试计算在不考虑快表访问时间的情况下,该虚存系统的平均有效访问时间是多少?

【解答】

本题只考虑快表的命中率和缺页率,忽略快表访问时间。$a = 90\%$,$b = 5\%$,应用上面公式可得平均有效访问时间为:

$$90\% \times 10 + (1-90\%) \times [10 + 5\% \times (25+20) + (1-5\%) \times 10] = 11.175 \text{ ms}$$

## 4.8.6 请求分段存储管理方式

分段式虚拟存储系统为用户提供了比主存实际容量大的存储空间。分段式虚拟存储系统把作业的所有分段的副本都存放在辅助存储器中,当作业被调度投入运行时,首先把当前需要的一段或几段装入主存,在执行过程中访问到不在主存的段时,再把它们装入。因此,在段表中必须说明哪些段已在主存中,存放在什么位置,段长是多少,哪些段不在主存,它们的副本在辅助存储器的位置。还可设置该段是否被修改过,是否能移动,是否可扩充,能否共享等标志。格式如图 4-24 所示:

| 段号 | 段长 | 中断位 | 段基址 | 外存地址 | 引用位 | 修改位 | 保护位 | 增补位 |
|------|------|--------|--------|----------|--------|--------|--------|--------|

图 4-24 段式虚拟存储管理的段表扩展

其中每一位的含义如下:

(1) 段长:标识段的长度,用以判断访问的地址是否合法。

(2) 中断位:在请求分段中,某段可能在主存也可能在外存,中断位的作用就是标识该段在主存还是外存。

(3) 段基址:如果该段在主存,该项用来标识该段在主存中的开始地址。

(4) 外存地址:如果某段在外存,该项用来标识该段处于外存的地址。

(5) 引用位:标识段被使用的频繁程度,用于在进行段的置换时做参考。

(6) 修改位:当一段在主存中被修改,就需要设置该位,用以确定该段置换出去是否需要重新写回外存。

(7) 保护位:记录段的存取控制信息。可以为 R(只读)、W(只写)、E(只执行)和 A(附加末尾)等。

(8) 增补位:请求分段管理段表中特有的一项。分页存储管理方式中页的大小都一样,所以不涉及长度的变化,而在分段中,段的长度是变化的,那么当一段的长度在主存中改变后,如果被置换出去,原位置可能无法存放。

在作业执行中,访问某段时先由硬件地址转换机构查找段表,若该段在主存,则按分段

式存储管理中给出的办法进行地址转换得到绝对地址。若该段不在主存中,则硬件发出一个缺段中断。操作系统处理这个中断时,查找主存分配表,找出一个足够大的连续区域容纳该分段。如果找不到足够大的连续区域则检查空闲区的总和,若空闲区总和能满足该分段要求,那么进行适当移动后,将该段装入主存。若空闲区总和不能满足要求,淘汰一个或几个段,形成适当的空闲空间,再装入该段。请求式分段式存储管理的地址转换和存储保护过程如图 4 - 25 所示。

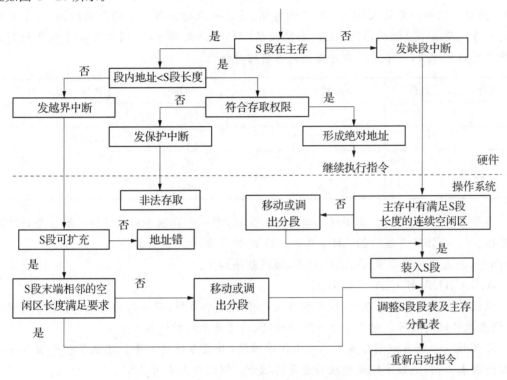

**图 4 - 25　分段式存储管理的地址转换和存储保护**

## 4.9　小结

　　本章首先介绍了存储器的基本功能,包括存储空间的分配回收、存储空间的保护、存储空间的共享和存储空间的扩充四个方面。接着介绍了单一连续存储管理和固定、可变分区的一般原理,以及存储器基本功能的具体实现。在此基础上详细介绍了三种可变分区的管理:分页式存储器管理、分段式存储器管理和段页式存储器管理。分别介绍了这三种动态分配形式的基本原理、地址转换机制、主存空间的扩充保护机制。同时还横向比较了这三种可变分区各自的优缺点。最后介绍了非常实用的虚拟存储技术的原理,以及请求分页存储管理方式和请求分段存储管理方式。

## 思考与习题

**1.** 在内存管理中,"内碎片"和"外碎片"各指什么?在固定式分区分配、可变式分区分配、页式虚拟存储系统、段式虚拟存储系统中,各会存在何种碎片? 为什么?

**2.** 什么叫地址重定位? 动态地址重定位的特点是什么?

**3.** 什么是逻辑空间? 什么是物理空间?

**4.** 为了实现动态分区中的各种置换算法,存储器中必须保留一组自由块。分别讨论这三种方法(最优适应法、首次适应法、最差适应法)的平均查找长度是多少。

**5.** 一个进程分配给 4 个页框(下面的所有数字均为十进制数,每一项都是从 0 开始计数的)。最后一次把一页装入到一个页框的时间、最后一次访问页框中的页的时间、每个页框中的页号以及每个页框的访问位($R$)和修改位($M$)如下表所示(时间均为从进程开始到该事件之间的时钟值,而不是从事件发生到当前的时钟值)。

| 页号 | 页框 | 加载时间 | 访问时间 | $R$ 位 | $M$ 位 |
| --- | --- | --- | --- | --- | --- |
| 2 | 0 | 60 | 161 | 0 | 1 |
| 1 | 1 | 130 | 160 | 0 | 0 |
| 0 | 2 | 26 | 162 | 1 | 0 |
| 3 | 3 | 20 | 163 | 1 | 1 |

当页 4 发生缺页时,使用下列存储器管理策略,哪一个页框将用于置换? 解释每种情况的原因。(1) FIFO 算法;(2) LRU 算法;(3) 时钟算法;(4) 最佳算法。

**6.** 一个进程访问 5 页:A、B、C、D、E,访问顺序如下:

A、B、C、D、A、B、E、A、B、C、D、E

假设置换算法为先进先出,该进程在主存中有三个页框,开始时为空,在这个访问顺序中,请查找传送的页号。对于 4 个页框的情况,请重复上面的过程。

**7.** 假设一个任务被划分成 4 个大小相等的段,并且系统为每个段建立了一个有 8 项的页描述符表。因此,该系统是分段与分页的组合。假设页大小为 2 KB。

(1) 每段的最大尺寸为多少?

(2) 该任务的逻辑地址空间最大为多少?

(3) 假设该任务访问到物理单元 00021ABC 中的一个元素,那么为它产生的逻辑地址的格式是什么? 该系统的物理地址空间最大为多少?

**8.** 在页式管理系统中,假定驻留集为 $m$ 个页框(初始所有页框均为空),在长为 $p$ 的引用串中具有 $n$ 个不同页号($n > m$),对于 FIFO、LRU 两种页面替换算法,试给出页故障的上限和下限,并说明理由。

**9.** 在一个请求分页系统中,假如系统分配给一个作业的物理块数为 3,并且此作业的页面走向为 2、3、2、1、5、2、4、5、3、2、5、2。试用 FIFO 和 LRU 两种算法分别计算出程序访问过程中所发生的缺页次数。

**10.** 何谓虚拟存储器,并举一例说明操作系统如何实现虚拟内存?

**11.** 覆盖技术与虚拟存储技术有何本质不同? 交换技术与虚拟存储中使用的调入/调出技术有何相同与不同之处?

| 页号 | 页内相对地址 |
|---|---|
| 0 | 2 |
| 1 | 4 |
| 2 | 6 |
| 3 | 8 |

**12.** 在请求分页存储管理方式中,若采用先进先出页面淘汰算法,会产生一种奇怪的现象:分配给作业的实页越多,进程执行时的缺页率反而越高。试举一例说明这一现象。

**13.** 在采用页式存储管理的系统中,某作业 $J$ 的逻辑地址空间为 4 页(每页 2 048 Bytes),且已知该作业的页面映像(即页表)如上表。

借助地址变换图(即要求画出地址变换图)求有效逻辑地址 4 865 所对应的物理地址。

**14.** 解决大作业和小内存的矛盾有哪些途径? 简述其实现思想。

**15.** 在页式虚拟存储系统中,测得各资源的利用率为:CPU 利用率为 20%;辅助存储器利用率为 99.7%;其他 I/O 设备利用率为 5%。若有操作(a) 用一个更快的 CPU;(b) 用一个更大的辅助存储器;(c) 增加多道程序道数;(d) 减少多道程序道数;(e) 采用更快的 I/O 设备。哪种方法可以提高 CPU 的利用率,为什么?

**16.** 请参考拓展阅读内容,使用伙伴系统,分配一个 1 MB 的存储块:

(1) 画图说明下面顺序的结果:A 请求 70 KB;B 请求 35 KB;C 请求 80 KB;返回 A;D 请求 60 KB;返回 B;返回 D;返回 C。

(2) 给出返回 B 之后的二元树表示。

**17.** 设有一页式存储管理系统,向用户提供的逻辑地址空间最大为 32 页,每页 1 024 B,内存共有 8 个存储块,试问逻辑地址至少应为多少位? 内存空间有多大?

 **拓展阅读**

## Linux 存储管理技术

Linux 是为多用户多任务设计的操作系统,所以存储资源要被多个进程有效共享。Linux 内存管理的设计充分利用了计算机系统所提供的虚拟存储技术,真正实现了虚拟存储器管理。我们可以把 Linux 虚拟内存管理功能概括为以下几点:

(1) 大地址空间;

(2) 进程保护;

(3) 内存映射;

(4) 公平的物理内存分配;

(5) 共享虚拟内存。

**1. Linux 地址映射过程**

Linux 内核采用页式存储管理。虚拟地址空间划分成固定大小的页面,由 MMU(主存管理单元)在运行时将虚拟地址"映射"成某个物理主存页面中的地址。与段式存储管理相比,页式存储管理有很多好处。首先页面都是固定大小的,便于管理。更重要的是,当要将一部分物理空间的内存换出到磁盘上的时候,在段式管理中要将整个段都换出,而在页式存储管理中则是按页进行的,效率显然要高得多。

Linux 考虑到内存管理的平台无关性,需要以一种假想的、虚拟的 CPU 和 MMU 为基础,建立一种通用模型,再分别落实到各种具体的 CPU 上。因此,Linux 内核的映射机制设计成三层,在页目录和页表中间增设了一层"页间目录"。

页目录(PGD):一个活动进程有一个页目录,页目录为一页的大小。页目录中的每一项指向页间目录中的一页。每个活动进程的页目录必须在主存中。

页间目录(PMD):页间目录可能跨越多个页。页间目录中的每一项指向页表中的一页。

页表(PT):页表也可以跨越多个页。每个页表项指向该进程的一个虚页。

PGD、PMD 和 PT 三者均为数组。相应地,在逻辑上也把线性地址从高到低划分成四个域,各占若干位。最靠左的域(最重要)用作到页目录的索引,接下来的域用作到页间目录的索引,第三个域用作到页表的索引,第四个域给出在存储器中被选中页的偏移量。这样对线性地址的映射就分成了图 4-26 所示的四步。

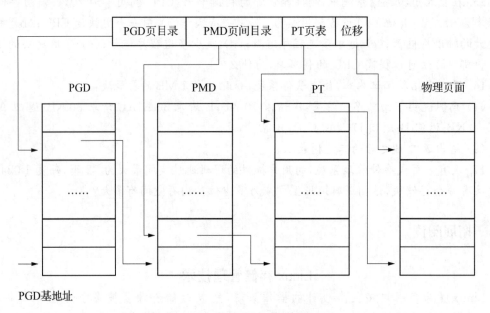

图 4-26　三层地址映射示意图

具体来说,对于 CPU 发出的线性地址,虚拟的 Linux 主存管理单元分成如下四步完成从线性地址到物理地址的映射:

(1)用线性地址中最高的那一个位段作为下标在 PGD 中找到相应的表项,该表项指向相应的中间目录 PMD。

(2)用线性地址中第二个域作为下标在 PMD 中找到相应的表项,该表项指向相应页的页表 PT。

(3)用线性地址中第三个域作为下标在 PT 中找到相应的表项 PTE,该表项中存放的就是指向物理页面的指针。

(4)线性地址中的最后一个域为物理页面内的相对位移量,将此位移量与目标物理页面的起始地址相加便得到相应的物理地址。

Linux 页表结构是平台无关的,并且设计成适用于 64 位 Alpha 处理机,该处理机提供对三级页面调度的硬件支持。对于 64 位地址,如果在 Alpha 中只使用两级页,可能会导致非常庞大的页表和目录。32 位的 Pentium/X86 体系结构有两级硬件页面调度机制。Linux 软件通过把页间目录的大小可自定义来适应这种两级方案。

### 2. Linux 物理页面分配

为增强往主存中读入和从主存中写出页的效率,Linux 定义了一种机制,用于处理把连续的页映射到连续的页框中。基于这个目的,它使用了伙伴系统。内核维护一系列大小固定的连续页框组,一组可以包含 1、2、4、8、16 或 32 个页框。当一页在主存中被分配或被解除分配时,可以用到的组使用伙伴算法被分裂或合并。

伙伴系统是固定分区和动态分区方案的折中。在一个伙伴系统中,主存块的大小为 $2^K$ B,$L \leqslant K \leqslant U$,其中:

$2^L$ = 分配的最小块的尺寸;

$2^U$ = 分配的最大块的尺寸,通常是可供分配的整个存储器的大小。

开始时,可用于分配的整个空间被看作是一个大小为 $2^U$ 的块。如果请求的大小 $s$ 满足 $2^{U-1} < s \leqslant 2^U$,则分配整个空间。否则,将这个块分成大小相等的两个伙伴,大小为 $2^{U-1}$。如果有 $2^{U-2} < s \leqslant 2^{U-1}$,则给该请求分配两个伙伴中的任何一个;否则,一个伙伴又被分成两半,这一过程一直持续到产生的最小块大于或等于 $s$,并分配给该请求。在任何时候,伙伴系统中维护着一系列未分配的块,每个大小为 $2^i$ B。一个未分配的块可以从 $(i+1)$ 列表中移出,并通过对半分裂,在 $i$ 列表中产生两个大小为 $2^i$ B 的伙伴。当 $i$ 列表中的一对伙伴都变成未分配状态时,就从该表中移出,合并成 $(i+1)$ 列表中的一个块。请求一个大小为 $K$ 的分配使得 $2^{i-1} < K \leqslant 2^i$ 时,可以使用下面的递归算法找到一个大小为 $2^i$ B 的未分配的块:

```
void get_hole(int i){
    if (i = = (U + 1))  < failure >;
    if (< i_list empty >){
        get_hole(i + 1);
        < split hole into buddies >;
        < put buddies on i_list >;
    }
    < take first hole on i_list >;
}
```

图 4-27 给出了一个例子,最初块的大小为 1 MB,第一个请求 A 为 100 KB,需要一个 128 KB 的块。最初 1 MB 的块被划分成 512 KB 的伙伴,第一个接着又被划分成两个 256 KB 的伙伴,其中的第一块再次划分成两个 128 KB 的伙伴,将其中的一个分配给 A 使用。第二次请求 B 为 240 KB,它需要 256 KB 的块,已经存在这样的块,所以直接分配。进程在需要时继续分裂和合并。

### 3. Linux 的页替换算法

在 Linux 中,页替换算法采用了在请求式分页存储管理部分描述的时钟页面调度算法。在简单的 Clock 算法中,主存中的每一页都有一个使用位和一个修改位与之相关联。在

| 1 MB的块 | 1MB | | | | | |
|---|---|---|---|---|---|---|
| 请求100 KB | A=128KB | 128KB | 256KB | | 512KB | |
| 请求240 KB | A=128KB | 128KB | B=256KB | | 512KB | |
| 请求64 KB | A=128KB | | B=256KB | | 512KB | |
| 请求256 KB | A=128KB | C=64 | 64KB | B=256KB | D=256KB | 256KB |
| 释放B | A=128KB | C=64 | 64K | 256KB | D=256KB | 256KB |
| 释放A | 128KB | C=64 | 64K | 256KB | D=256KB | 256KB |
| 请求75 KB | E=128KB | C=64 | 64KB | 256KB | D=256KB | 256KB |
| 释放C | E=128KB | 128KB | 256KB | D=256KB | 256KB | |
| 释放E | 512KB | | | D=256KB | 256KB | |
| 释放D | 1MB | | | | | |

图 4-27　伙伴系统实例

Linux方案中,使用位被一个8位的age变量所取代。每当一页被访问时,age变量增加1。在后台,Linux周期性扫描全局页池,并且当它在主存中所有页间循环时,对每一页的age变量减少1。age为0的页是一个"老"页,有较长时间没有被访问过了,因此是可用于替换的最佳候选页。age的值越大,说明该页最近被使用的频率越高,也就不适于被替换。因此,Linux算法是一种最少使用频率的策略。

4. Linux内核存储器分配

Linux内核存储器分配的基础是用于用户虚存管理的页分配机制。在虚存方案中,使用伙伴算法可以以一页或多页为单位,给内核分配或取消分配存储空间。按照这种方式可以分配的存储器最小量为一页,页分配程序将会很低效,这是因为内核需由奇数大小的短期存储器组块。为适应这些小组块,Linux在分配的页中使用一种称为slab分配的方案。在Pentium/X86机器上,页大小为4 KB,一页中的组块可以分配给32、64、128、252、508、2040和4 080个字节。

Linux中slab分配程序相对比较复杂,这里不再分析。实际上,Linux维护了一组链表,每种组块大小对应一个链表。组块可以按照类似于伙伴算法的方式分裂或合并,并且可以在链表页间移动。

# 第 5 章

## 设备管理

构成计算机系统的三个最基本的硬件是处理器、主存和外围设备。无论是大型机还是微机，为了适应各种用途，都配置有大量外部设备，如磁盘、键盘、鼠标、打印机等，计算机通过这些外部设备与用户交互。外围设备作为硬件资源，它的控制与管理成为操作系统内核繁杂而重要的组成部分。只要有新的设备出现，就必然需要研发相应的控制技术及管理技术，而设备种类繁多，各自的功能集、控制位的定义以及与主机交互的协议，差异大且复杂度高，对普通用户而言不便于使用和管理，对程序员而言，在机器语言一级的体系结构上的编程和控制不易实现。为此，操作系统必须设计专门的设备管理子系统来统一屏蔽设备的硬件细节，控制协调并发或并行方式下设备的使用，高效管理好设备，最终提供一致、简单的人机交互接口，方便用户的使用和编程。设备管理是操作系统中必要而关键的一个功能。本章将详细介绍操作系统的设备管理子系统是如何设计和实现的。

## 5.1 设备与设备管理

设备是指计算机系统中除中央处理机、主存之外的所有其他设备，又称外部设备。本章所讨论的设备不涉及系统的时钟部件。计算机系统所配备的设备种类繁多，有机械式、电动式、电子式等，输出的信号也多种多样，有模拟量、数字量、开关量等，其特性和操作方法各有不同，很难规格化、统一化，这给设备管理带来了极大的复杂性。

计算机的主存和外部设备之间的信息传送操作称为输入/输出（I/O）操作。设备管理模块负责集中管理和控制各种设备，以实现具体的 I/O 操作。

### 5.1.1 设备管理概述

随着处理器性能的不断提升，计算机的主要工作已从科学计算转为信息处理，很多应用需要大量而频繁的数据访问。例如，当浏览网页或编辑文件时，主要是读取信息和输入信息，而不是做计算，由于 CPU 性能高，而 I/O 设备性能低，慢速的数据传送常常成为系统性能的瓶颈。随着输入、输出信息量的急剧增加，越来越多的交互终端成为人机对话的界面，越来越多的精密外设成为数据 I/O 的接口。对用户而言，对 I/O 设备的使用要求是方便、高效、安全和均衡。设备管理系统的主要功能是协调各应用对设备的请求，在既定的硬件设备范围及其连接模式下,有条不紊地完成 I/O 操作。

## 5.1.2　I/O 设备分类

各种 I/O 设备内部的构成、特性、控制方法及使用方式等具有很大的不同,作为系统资源,必须进行分类管理,以便采用适宜的策略和控制方法。

从应用角度看,设备可分为三类:一类是存储型设备,如磁盘、光盘、U 盘等,以存储大量信息和快速检索为目标,一般把磁盘做为计算机的辅助存储器,磁盘以文件为信息单位进行输入与输出,输入是把磁盘文件加载到内存并显示出来,输出是把主存信息传输并保存到磁盘,这样,设备管理就抽象成了基于文件的 I/O 管理;一类是输入、输出型设备,即把外部世界的信息输入到计算机,或把计算机运算的结果输出给外部世界,输入设备如键盘、鼠标、光学阅读设备(扫描仪、光笔)、图形或图像输入设备等,键盘和鼠标属于系统级标准设备,输出设备有显示器、打印机、扬声器、绘图仪等,最常用的两个输出设备是显示器和打印机;还有一类是通信设备,如调制解调器、网卡等,主要负责不同计算机之间的信息传输。

按照从属关系分类,设备可以分为系统设备和用户自定义设备。前者是操作系统生成时已经安装和登记在系统的标准设备,系统启动时会自动检测并执行驱动,典型的代表是键盘、磁盘等,属于系统的基本配置;后者是指系统生成时没有登记进系统的非标准设备,是用户根据自己的应用需要,自行安装驱动程序的设备。自定义设备提高了操作系统的灵活性和可扩展性,满足了用户个性化的需求,常见的有扫描仪、绘图仪等。

按照使用属性分类,设备分为独占设备、共享设备及虚拟设备。独占指在一段时间内只允许一个用户(进程)访问,系统一旦将独占设备分给某进程后,便由该进程独占,直至用完释放,也就是前面所讲过的临界资源,其独占性是由设备的物理特性决定的。例如,打印机在打印时,只能独占式使用,否则在纸上交替打印不同进程的内容,无法满足用户要求。磁带机、绘图仪、扫描仪等都属于典型的独占设备。共享设备指在一段时间内允许多个进程同时访问的设备,这类设备容量大、存取速度快,可直接存取。例如,多个应用进程需要存取文件时,由文件管理子系统进行文件名到物理地址的转换,然后再由设备管理进行驱动调度和驱动实施。典型的共享设备为磁盘。虚拟设备本身属于独占设备,但经过设备管理系统的技术改造和优化,其使用方式变换为若干台逻辑设备,从而可供多个进程同时使用,从而具有了虚拟特征。

按信息传输的速率分类,设备分为慢速设备、中速设备和高速设备三类。慢速设备传输速率为每秒钟几个字节至数百个字节,例如:键盘、鼠标等;中速设备指传输速率在每秒钟数千字节至数十千个字节,例如:打印机等;高速设备传输速率在每秒钟数百千字节至数兆字节,例如:磁盘、光盘等。表 5-1 列出了 PC 机常用的外部设备的传输数据率,可以看出 I/O 传输速率从低到高呈现数量级递进。

按信息交换的单位分类,设备分为块设备与字符设备。块设备以数据块为单位进行信息的存取,属于有结构设备,传输速率较高,例如:磁盘,每个盘块的大小为 512 B～5 KB;字符设备则以字符为单位进行输入和输出,基本特征是传输速率较低、属于无结构设备,例如:交互式终端、打印机等。

表 5-1　常用外部设备的传输数据率

| 设备 | 数据率(平均) | 设备 | 数据率(平均) |
| --- | --- | --- | --- |
| 键盘 | 10 B/s | 数码摄像机 | 3.5 MB/s |
| 鼠标 | 100 B/s | USB 2.0 接口 | 60 MB/s |
| 打印机 | 100 KB/s | SATA 磁盘驱动器 | 350 MB/s |
| 扫描仪 | 400 KB/s | PCI 总线 | 528 MB/s |

## 5.1.3　设备管理的目标与功能

I/O 设备及其特性不仅影响计算机的通用性和可扩充性,而且成为计算机系统综合处理能力及性价比的重要因素。

**1. 设备管理的目标**

设备管理一方面要提高各种设备的利用率,另一方面要方便用户的使用,即提供统一的接口给用户,设备管理的目标包括:

(1) 方便性

编制 I/O 控制程序需要使用低级语言甚至机器语言,同时还要掌握各种硬件设备的特性,而设备往往基于不同体系结构,差异性大,一个简单的输入、输出动作很可能要涉及成百上千条指令,相当复杂,如何能把用户从手动编制 I/O 控制程序的繁重劳动中解放出来,由操作系统来负责外设的 I/O 工作,提供友好、统一、方便的接口环境显得十分重要。许多操作系统都提供了标准的 I/O 控制程序供用户使用。

(2) 设备独立性

设备独立性指用户程序与系统中配置的具体的物理设备无关,这点非常实用,程序不会因为某台设备损坏或被替换而无法执行,用户程序独立于系统的设备,由设备管理系统来建立数据集和相应物理设备的联系。

(3) 并行性

为提高设备利用率和系统效率,应尽可能使各设备的数据 I/O 操作与处理器并行执行,时间上能高度重叠。

(4) 有效性

I/O 操作在计算机系统中经常成为性能的瓶颈,为提高设备的工作效率,在合理分配设备的基础上还需采用改善性能的方法和技术。

**2. 设备管理的功能**

设备管理的基本任务是按照用户的要求控制设备工作,以完成输入输出操作,为此应具有以下功能:

(1) 设备分配

为控制和分配设备,须掌握并实时记录设备的当前状态,包括控制器状态、通道状态,在此基础上按照一定的算法把一个 I/O 设备分配给对该类设备提出请求的进程,若该进程未分配到所请求的设备,则进入该设备的等待队列。由于设备速率较慢,数量远少于应用需求,如何确定适合设备特性且能满足应用需要的分配方式和分配策略是重要而基本的问题。

（2）缓冲区管理

处理机速度和外部设备以及各类外部设备之间的速度差异巨大，缓冲区实现了数据的预先缓存和延迟发送的功能。

（3）设备驱动

把进程的要求转达给设备驱动机构，从而控制设备，在实现设备独立性的基础上，组织数据并高效地实施数据的传输。

设备管理的目标和功能是设备管理子系统要解决的基本问题，不论系统的规模和特点有何种不同，这些目标和功能都具有共性。

# 5.2 I/O 系统硬件

通常把 I/O 设备及其接口线路、控制部件和管理软件统称为 I/O 系统。计算机硬件体系结构主要有主机系统、工作站、微机和嵌入式系统等，尽管不同的系统有不同的设计目标，但设备管理为用户提供设备使用的方便性，提高计算机资源利用率的目标始终不变。

## 5.2.1 I/O 系统的结构

I/O 硬件系统的结构主要有下面两种。

### 1. 微机 I/O 系统

早期的计算机功能较为简单，外部设备的种类和数量较少，CPU 通过总线连接设备控制器，控制器连接设备。大多数微机的 CPU 和控制器之间的通信采用单总线两级控制，如图 5-1 所示。CPU 直接控制设备控制器，再由各个设备的控制器控制相关设备来完成具体的 I/O 操作。

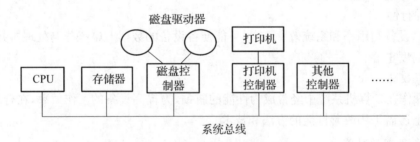

图 5-1　单总线型 I/O 系统结构

### 2. 主机 I/O 系统

大、中型计算机系统中，外设种类和数量繁多。为了减轻主机对慢速外设频繁的响应和管理的开销，提高 CPU 与 I/O 操作的并行程度，引入通道装置来代替主机对外部设备的控制，具有通道装置的计算机系统一般采用三级或四级控制方式，即主机、通道、控制器和设备四种硬件自上而下采用三级连接，如图 5-2 所示。

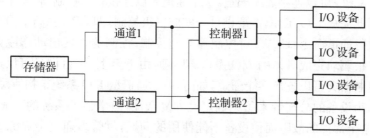

图 5-2 通道型 I/O 系统结构

## 5.2.2 设备控制器

### 1. 设备控制器的概念

一般地,设备都配置有设备控制器,又称设备的电子部件。设备控制器位于 CPU 与 I/O 设备之间,它能接收和识别来自 CPU 的各种命令,实现 CPU 与控制器、控制器与设备之间的数据交换。设备控制器能记录设备的状态以供 CPU 查询,能识别它所控制的每个终端设备的地址,从而帮助处理机从繁杂低效的设备控制事务中解脱出来。

### 2. 设备控制器的组成

设备控制器通常包括一个电子部件和一个机械部件。基于硬件的模块化原则,一般将两者分开。电子部件称为设备控制器或适配器,是设备的电子脑,它可以是独立的板卡,如显卡、声卡、网卡等,也可以是一块超大规模的集成在主板上的印刷电路卡;机械部件则是设备本身。每个控制器都有一些用来与 CPU 通信的寄存器。寄存器可以采用主存地址的一部分即主存映像 I/O,也可以采用 I/O 专用地址。设备的 I/O 地址分配由控制器上的总线解码逻辑完成。除 I/O 端口外,许多控制器还可以通过中断来通知 CPU 它们已经做好准备,寄存器可以读写。

操作系统通过向控制器寄存器写命令字来执行 I/O 功能,例如磁盘控制器可以接收包括读、写、格式化、重新校验等许多命令。某个控制器接收到一条命令后,CPU 可以转向其他工作,而让该设备控制器自行完成具体的 I/O 操作。当命令执行完毕后,控制器发出一个中断信号,以便使操作系统重新获得 CPU 的控制权并检查执行结果,此时 CPU 仍旧是从控制器寄存器中读取若干字节信息来获得执行结果和设备的状态信息。

设备控制器的好处在于操作系统只需通过传递几个简单的参数就可以对控制器进行操作和初始化,从而大大简化了操作系统的设计,提高了系统对各类设备的兼容性。

## 5.2.3 I/O 通道

### 1. 通道的连接

通道是独立于中央处理器专门负责数据传输工作的处理单元。大、中型和超级小型机中,一般都配备了通道装置。通道具有简单的数据传送、设备控制等指令,发挥着专用 I/O 处理机的作用,能够接收 CPU 发出的 I/O 命令,独立地执行通道程序,从而使 CPU 从繁杂的数据传输控制中解脱出来,专注于计算,有效提高了系统的吞吐量。

通常,一个 CPU 可以连接若干通道,一个通道可以连接若干控制器,一个控制器可以连接若干设备,因此完成 I/O 工作,需要硬件上实施三级控制,即 CPU 执行 I/O 指令对通道实施控制,通道执行通道命令(CCW)对控制器实施控制,控制器再发出动作序列对设备实施控制,设备最终被驱动完成具体的 I/O 操作。同理,由下至上,一台设备可以连接在多个控制器上,一个控制器又可以连接多个通道,如图 5-2 通道型 I/O 系统结构所示,这种上下多通路连接结构,为设备的分配带来了不确定性和复杂性,但增强了系统的可靠性和灵活性,有效避免了因某个部件的故障而使设备不能使用的问题,尽管多通道 I/O 系统结构增大了硬件成本,但有效提升了系统的性能,是目前广泛采用的连接结构。

**2. 通道的分类**

通道的处理速度通常很快,为了匹配慢速的外设,根据信息交换单位的不同,可分为字节多路通道、数组选择通道和数组多路通道三种类型,连接方式如图 5-3 所示。

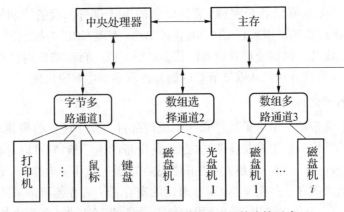

图 5-3 三种通道、主机、外设之间的连接形式

(1)字节多路通道

这种通道按字节交叉方式工作,即通道有若干个非分配型子通道,数量从几十到数百个,每个子通道连接一台字符设备。这些通道按时间片轮转方式共享主通道。当一个子通道控制其 I/O 设备交换完一个字节后,立即让出主通道,以便让下一个子通道使用,依次类推。字节多路通道适合连接大量慢速外围设备,如键盘、打印机等。在 IBM 370 系统中,字节多路通道可连接的设备多达 256 台。

(2)数组选择通道

数组选择通道主要用于连接磁带、磁盘等速度快且使用较频繁的块设备,但由于高速的设备在两次传送之间没有多少空闲时间可用,通道只能为其中一台高速设备服务,在一段时间内只能执行一道通道程序,控制一台设备进行传输,致使当某台设备占用了该通道后,便一直由它独占,即使是它无数据传送,通道被闲置,也不允许其他设备使用该通道,直至该设备传送完毕释放该通道。各设备只能串行工作,每次传送一组数据,通道的利用率不高。例如,移动头磁盘的移臂定位时间很长,如果接在多路通道上传输,那么通道很难同时应对多个高速磁盘的批量数据传输,如果接在数组选择通道上,那么在磁臂移动定位磁头所在的磁道所花费的较长时间内,通道只能空等。

（3）数组多路通道

数组多路通道克服了数组选择通道利用率低的缺点，利用分时的原理使设备的定位和传输并行进行，是一种高效的方式，该通道连接多台高速设备，具有多个非分配型子通道，先为一台设备执行一条启动命令，然后切换到另一台已定位好的设备执行传输，使通道与设备能够并行交叉工作。对于连接的多台高速外设，可以依次启动它们，同时进行较为耗时的移臂定位动作，然后按次序传输已完成定位和存取的各批数据，有效避免了慢速的移臂操作耗时占用子通道，其实质是对通道程序采用多道程序设计技术的硬件实现。数组多路通道不但能连接多台高速设备，而且具备较高的利用率，被广泛应用于各大、中型系统中。

## 5.2.4　I/O 控制方式

控制并实现设备与主机之间的数据传送，是设备管理中最重要和最频繁的任务之一，特别是以数据处理为主的系统，I/O 能力的大小、速度的高低是决定整个系统性能最重要的因素。在计算机的发展过程中，I/O 技术也有着较大的发展和变化，其总的趋势是 CPU 越来越多地摆脱了慢速的 I/O 操作，几乎达到和外围设备并行工作的程度。按照 I/O 控制器功能的强弱以及与主机之间连接方式的不同，可把 I/O 设备的控制方式分为以下四种：

### 1. 程序直接控制方式

程序直接控制方式（又称查询或轮询方式）的出现，是由于早期计算机中没有中断机构，由 CPU 通过指令直接测试和管理设备的每一项操作。如图 5-4 所示，当 CPU 向控制器发出一条 I/O 指令启动设备工作时，要同时把状态寄存器中的忙/闲标志位设置为 1，然后不断地循环测试标志位，如果未完成当前的 I/O 操作则继续测试，直至本次操作完成，设备就绪，才能进行数据的 I/O 传输。该方式的优点是所有 I/O 操作都在程序的掌控中，比较简单、清晰，缺点是 CPU 反复查询并空闲等待慢速 I/O 设备就绪，无法切换到原程序继续执行，即使 I/O 设备准备就绪后，CPU 仍然需要执行相关读写指令，等待慢速的数据传输完成，不能执行其他程序，处理器和外设串行工作造成了 CPU 的浪费，系统效率低下。

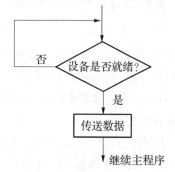

**图 5-4　程序直接控制方式的工作流程**

### 2. 中断方式

中断是现代计算机系统普遍采用的重要技术，外部设备有了中断技术的支持，设备的 I/O 操作就可以与处理器的快速计算并行执行，极大提高了处理器的使用效率。

中断方式中，当设备在执行某一 I/O 操作时，处理器可以切换到其他进程继续运行，当本次 I/O 操作完成时，由设备向处理器发出中断请求，处理器再切换到原断点进行中断处理。下面以一个向外设输出数据的实例来介绍中断方式的工作流程，如图 5-5 所示，当应用进程要向设备写入数据时，则 CPU 向设备控制器发出写设备的命令，由控制器控制相应的设备进行写操作，当数据寄存器状态就绪时，控制器便通过控制线向 CPU 发送一个中断信号，由 CPU 检查该数据寄存器的状态是否正确，如果正确便由内存输出一个数据，CPU 向控制器发送写入数据的信号，然后执行写操作。

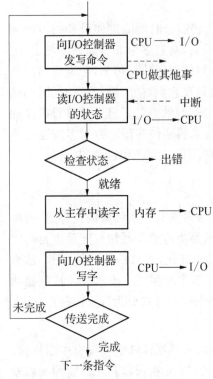

**图 5-5　中断方式的工作流程**

中断方式支持 CPU 与外设的并行工作，I/O 效率高，但由于 I/O 操作直接由 CPU 控制，每传送一个字符或一个字，都要发生一次中断，CPU 在响应外设频繁的中断请求而进行切换处理的过程仍然消耗大量时间。因此如果能为外设增加缓冲寄存器，用来临时存放传输的数据，则可大大减少中断 CPU 的次数。实际情况确实如此，如打印机、显示器、键盘等常用的外设在其控制器中均配置了数据缓冲寄存器或硬缓冲，使 CPU 在外设与缓冲交换信息期间可以切换进程执行，从而达到并行工作，但 CPU 仍然需要主动干预数据的传送，I/O 传送速度也受限于 CPU 中断处理的速度，因为任何数据传送都必须通过 CPU 执行很多控制指令才能完成。中断方式适用于慢速的终端类设备，如键盘、鼠标等。

3. 直接存储器访问方式

直接存储器访问即 DMA（Direct Memory Access），这种方式需要在设备控制器中增加支持 DMA 的硬件单元。DMA 方式适用于块设备的大量数据的传输，而要控制设备直接与主存进行数据交换，就需要与 CPU 竞争接管总线的控制权，当 DMA 占用总线时，处理器需要等待 DMA 模块的传输完成，CPU 空闲等待一个总线周期，减慢了 CPU 的执行速度，尽管如此，对大数据量的 I/O 传送来说，DMA 仍然比中断控制 I/O 方式更有效，因为每次传送数据时，不必中断 CPU，只要 CPU 暂停几个周期，而 I/O 数据的速度就得以显著地提高。

DMA 方式与中断方式的主要区别是：中断方式是在数据缓冲寄存器满后，发出中断请求，CPU 进行中断处理，而 DMA 方式则是在所要求传送的数据块全部传送结束时要求 CPU 进行中断处理；中断方式的数据传送是在中断处理时由 CPU 控制完成，而 DMA 方式则是在 DMA 控制器的控制下不经过 CPU 控制就能完成的。下面以数据输入过程为例，解释 DMA 传输步骤如下：

（1）请求数据的进程向 CPU 发指令，CPU 将数据的主存始址、要传送的字节数分别送入 DMA 控制器中的主存地址寄存器和传送字节计数器，并设置中断位和启动位，以启动设备进行数据输入并允许中断。

（2）该进程放弃处理机等待输入完成，调度程序调度其他进程使用 CPU。

（3）DMA 控制器挪用 CPU 工作周期，将数据寄存器中的数据写入内存，当字节全部传送完成时，DMA 控制器向 CPU 发出中断请求，CPU 响应后转中断服务程序，唤醒等待输入完成的进程，并返回被中断程序。以后该进程再被调度时，从主存单元取出数据进行处理。

尽管 CPU 利用率进一步提高，但 DMA 方式仍存在一定局限性，如数据传送的方向、主存始址及传送数据的长度等都需要 CPU 控制，且每个设备均需一个 DMA 控制器，当设备较多时是不经济的。目前,在小型、微型机中的快速设备均采用这种方式,但 DMA 不能满足复杂的 I/O 要求。因而,在大型机中使用了通道技术。

4. 通道技术

通道控制方式是 DMA 方式的进一步发展,也是一种以主存为中心,实现设备与主存直接交换数据的控制方式。CPU 和通道需要协调配合才能完成 I/O 操作。CPU 与通道是通过两类通信方式完成 I/O 操作的,如图 5-6 所示,当应用进程请求传输数据时,CPU 向通道发出读写指令,启动通道工作,通道根据其状态形成条件码作为回答,CPU 根据条件码决定转移方向。当传输操作正常或异常结束时,通道向 CPU 发出 I/O 中断申请,把产生中断的通道号、设备号存入中断寄存器,同时形成通道状态字汇报情况,等待 CPU 处理。

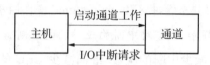

图 5-6　主机与通道的通信方式

通道技术主要解决了 I/O 操作的独立性和各部件工作的并行性,把 CPU 从繁杂的 I/O 任务中解放出来,进一步减轻了 CPU 与众多外设交互的负担,提高了整个系统的效率。

通道技术的优点是一个通道可控制多台设备,所需 CPU 干预更少,CPU 利用率较高,外设和处理器的并行程度高。缺点是通道价格较高,一般在大型服务器、大中型计算机中采用。

下面以一次成功的数据输入过程为例,解释通道控制方式进行数据传输的主要步骤如下:

(1) 请求输入数据的进程向 CPU 发出指令,CPU 向某通道发出启动指令指明 I/O 操作、设备号。

(2) 该进程放弃 CPU,等待输入完成,CPU 被其他进程占据。

(3) 通道接收到 CPU 发来的启动指令后,取出主存中的通道程序执行,控制设备将数据传送到主存指定区域。

(4) 传送完数据后,通道向 CPU 发出中断请求,CPU 响应后转向中断服务程序,唤醒进程,并返回被中断程序。

(5) 以后的某个时刻该进程再被调度,从主存取出数据进行处理。

# 5.3　缓冲区管理

缓冲是用来平滑传输过程而暂时存放数据的一种技术。为调节不同物理设备传输速度的差异,现代操作系统中几乎所有的 I/O 设备在与 CPU 交换数据时,都设置了缓冲区。缓冲区的实现有软件和硬件两种方式,硬件缓冲器造价高,容量较小,通常配置在设备中,如打印机配有硬件缓冲器,控制器上的数据寄存器也属于硬件缓冲;软件缓冲是使用主存来实现的,即在主存中划出一块特定的存储区来暂存 I/O 数据,我们把对缓冲区的管理及其协调同步的技术称为缓冲技术。

### 5.3.1 引入缓冲的原因

**1. 缓解 CPU 与 I/O 设备间速度差异巨大的矛盾**

在数据到达与离去速度不匹配时,就应该使用缓冲技术。缓冲区好比是一个水库,如果上游来的水太多,下游来不及排走,水库就起到缓冲作用,先让水在水库中停一段时间,等下游能继续排水,再把水送往下游。对于从主机发来的数据,可先放在缓冲区中,CPU 被调度运行其他进程,设备可以慢慢地从缓冲区中读出数据。主机和外部设备交换数据时,经常会遇到数据到达的速度和离去速度极不匹配的情况。例如,某进程在进行计算时,无数据输出,打印机是空闲的,当它计算结束输出结果时,会在极短时间内向打印机发送出一大批数据,如果不采用缓冲技术就会造成信息丢失或 CPU 忙等。又如生产者/消费者问题,由于二者的执行速度不同,我们通过共享缓冲区和 wait、signal 操作原语来同步实现。

**2. 减少对 CPU 的中断频率,放宽对中断响应时间的限制**

为提高 CPU 的效率,应减少中断的次数,继而减少 CPU 的中断处理时间,而使用缓冲区是有效方式之一。在中断方式下,如果在设备控制器中增加一个 100 个字符的缓冲区,则在该缓冲区满了以后才向 CPU 发出一次中断,比没有设置缓冲区减少中断 99 次。又如文件的逻辑记录大小与物理记录大小往往不一致,而缓冲区可以成组地装满数据再进行批量访问,有效降低了访问慢速磁盘的次数,提高了系统效率。

**3. 提高 CPU 与 I/O 设备的并行性**

缓冲的引入同中断、通道技术一样,也是为了实现 CPU 和外部设备并行工作的一项重要的技术措施。举例说明:当一个进程输出数据时,先将数据从用户内存区高速送到缓冲区(也在主存),直到缓冲区被装满为止,此后进程可以继续它的计算工作。同时,在 DMA 或通道控制下系统相关输出进程将把缓冲区内容写到终端设备上,数据装入缓冲区和从缓冲区写到终端可以并行处理。只有当输入来不及填满缓冲区而输出进程又要从中读取数据时,输出才需要等待;同理,输出来不及写到终端设备而缓冲区非空时,输入进程需要等待。又如,当一个进程需要从磁盘输入数据时,系统将一个物理记录的内容从外设读到缓冲区中,然后把进程需要的逻辑记录从缓冲区中选出并传送给进程的主存空间,输入到缓冲区与输出到设备也仅当缓冲区空而进程又要从中读取数据时,输入才被迫等待。信号量机制有效解决了此类生产者与消费者同步问题,可见使用缓冲区可以进一步提高 CPU 和 I/O 设备的并行性,以及 I/O 设备和 I/O 设备之间的并行性,从而提高整个系统的效率。

### 5.3.2 缓冲的分类

缓冲区的大小通常是物理块大小的整数倍,即一个缓冲区可以容纳多个物理记录,以利于加快信息传输的速度和不同记录格式的处理。使用时,由输入指针和输出指针来控制对它的信息的写入和读取。根据需要,系统设置的缓冲区个数有所不同,因此形成了不同的缓冲区的组织形式。

**1. 单缓冲**

单缓冲是在设备和处理机之间设置一个缓冲区。设备和处理机交换数据时(以输入为例),由设备把数据写入缓冲区,然后缓冲区的数据再传给处理机,如图 5-7 所示。由于只设置了一个缓冲区,因而设备与处理机对缓冲区的操作是串行的。当输入设备的数据输入缓冲区时,处理机不工作,处于等待状态;反之,当处理机从缓冲区取数据输出时,输入设备不能工作,处于等待状态。这样导致每次读写操作都要转入进程调度,可见单缓冲的使用并未达到 CPU 与 I/O 设备的并行,系统效率较低,所以较少采用。

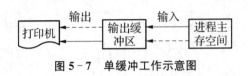

**图 5-7 单缓冲工作示意图**

2. 双缓冲

双缓冲是为输入或输出分配两个缓冲区,这两个缓冲区可以用于输入数据或者用于输出数据,还可以既用于输入又用于输出数据。以向打印机输出数据为例,如图 5-8 所示,输出数据时,首先从进程主存空间读出数据填满缓冲区 1,CPU 转去进行其他处理,系统从缓冲区 1 提取数据传送到打印机,当缓冲区 1 空出时,系统又可以把数据从进程主存空间填满缓冲区 1,与此同时,系统可以提取缓冲区 2 的数据传送给打印机。两个缓冲区交替使用,使CPU 和打印机可以并行,只有当两个缓冲区都为满,CPU 才被迫等待,可见双缓冲在进程从主存空间装入数据到缓冲区的速度与系统提取数据并传输给打印机的速度正好匹配时,二者并行,系统效率最高,但往往从满的缓冲区取出数据传给设备(或把数据从设备写入空缓冲区)的速度要远远低于 CPU 处理并从进程空间送入空缓冲区的速度(或从满缓冲区送入进程空间并处理的速度),所以往往需要配置更多的缓冲区以达到二者并行的效果。

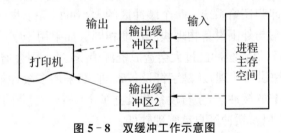

**图 5-8 双缓冲工作示意图**

3. 环形缓冲

如果 I/O 速度与数据处理速度相当,则双缓冲能获得较好的效果,如果 I/O 速度远远低于 CPU 数据处理的速度,就需要引入更多的缓冲区来改善性能,以提高设备与处理器的并行性。环形缓冲又称循环缓冲,是通过对双缓冲的扩充来进一步提高系统性能的一种缓冲技术。

环形缓冲有多个大小相等的缓冲区,每个缓冲区都有一个指针指向下一个缓冲区,最后一个缓冲区指向第一个缓冲区,链成一个环形。如图 5-9 所示,缓冲区的类型主要有三种:用来装输入数据的空缓冲区 R、已装满数据的满缓冲区 G 及 CPU 正在处理的先行工作缓冲区 C。系统设置三个指针 Nexti、Nextg、Current,Nexti 指针指向输入进程可用的下一个空缓冲区 R,Nextg 指针指向输出进程可以提取数据的下一个满缓冲区 G,Current 指针指向CPU 正在使用的缓冲区 C。例如,当运行进程需要输入数据时,就从环形缓冲区中取一个装满数据的缓冲区,并提取其中的数据,指针 Nextg 就由原来指向的链地址为 3 处增 1 而指向了下一个链地址 4,链地址 3 的缓冲区正在 CPU 上处理,所以当前的操作指针 Current 指向该缓冲区。

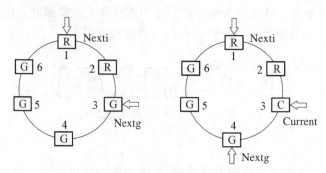

图 5-9 环形缓冲工作示意图

进程同步中的"生产者/消费者问题"就是通过有界环形缓冲,利用输入和输出指针借助环形缓冲技术进行处理的。关于缓冲区之间的互斥访问和读写操作的同步,将在下文的缓冲池里一并进行讲述。环形缓冲适用于一组合作的进程,但当系统较大且共享缓冲区的进程较多时,需要消耗较多的主存,这时更高效的方案是利用公用缓冲池技术。

4. 缓冲池

操作系统从自由主存区域中分配一组缓冲区组成多缓冲,即缓冲池。缓冲区属于系统的重要资源,为了提高其利用率,很少把缓冲区与某一个具体设备固定地联系在一起,而是将所有缓冲区集中起来统一分配和管理,供各个进程共享。进程所需的缓冲区是动态向系统申请的,用完后立即归还给系统。每个缓冲区的大小可以等于物理记录的大小,如果用于块设备,则其长度通常与外围设备物理块的长度相同。如果用于字符型设备,则其一般较小,长度通常为 8 B、16 B 等。缓冲区过大会造成资源浪费,过小则会增加指针开销。例如在UNIX 系统中,不论是块设备管理,还是字符设备管理,都采用多缓冲技术,UNIX 的块设备共设立了 15 个 512 字节的缓冲区,字符设备共设立了 100 个 6 字节的缓冲区。每类设备都设计了相应的数据结构以及缓冲区自动管理软件。

缓冲池中的缓冲区按其使用状况可以链接起来形成三个队列:空缓冲队列、装满输入数据的缓冲队列(输入队列)和装满输出数据的缓冲队列(输出队列)。除了三种缓冲队列以外,系统从这三种队列中申请和取出缓冲区,并利用该缓冲区进行存取操作,完成数据的存取后,再将缓冲区挂到相应的队列,这些缓冲区被称为工作缓冲区。在缓冲池中,有四种工作缓冲区:用于收容设备输入数据的收容输入缓冲区、用于提取设备输入数据的提取输入缓冲区、用于收容 CPU 输出数据的收容输出缓冲区以及用于提取 CPU 输出数据的提取输出工作缓冲区。当输入进程需要输入数据时,便从空缓冲队列的队首摘下一个空缓冲区,把它作为收容输入工作缓冲区,然后把数据输入其中,装满后再将它挂到输入队列队尾。当计算进程需要输入数据时,便从输入队列取得一个缓冲区作为提取输入工作缓冲区,计算进程从中提取数据,数据用完后再将它挂到空缓冲队尾。当计算进程需要输出数据时,便从空缓冲队列的队首取得一个空缓冲,作为收容输出工作缓冲区,当其中装满输出数据后,再将它挂到输出队列的队尾。当要输出时,由输出进程从输出队列中取得一个装满输出数据的缓冲区,作为提取输出工作缓冲区,当数据提取完后,再将它挂到空缓冲队列的末尾。缓冲池的结构如图 5-10 所示。缓冲池是属于操作系统空间的,应用程序无权对其直接操作,为使多个进程互不干扰地访问一个缓冲池队列,必须设计软件实现对缓冲池的操作和管理,如设计两个缓冲池管理过程,来实现缓冲区的分配和回收。

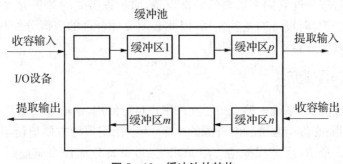

**图 5-10　缓冲池的结构**

（1）从缓冲区队列中取出一个缓冲区的过程 takebuf(type)。其中 type 是缓冲队列类型。

（2）把缓冲区插入到相应的缓冲队列的过程 addbuf(type,number)。其中 number 是缓冲区号。

缓冲区属于临界资源,需要对上述的取出缓冲区过程 takebuf(type)和插入缓冲区过程 addbuf(type, number)进行同步和互斥改造,以实现多个进程对缓冲区这个临界资源的互斥访问。利用信号量机制,定义同步和互斥用的信号量如下:

RS:缓冲区队列中可用的缓冲区数目,初值为 $n$($n$ 为 type 队列长度)。

MS:缓冲区队列 type 的互斥访问信号量,初值为 1。

编写 getbuf 过程来获取一个缓冲区,主要的实现代码如下:

```
getbuf(type)
begin
  wait(RS(type));           //申请一个空闲缓冲区
  wait(MS(type));                 //对要取出的空缓冲区加锁
  B(number): = takebuf(type);
  signal(MS(type));         //取出缓冲区后释放锁
end
```

编写 putbuf 过程来归还一个缓冲区,主要的实现代码如下:

```
putbuf(type)
begin
  wait(MS(type));           //对要归还的空缓冲区加锁
  addbuf(type,number);
  signal(MS(type));         //归还缓冲区后释放锁
  signal(RS(type));         //归还一个缓冲区
end
```

## 5.4 设备分配

设备分配是操作系统设备管理最核心的功能之一。进程传送数据之前,由系统根据相应的分配算法为进程分配它们所需要的外部设备,而进程需要的数目远远多于设备及其控制器的数目,引发进程对设备的竞争使用,因此必须设计合理的资源分配与回收策略,完成设备在多进程并发或并行下的高效利用。

### 5.4.1 设备分配概述

在多道程序环境下,系统中的设备不允许用户自行使用,而必须由系统分配。由于进程数多于设备数,因而必将引起进程对资源的争夺,为了使用户能方便地使用设备,保证 CPU 和设备之间的正常通信,当进程提出 I/O 请求之后,设备分配程序应按照一定的策略和原则,把设备分配给进程,当使用完毕再及时地回收,以备重新分配。设备分配和回收可以在进程级进行,也可在应用程序级进行。进程级是进程需要 I/O 操作,提出申请时进行动态地分配,而应用程序级是在加载程序进入系统时进行分配,属于静态分配。由主机系统的 I/O 结构可知,从中央处理机到设备是二级或三级相互级连,因此在实施分配时必须了解该 I/O 子系统通路上各种设备的当前状态,从而依次进行设备的分配,连接和控制设备的控制器的分配,连接控制器的通道的分配,经过这样二级(无通道)或三级(有通道)的分配,最终使请求进程获得 I/O 操作的设备资源,以便能得以调度执行,最终完成 I/O 操作。

### 5.4.2 设备分配中的数据结构

为了实现设备的分配,系统需要记录与设备相关的信息,包括设备资源的标识、使用状态、硬件特性、相连的控制器及通道等。与进程调度类似,系统必须事先建立相关的设备控制数据结构,并实时动态更新,该数据结构是设备资源存在的标志,保存着与设备有关的全部信息。与进程控制块相似,系统为每一个设备也建立了一个设备控制块(DCB),当设备装入系统时,该设备控制块就被创建并初始化。进而依据设备、控制器、通道的情况进行管理,逐个分配。设备分配所依据的主要数据结构有:系统设备表(SDT)、设备控制表(DCT)、控制器控制表(COCT)、通道控制表(CHCT),各个表直接的连接关系及内容、设备管理的数据结构如图 5-11 所示,下面介绍该图中各个数据结构。

1. 系统设备表(SDT)

系统设备表是整个系统的一张设备类总表,它记录系统中的所有已配置的物理设备的情况,其中每类设备占用该表中的一个表目,记录设备的类型、总台数、设备号、设备控制表起始地址等,而设备控制表地址指向该设备对应的记录的具体信息的设备控制表。

2. 设备控制表(DCT)

设备控制表表征一个设备,由前面可知,每个设备都分为机械部件和电子部件两部分,电子部件即控制器,负责解析上层传达的命令并控制机械部件运作。所以每个设备控制表都需要一个表项 COCT 指针来连接其控制器,DCT 记录设备的特性以及与控制器连接的情况,其具体表项名称如图 5-11 中设备控制表的表项所示。

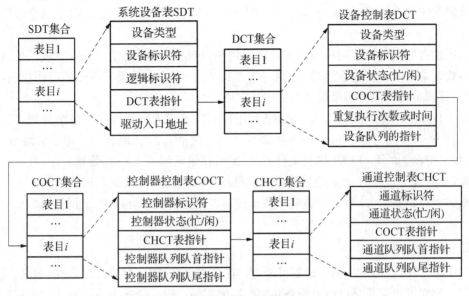

图 5-11 设备管理的数据结构

（1）设备类型记录设备的分类特性，如该设备属于终端设备、块设备或字符设备等。

（2）设备标识符用来唯一地标识设备，以便系统来区别设备。

（3）设备状态用于指示设备当前是忙还是闲，如果该字段的忙标志位设置成"1"，则表示与该设备相连的控制器或通道正忙，不能启动该设备，将该设备的等待位设置成"1"。

（4）COCT 指针用于指向该设备所连接的控制器的控制表。在具有多条通道的情况下，一个设备将与多个控制器相连接，此时在 DCT 中应该设置多个控制器表的指针。

（5）设备等待队列首指针，凡因请求本设备而未得到的进程，其 PCB 都按照一定的调度策略排成一个队列，该队列即为设备请求队列，而队首位置就由设备等待队列首指针字段指示。

3. 控制器控制表（COCT）

每个控制器都有一张控制器控制表，它记录了控制器的使用状态，现代操作系统大都采用了性能更加优越的通道控制方式，设备控制器需要请求通道为 I/O 操作服务，因此每个控制器控制表需要记录连接的通道。

4. 通道控制表（CHCT）

每个通道都配有一张通道控制表，如图 5-11 所示，它包含通道的标识符信息、状态信息以及正等待获得该通道的进程队列的队首、队尾指针等。

## 5.4.3 设备分配的策略和分配方式

多道程序系统中，请求设备为其服务的进程数目通常多于设备数，这样就出现了多个进程对某类设备的竞争的问题。为了保证系统能有条不紊地工作，系统在对设备进行分配时需要考虑如下几个因素：

1. 设备的固有属性

设备从使用方式上可以分成三类：独占设备、分时共享设备及虚拟设备。对不同属性的设备分配方式各不相同,但无论是哪种类型,同一时刻都只能有一个进程使用它进行数据传输。

对于独占型设备的使用一般应遵循以下规则:申请,使用,使用,……,释放。系统可以用设备数记录当前系统中空闲设备的数量,当其值为 0 时,表示没有可用的空闲设备,申请者等待,具体实现时使用信号量机制实现互斥访问即可。

对于共享型设备的使用与独享式不同,用户无需显式地进行设备申请与释放,而是:使用,使用,……,使用。但在每一个使用命令之前与之后都隐含地有一个申请和释放命令。通常,共享型设备的 I/O 请求来自文件系统、虚拟存储系统或 I/O 井管理程序,其具体设备已经确定,而且 I/O 操作通常经过缓冲区实现,因而在系统内,设备与进程之间有一个缓冲区构成的 I/O 队列,而来自不同进程的数据传输以块为单位是可以交叉进行的,即分时共享磁盘。

### 2. 设备分配算法

对于磁盘等设备来说,同一时刻可能会有许多来自系统和应用程序的访问请求,按照什么次序为这些进程服务是设备分配算法应解决的问题。设备的动态分配算法与进程调度相似,也是基于一定的分配策略的,常用的分配策略有先请求先分配、优先级高者先分配,因此设备分配的主要算法有如下两种:

（1）先来先服务

当有多个进程对相同的设备提出 I/O 请求时,按请求发出的先后次序,将这些进程排成一个设备队列,分配程序总是把设备首先分配给队首进程。

（2）优先级算法

按照请求进程的优先级由高到低进行设备分配。多个进程请求相同设备时,哪个进程优先级高就先满足哪个进程的请求,如果请求进程的优先级相同,则再按照先来先服务的原则进行设备分配。

两种算法基于两个基本因素:公平性,即一个 I/O 请求应当在有限的时间内得到满足;高效性,即提高设备的利用率。

### 3. 设备分配方式

（1）静态分配

静态分配是在作业级进行的,用户作业开始执行之前由系统一次分配该作业所要求的全部设备、控制器和通道。一旦分配,这些设备、控制器和通道就一直为该作业占用,直到该作业被撤销为止。对独占设备,往往采用静态分配方式,即在作业执行前,将作业所要用的这一类设备分配给它。当作业执行过程中不再需要使用这类设备,或作业结束撤离时,收回分配给它的这类设备。静态分配方式实现简单,能防止系统死锁,但采用这种分配方式,会降低设备的利用率。例如,对打印机,若采用静态分配,则在作业执行前把打印机分配给它,但一直到作业产生结果时才使用分配给它的打印机。这样,尽管这台打印机在大部分时间里处于空闲状态,但是其他作业却不能使用它。

（2）动态分配

动态分配是进程执行过程中根据执行需要进行的设备分配。当进程需要设备时,通过系统调用命令向系统提出设备请求,由系统按照事先规定的策略给进程分配所需要的设备、控制器和通道,一旦用完后立即释放。如果对打印机采用动态分配方式,即在作业执行过程中,要求创建一个打印机文件输出一批信息量,系统才把一台打印机分配给该作业,当一个文件输出完毕关闭时,系统就收回分配给该作业的打印机。采用动态分配方式后,在打印机上可能依次输入十个作业的信息,由于输出信息以文件为单位,每个文件的头和尾都设有标志,如:用户名、作业名、文件名等,操作员很容易辨认出输出信息是属于哪个用户的。所以,对某些独占使用的设备,采用动态分配方式可以提高设备的利用率。但采用动态分配方式,如果分配算法使用不当也有可能造成进程的死锁。

## 5.4.4 设备分配的步骤

依据已建立的设备分配数据结构,当进程提出 I/O 请求后,系统既要充分发挥设备的利用率,又要避免造成进程死锁,还需将用户程序和具体设备隔离开。在这些原则下,设备分配将按下列步骤进行:

### 1. 分配设备

进程以设备的逻辑名来请求 I/O,系统首先从设置好的逻辑设备表中将该逻辑设备名映射为物理设备名,再根据该物理设备名查找系统设备表,从中找到该设备的设备控制表。根据设备控制表中的设备状态确定设备是否可用,如果当前忙,则将该进程的 PCB 插入到等待队列中,否则,按照一定的算法(如银行家算法)来计算本次设备分配的安全性,如果安全便将该设备分配给请求进程,否则将请求进程的 PCB 插入到该设备的等待队列中。

### 2. 分配控制器

系统把设备分配给请求 I/O 的进程后,再到设备控制表中找到与该设备相连的控制器的控制表,从该表的状态字段中可以确定该控制器的状态。若控制器忙,则将该进程插入等待该控制器的队列,否则将该控制器分配给该进程。

### 3. 分配通道

从控制器控制表中找到与该控制器连接的通道控制表,从该表的状态字段中就可以确定该通道的状态。如果该通道处于忙状态,则将进程插入到等待该通道的队列,否则将该通道分配给该进程。

当设备、控制器和通道三者都分配成功后,设备分配才算完成,接下来由设备逻辑表找到该设备的驱动程序,就可以启动该 I/O 设备进行 I/O 操作。

注意,为了防止在 I/O 系统出现"瓶颈"现象,通常都采用多通路的 I/O 系统结构。此时对控制器和通道的分配,同样要经过几次反复。若设备(控制器)所连接的第一个控制器(通道)忙时,应查看其所连接的第二个控制器(通道),仅当所有的控制器(通道)都忙时,此次的分配才算失败,才将该进程的 PCB 挂在相应的等待队列上。只要有一个控制器(通道)可用,系统便可将它分配给进程。

## 5.4.5 设备分配的安全性

对于读卡机和打印机这类需要独占使用的临界资源,在多进程请求 I/O 设备分配时,应防止因循环等待对方所占用的设备而产生死锁,应预先进行安全性检查,从而保证分配的安全性。此外,利用同步机制可以实现独占设备的互斥访问,也可以在动态分配独占设备时,利用银行家算法进行安全性检查来避免进程发生死锁。

为防止动态分配时死锁的发生,分配方式也分成了两种情况。

### 1. 安全分配方式

每当进程发出 I/O 请求后便立即进入阻塞状态,直到其 I/O 操作完成才被唤醒。在这种情况下,一旦进程已经获得某种设备后便阻塞,不能再请求任何资源,而且在它阻塞时也不保持任何资源。该方式的优点是设备分配安全,缺点是 CPU 和 I/O 设备是串行工作的,该进程的推进十分缓慢。

### 2. 不安全分配方式

进程在发出 I/O 请求后继续运行,在需要时进行第二次 I/O 请求,第三次 I/O 请求,……,仅当进程所请求的设备已被其他进程占用时,才进入阻塞状态。该方式的优点是一个进程可同时操作多个设备,从而加速了进程的推进,但缺点是可能造成进程的死锁。

## 5.5　虚拟设备

虚拟性是操作系统的四大特征之一,设备管理也实现了虚拟设备。设备管理系统能把一台独占使用的设备虚拟为多台共享的逻辑设备,使每个用户感觉自己在独占使用该设备,从而提高了独占设备的利用率,缩短了对设备的请求和响应的时间。这种虚拟化技术对I/O设备的管理非常重要。虚拟设备的本质是利用经典的共享设备磁盘作为数据传输的过渡设备来实现的,类似于主存的虚拟技术。现代计算机系统中普遍采用的虚拟设备技术是 SPOOLing 系统。

### 5.5.1　SPOOLing 系统

SPOOLing(Simultaneous Peripheral Operations On-Line,外部设备同时联机操作),又称为假脱机输入/输出操作,其主要特点是使用专门的外围控制机将低速 I/O 设备上的数据传送到高速磁盘上,或者相反,该技术通过把独占设备改造成共享设备,有效缓和了 CPU 的高速性与 I/O 设备的低速性间的矛盾。

现今计算机系统已经没有外围控制机了,而 SPOOLing 的名称却依然使用,其本质是操作系统的虚拟化特性在外设管理上的一种技术实现。实现方案是利用多道并发系统环境中的两个进程来分别模拟脱机输入、输出时外围控制机的功能,把低速输入设备(如读卡机)的数据传送到磁盘上或把数据从磁盘传送到低速的输出设备上(如打印机),即将输入、计算、输出分别组织成独立的任务流,使 I/O 和计算真正并行,抵消慢速设备 I/O 过程所造成的进程阻塞,由于 SPOOLing 系统是对脱机输入、输出工作的模拟,因此它必须有高速随机大容量磁盘的支持。

### 5.5.2　SPOOLing 的组成

SPOOLing 系统的具体构成如图 5-12 所示,从图中可以看到,SPOOLing 系统主要由三部分构成:

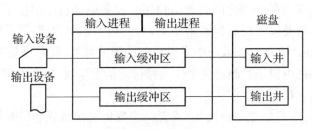

图 5 - 12　SPOOLing 系统的构成

### 1. 输入井和输出井

系统在磁盘上预设两个专用的存储空间分别作为输入井、输出井,输入井模拟脱机输入时的磁盘,用于暂存 I/O 设备输入的数据;输出井模拟脱机输出时的磁盘,用于暂存应用进程要输出的数据。当要输入或输出的信息全部汇集后,由相关的井管理程序控制数据传输到 I/O 设备。

### 2. 输入缓冲区和输出缓冲区

I/O 数据的传输采用缓冲技术,故在主存中开辟两个专用缓冲区,其中输入缓冲区用于暂存由输入设备送来的数据,以后再传送到输入井;输出缓冲区用于暂存从输出井送来的数据,以后再输出到输出设备上。

### 3. 输入进程和输出进程

输入进程模拟脱机输入时的外围控制机,将用户要求的数据从输入设备通过输入缓冲区再送到输入井中,当 CPU 需要该数据时,再从输入井读入内存;输出进程模拟脱机输出时的外围控制机,将用户要输出的数据从主存送到输出井,待输出设备空闲时,再将输出井中的数据经过输出缓冲区传送到输出设备。

## 5.5.3　SPOOLing 工作步骤

(1) 进程执行前预先将程序和数据输入到输入井中。
(2) 进程运行后,使用数据时,从输入井中取出。
(3) 进程执行不必直接启动外设输出数据,只需将这些数据写入输出井中。
(4) 进程全部运行完毕,再由外设输出全部数据和信息。

## 5.6　设备处理

设备管理的实现需要软、硬件两方面技术的结合,操作系统内核采用设备驱动程序作为设备管理子系统统一的设备访问接口,以辅助相关硬件实现设备具体的 I/O 操作。

### 5.6.1　设备驱动程序

计算机外部设备多种多样,特性各异,其硬件的构成要素如 I/O 端口、设备控制器及控制器中的状态寄存器及总线各有不同,为了屏蔽硬件的细节,同时能对设备故障进行诊断,把底层封装为标准化的代码就非常重要。操作系统内核采用驱动程序(又称为设备处理程序)作为 I/O 进程与设备控制器之间的通信程序。设备驱动程序包括了所有与设备相关的代码,与硬件设备本身及设备控制器紧密相关,与一般的系统程序不同,它属于低级的系统程序,已经固化在 ROM 中,它在系统中常以进程的形式存在,又称设备驱动进程,其主要任务是"上传下达",即把由设备控制器发来的信号传送给上层软件,同时接收上层软件发来的抽象要求,启动设备去执行。

每个设备驱动程序只处理一种设备,或者一类紧密相关的设备。如果系统所支持的不同品牌的所有终端只有很细微的差别,则较好的办法是为所有这些终端提供一个终端驱动程序,简化了系统设计。但如果是一个机械式的硬拷贝终端和一个带鼠标的智能化图形终端差别太大,只能设计并使用各自不同的驱动程序。

## 5.6.2 设备驱动程序的功能

笼统地说,设备驱动程序的功能是从独立于设备的软件中接收并执行 I/O 请求。具体来说,设备驱动程序的功能主要包括:

1. 接收由应用进程发来的抽象(逻辑 I/O)请求并转换为具体要求(物理 I/O)。例如,将磁盘块号转换为磁盘的盘面号、磁道号及扇区号。

2. 检查用户 I/O 请求的合法性,了解 I/O 设备的状态,传递有关参数,设置设备的工作方式。例如,将设备名转化为端口地址、逻辑记录转化为物理记录、逻辑操作转化为物理操作等。

3. 发出 I/O 命令。如果设备空闲,便立即启动设备完成指定的 I/O 操作;如果设备忙,则将请求进程的 PCB 挂在相应的 DCT 的等待队列上等待。

4. 及时响应由控制器或通道发来的中断请求,并根据其中断类型调用相应的中断处理程序进行处理。

5. 对于设置有通道的计算机系统,驱动程序还应能够根据用户的 I/O 请求,自动地构成通道程序。

以用户读磁盘某 $n$ 块的数据为例,如果磁盘驱动程序空闲,则它立即执行该请求,而如果它正在处理另一请求,则驱动进程将本次请求挂在它的等待队列中。执行读某块的请求首先是将该读请求转换为更具体的形式:计算出所请求块的物理地址、检查驱动器电机是否在运转、检测磁臂是否定位在正确的柱面等等。在进一步确定需要哪些控制器命令以及命令的执行次序后,向控制器发送读命令,驱动程序将向控制器的设备寄存器中写入这些命令。某些控制器一次只能处理一条命令,另一些则可以接收一串命令并自动进行处理。这些控制命令发出后有两种可能:一种是在许多情况下,驱动程序需等待控制器完成一些操作,所以驱动程序阻塞,直到中断信号到达才解除阻塞;另一种情况是操作没有任何延迟,所以驱动程序无需阻塞。后一种情况的例子如:在有些终端上滚动屏幕只需往控制器寄存器中写入几个字节,无需任何机械操作,所以整个操作可在几微秒内完成。对前一种情况,被阻塞的驱动程序须由中断唤醒,而后一种情况下它根本无需休眠。无论哪种情况,都要进行错误检查。如果一切正常,则驱动程序将数据传送给上层与设备无关的软件。最后,它将向调用者返回一些关于错误报告的状态信息。如果请求队列中有别的请求则它选中一个进行处理,若没有则驱动程序阻塞,等待下一个请求。

### 5.6.3 设备处理方式

不同的操作系统采用的设备处理方式并不完全相同,根据在设备处理时是否设置进程,以及设置什么样的进程,设备处理方式可以分成以下三类:

1. 为每一类设备设置一个进程,专门执行这类设备的 I/O 操作。例如,为同一类型的打印机设置一打印进程。

2. 在整个系统中设置一个 I/O 进程,专门执行系统中各类设备的所有 I/O 操作。也可以设置一个输入进程和一个输出进程,来分别处理各类设备的输入和输出操作。

3. 不设置专门的设备处理进程,而是为各类设备设置相应的设备驱动程序。

## 5.7 I/O 软件

本节主要讨论关于 I/O 软件的设计和实现技术。I/O 设备管理软件的设计水平决定了设备管理的效率,通过有效调度、合理匹配等方法来增强系统的 I/O 处理性能,尽可能减少 I/O 传输对数据处理产生的瓶颈状况,提高 I/O 访问和 I/O 处理的效率。

### 5.7.1 I/O 软件的目标和作用

I/O 软件的总体设计目标是高效性和通用性。高效性强调的是降低慢速 I/O 操作对系统效率的瓶颈作用,而通用性指用统一标准的方法来管理所有设备,在这两方面制约之下,I/O 软件设计主要解决以下几个问题:

1. 设备无关性。保证用户在编写或调试程序时与使用的物理设备无关。

2. 错误处理。错误尽可能在贴近硬件的底层处理,而不让高层软件感知,只有底层解决不了的错误才通知高层软件解决。

3. 同步/异步传输。多数物理 I/O 是异步传输,是中断驱动模式控制的,例如,发出一条读指令,CPU 启动传输操作后,设备通过主存缓冲区进行传输,CPU 由调度程序分派给其他进程,程序将被挂起直到中断到达。

4. 完成独占设备和共享设备的 I/O 操作。由于系统的设备的使用属性不尽相同,如磁盘可以同时为几个用户服务,而键盘、打印机等在一段时间内只能供一个用户使用,所以带来了管理上的复杂性,操作系统必须能够同时加以解决。

5. 提供简捷、方便的设备使用接口。

### 5.7.2 I/O 软件层次

操作系统将 I/O 设备管理软件组织成层次结构,低层屏蔽设备细节,最上层的用户进程使用统一的 I/O 设备调用接口。I/O 系统的层次结构以及各层次的功能如图 5-13 所示,图中的箭头表示 I/O 控制流。

当用户进程发出 I/O 请求时,系统把请求处理的权限放在文件系统,文件系统通过驱动程序提供的接口将任务下放到驱动程序,驱动程序根据需要对设备控制器进行操作,设备控制器再去控制相应的设备。这样对用户而言就屏蔽掉了设备的各种特性。下面通过用户的一次读文件的实例来展示图中各层次的功能及实现该读操作的执行步骤:当用户要读取文件内容的时候,通过操作系统提供的 read 命令接口,这就经过了用户层;再经过设备独立层进行解析,然后再传递给下层;由于设备使用属性的不同,对该命令的行为会有所不同,如磁盘接受 read 命令与打印机接受 read 命令后行为各不相同,因此,针对不同的设备,把 read 命令解析成不同的指令,这就经过了设备驱动层;命令解析完毕后,需要中断正在运行的进程,转而执行 read 命令,就需要中断处理程序;最后,到达硬件设备,控制器按照上层传达的命令操控该设备完成相应的功能。

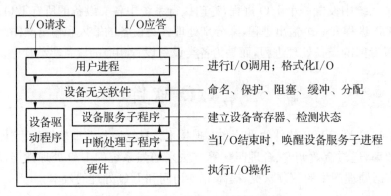

**图 5 - 13　I/O 软件系统的层次结构**

### 5.7.3　设备无关性

**1. 设备无关性的概念**

为了提高系统的可适应性和可扩展性,在现代操作系统中都毫无例外地实现了设备无关性,又称设备独立性。其含义是用户编写的应用程序不指定特定的设备,而指定逻辑设备,即使设备更换了,应用程序也不用改变,使得应用程序独立于具体物理设备,而逻辑设备和物理设备之间的对应关系则由系统来实现。设备管理的功能之一就是把用户指定的逻辑设备转换成物理设备。

**2. 设备无关性的好处**

(1) 使设备分配更加灵活。系统增减或变更外围设备时源程序不必修改,易于处理 I/O 设备的故障。例如,某台打印机发生故障时,可用另一台替换,甚至可用磁带机或磁盘机等不同类型的设备代替,从而提高了系统的可靠性,增加了外围设备分配的灵活性,提高了设备资源利用率。

(2) 可以实现 I/O 重定向。所谓 I/O 重定向是指更换 I/O 操作的设备而不改变应用程序。例如,在调试程序阶段,只需将程序的所有输出送到屏幕上显示;调试完成后需要将运行结果打印出来,则只要将逻辑设备表中的标准输出改为打印机即可,不必修改源程序。

## 5.8　磁盘存储管理技术

磁盘是大多数计算机的主要外部存储设备,能为计算机系统提供大量的存储空间,而光盘和 U 盘等一般是配置在磁盘之后的一个可移动式的辅助存储和补充,这里不做详细介绍。

　　磁盘作为现代计算机系统最重要的永久性存储介质,其读写访问性能会对整个系统性能产生重要影响,特别是虚拟存储技术以及用户对文件数据的访问,都与磁盘管理有着紧密的关系,所以设备管理系统必须对磁盘的存储管理技术加以研究,来提高磁盘 I/O 的性能。

## 5.8.1　磁盘存储器结构

　　目前,几乎所有的随机存取文件都存放在磁盘上。这里的磁盘指的是硬盘,硬盘呈圆柱状,由若干个涂有磁性介质的金属盘片垂直叠放,每一个盘片的上下两面各有一个读写磁头,它们安装在硬盘的机械臂上。当硬盘工作时,所有的盘片将在磁盘电机驱动下进行转动,磁头传动装置移动机械臂进行径向的伸缩,通过磁头定位到信息存储的位置进行读、写操作。如图 5 - 14 磁盘的结构和布局中(a)图所示为磁盘驱动器的结构。磁盘盘片的直径一般为 1.8~3.5 英寸,磁盘驱动器就是通过盘面的磁性记录来存取信息的。每个磁盘面被分成若干个圆形磁道,这些磁道看起来就是直径从圆心到边缘逐渐增大的同心环,各磁道之间留有必要的缝隙。每条磁道又被逻辑地划分成若干个扇区,一个扇区称为一个盘块(数据块)或称为磁盘扇区,每条磁道上可存储相同数目的二进制位,这样,磁盘密度即每英寸中所存储的位数,显然内层磁道密度较外层磁道密度高。一个物理记录存储在一个扇区上,磁盘上存储的物理记录块数目是由扇区数、磁道数以及盘面数决定的。磁盘的数据布局及主要参数如图 5 - 14(b)所示。

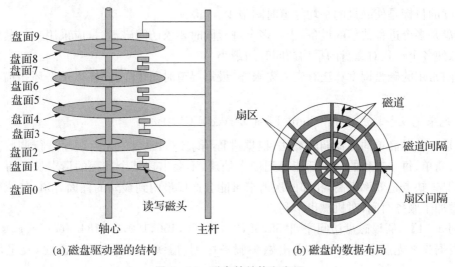

**图 5 - 14　磁盘的结构和布局**

## 5.8.2　磁盘的性能参数

　　影响磁盘性能的参数有很多,如转速、磁头数等,但设备管理主要关注影响磁盘存取性能的参数,根据磁盘的构成和数据读取的过程,这样的参数主要有以下三个。

　　1. 平均寻道时间

　　平均寻道时间是指磁头从开始位置移动到数据所在的磁道所花费时间的平均值,它是影响磁盘内部数据传输率的重要参数,单位为毫秒。目前主流硬盘的平均寻道时间在 4～10 ms 左右。

**2. 旋转延迟时间**

旋转延迟时间是将指定扇区移动到磁头下面所经历的时间。目前微机中使用的主流硬盘的旋转速度为 7 200 r/min,每转需时为 8.33 ms,平均旋转延迟时间为 4.17 ms。

**3. 数据传输时间**

数据传输时间表示从指定扇区读/写数据的时间,它是硬盘工作时的数据传输速率的具体表现,传输数据所花的时间在硬件设计时基本就固定了。

上述三个参数均涉及机械运动,而磁盘的访问时间即执行一次 I/O 的时间主要包括三个部分:寻道时间、延迟时间和传输时间。对某特定物理块的访问时间中,磁头查找磁道所用的时间占比最大,通常占整个访问时间的 70%,因此,需要合理调度对磁道的多个访问以有效降低查找时间。

### 5.8.3 磁盘调度算法

目前磁盘的速度和可靠性成为系统性能和可靠性的主要瓶颈,磁盘属于高速大容量旋转型存储设备,好的磁盘调度算法能有效提高移动头磁盘的访问效率,从而提高系统响应速度。磁盘的访问时间中的寻道时间和延迟时间是与信息在磁盘上的存储方式及存储空间的分配方法有关,二者都能影响存取访问速度。由于访问磁盘的主要时间是寻道时间,因此,磁盘调度的目标是使磁盘的平均寻道时间最少。

磁盘是多个进程共享的设备,当有多个进程同时要求访问磁盘时,应采用一种最佳的调度算法,使各个进程对磁盘的平均访问时间最小。

目前常用的磁盘调度算法有先来先服务、最短寻道时间优先、扫描以及循环扫描调度等算法。

**1. 先来先服务算法(First Come First Served,FCFS)**

这是一种最简单的磁盘调度算法,根据进程请求访问磁盘的先后顺序进行调度。优点是公平、简单,每个进程的请求都能得到依次处理,不会出现某个进程的请求长期得不到满足的情况。缺点是效率不高,相邻两次请求可能会造成最内到最外的柱面寻道,使磁头反复移动,增加了服务时间,对机械也不利。

**【例 5-1】** 假设磁盘访问序列:55,58,39,18,90,160,150,38,184。读写头起始位置:100。根据先来先服务算法思想求出磁头服务序列、磁头移动总距离(道数)及平均寻道时间。

**【解答】**

① 磁头服务序列:55,58,39,18,90,160,150,38,184

② 磁头移动总距离 $=(100-55)+|55-58|+(58-39)+(39-18)+|18-90|+|90-160|+(160-150)+(150-38)+|38-184|=498$(磁道)

③ 平均寻道时间 $=498/9=55.3$

**2. 最短寻道时间优先算法(Shortest Seek Time First,SSTF)**

该算法要求每次选择访问的磁道与当前磁头所在的磁道距离最近,以使每次的寻道时间最短。它可以改善磁盘平均服务时间,但是缺点是可能会造成某些访问请求长期等待得不到服务,造成饥饿现象。

【例 5 - 2】 假设磁盘访问序列:55,58,39,18,90,160,150,38,184。读写头起始位置:100。根据最短寻道时间优先算法思想求出磁头服务序列、磁头移动总距离(道数)及平均寻道时间。

【解答】

① 磁头服务序列:90,58,55,39,38,18,150,160,184

② 磁头移动总距离=(100−90)+(90−58)+(58−55)+(55−39)+(39−38)+(38−18)+|18−150|+|150−160|+|160−184|=248(磁道)

③ 平均寻道时间 = 248/9 = 27.6

### 3. 扫描算法(电梯调度算法)(SCAN)

SSTF 算法虽然能获得较好的寻道性能,但可能会导致某个进程发生饥饿现象,因为只要有新进程的请求到达,且其所要访问的磁道与磁头当前所在磁道的距离较近,这种新进程的 I/O 请求必然先满足,对 SSTF 算法修改后形成 SCAN 算法,可防止老进程出现饥饿现象。该算法不仅考虑到欲访问的磁盘与当前磁道之间的距离,更优先考虑的是磁头当前的移动方向。例如,当磁头正在自里向外移动时,SCAN 算法所考虑的下一个访问对象,应是其欲访问的磁道既在当前磁道之外,又是距离最近的。其类似电梯的运行,也称为电梯调度算法。

【例 5 - 3】 假设磁盘访问序列:55,58,39,18,90,160,150,38,184。读写头起始位置:100,且磁头是自里向外移动的。根据 SCAN 算法思想求出磁头服务序列、磁头移动总距离(道数)及平均寻道时间。

【解答】

① 磁头服务序列:150,160,184,90,58,55,39,38,18

② 磁头移动总距离=|100−150|+|150−160|+|160−184|+(184−90)+(90−58)+(58−55)+(55−39)+(39−38)+(38−18)=250(磁道)

③ 平均寻道时间=250/9=27.8

### 4. 循环扫描(CSCAN)算法

CSCAN 规定磁头单向移动,例如,只是自里向外移动,当磁头移到最外的磁道并访问后,磁头立即返回到最里的欲访问的磁道,亦即将最小磁道号紧接着最大磁道号构成循环,进行循环扫描。请求进程的请求延迟将从原来的 $2T$ 减为 $T+S$,其中,$T$ 为由里向外或由外向里单向扫描完要访问的磁道所需的寻道时间,而 $S$ 是将磁头从最外面被访问的磁道直接移到最里面欲访问的磁道(或相反)的寻道时间。

【例 5 - 4】 假设磁盘访问序列:55,58,39,18,90,160,150,38,184。读写头起始位置:100。根据 CSCAN 算法思想求出磁头服务序列、磁头移动总距离(道数)及平均寻道时间。

【解答】

① 磁头服务序列:150,160,184,18,38,39,55,58,90

② 磁头移动总距离=|100−150|+|150−160|+|160−184|+(184−18)+|18−38|+|38−39|+|39−55|+|55−58|+|58−90|=322(磁道)

③ 平均寻道时间＝322/9＝35.8

## 5.8.4 提高磁盘 I/O 速度的方法

目前,磁盘的 I/O 速度远低于对主存的访问速度,通常要低上 4～6 个数量级。因此,磁盘的 I/O 已成为计算机系统的瓶颈。下面将介绍几种提高磁盘 I/O 速度的常用方法。

### 1. 磁盘高速缓存

磁盘高速缓存是指在主存中为磁盘块设置一个缓冲区,在缓冲区中保存某些盘块的副本。当出现一个访问磁盘的请求时,由核心先去查看磁盘高速缓冲器,看所请求的盘块内容是否已在磁盘高速缓存中,如果在,便可从磁盘高速缓存中去获取,这样就省去了启动磁盘操作,从而使本次访问速度提高几个数量级;如果不在,才需要启动磁盘将所需要的盘块内容读入并交付给请求进程,同时把所需盘块内容送给磁盘高速缓存,以便以后又需要访问该盘块的数据时,便可直接从高速缓存中提取。

在设计磁盘高速缓存时需要考虑以下几个问题:

(1) 数据交付(Data Delivery)方式。即如何将磁盘高速缓存中的数据传送给请求进程。系统可以通过两种方式将数据交付给请求进程:一是数据交付,即直接将高速缓存中的数据传送到请求者进程的主存工作区中;二是指针交付,只将指向高速缓存中某区域的指针交付给请求者进程。后者由于传送的数据量少,因而节省了数据从磁盘高速缓存存储空间到进程的主存工作区的时间。

(2) 盘块数据的置换策略。在将磁盘中的盘块数据读入到高速缓存时,可能会出现高速缓存已装满盘块数据,此时需要将其中某些盘块的数据先换出,这就需要考虑盘块数据的置换策略。最常用的算法有最近最久未使用算法 LRU、最近未使用算法 NRU 及最少使用算法 LFU 等。

(3) 何时将已修改的盘块数据写回磁盘。LRU 算法中,那些经常被访问的盘块可能会一直保留在高速缓存中,而长期不被写回磁盘中,留下了安全隐患。为了解决这一问题,在 UNIX 系统中专门增设了一个 update 程序,该程序会周期性地调用一个系统调用 SYNC,用来周期性地强行将所有在高速缓存中已修改的盘块数据写回磁盘,周期一般为 30 s。

### 2. 提前读

用户对文件中各个盘块的数据进行访问时,通常采用顺序访问的方式,在读取当前盘块时,同时将下一个盘块的数据也读入磁盘缓冲区中,这样,当下次要读取该盘块中的信息时,由于该数据已经被提前读入缓冲区,因而便可直接使用,而不必再去启动磁盘 I/O,减少了读数据的时间,提高了磁盘的 I/O 速度。目前"提前读"功能已被广泛采用。

### 3. 延迟写

延迟写是指在缓冲区中的数据,本应立即写回磁盘,但考虑到该缓冲区中的数据在不久之后可能还会再被本进程或其他进程访问(共享资源),因而并不立即将该缓冲区中的数据写入磁盘,而是将它挂在空闲缓冲区队列的末尾。随着空闲缓冲区的使用,缓冲区也缓缓往前移动,直至移到空闲缓冲队列之首。当再有进程申请到该缓冲区时,才将该缓冲区中的数据写入磁盘,而把该缓冲区作为空闲缓冲区分配出去。当该缓冲区仍在队列中时,任何访问该数据的进程,都可直接读出其中的数据而不必去访问磁盘。这样,又可进一步减小磁盘I/O 时间。

### 4. 优化物理块的分布

使用链接组织和索引组织方式时,可以将一个文件分散在磁盘的任意位置,如果安排得太分散,访问时就会增加磁头的移动距离。优化文件物理块的分布,使磁头的移动距离最小,提高访问速度。

### 5. 虚拟盘

所谓虚拟盘,是指利用主存空间去仿真磁盘,又称为 RAM 盘。该盘的设备驱动程序也可以接受所有标准的磁盘操作,但这些操作的执行,不是在磁盘上而是在内存中进行的。

虚拟盘与磁盘高速缓存的主要区别在于:虚拟盘中的内容完全由用户控制,而高速磁盘缓存中的内容则是由操作系统控制的。例如,RAM 盘在开始时是空的,仅当用户程序在RAM 盘中创建了文件后,RAM 盘中才有内容。

### 6. 独立磁盘冗余阵列(RAID)

独立磁盘冗余阵列(Redundant Arrays of Inexpensive Disks,RAID)是 1987 年由美国加利福尼亚大学伯克莱分校提出的一组多磁盘管理技术,其本质是通过条带化、镜像和带校验的条带化技术来实现磁盘性能的提高和获得较高的可靠性的技术,被广泛应用于大中型计算机系统和计算机网络中。RAID 的实现可以有软件和硬件两种实现方式:软件 RAID可以做在文件系统中,通过系统功能或 ID 软件实现 RAID,没有独立硬件和接口,需要占用一定的系统资源(CPU、硬盘接口速度),并且受操作系统稳定性影响;硬件 RAID 是通过独立的 ID 硬件卡实现,有些主板集成 ID 硬件,有些需要购买独立的 ID 硬件卡,硬件 RAID 不需要占用其他硬件资源,稳定性和速度都比软件 RAID 要强。

RAID 主要使用了一台磁盘阵列控制器来统一管理和控制一组(几台到几十台)磁盘驱动器,从而组成一个高度可靠的、快速的大容量磁盘系统。RAID 不仅大幅度地增加了磁盘的容量,而且也极大地提高了磁盘的 I/O 速度和整个磁盘系统的可靠性。

RAID 技术将多个单独的物理硬盘以不同的方式组合成一个逻辑硬盘,提高了硬盘的读写性能和数据安全性,根据不同的组合方式可以分为不同的 RAID 级别。常用 RAID 级别有:RAID 0～RAID 7。在基本的组织方式中,有多种类型的 RAID,其主要差别在于冗余信息数量和容错性级别,以及冗余信息是集中在一个磁盘上还是分散在多个磁盘上,具体类型有:

(1) RAID 0 级。RAID 0 是组建磁盘阵列中最简单的一种形式,只需要 2 块以上的硬盘即可,成本低,可以提高整个磁盘的性能和吞吐量。RAID 0 没有提供冗余或错误修复能力,可靠性差,但实现成本低。它的主要优点在于能将连续的数据条带(每个条带可规定为 1个或多个扇区)以轮转方式写到全部的磁盘上,然后采用并行交叉方式存取,缩短 I/O 请求的排队时间,适用于大数据量的 I/O 请求。如图 5 - 15 所示,某系统中有多台磁盘驱动器,系统将每一盘块中的数据分为若干个子盘块数据,再把每一个子盘块的数据分别存储到各个不同磁盘中的相同位置上。在以后,当要将一个盘块的数据传送到主存时,采取并行传输方式,将各个盘块中的子盘块数据同时向主存中传输,从而使传输时间大大减少。例如,在存放一个文件时,可将该文件中的第一个数据子块放在第一个磁盘驱动器上;将文件的第二个数据子块放在第二个磁盘上;……;将第 $N$ 个数据子块放在第 $N$ 个驱动器上。以后在读取数据时,采取并行读取方式,即同时从第 1~N 个数据子块读出数据,这样便把磁盘 I/O 的速度提高了 N−1 倍。

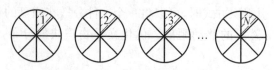

图 5‑15　磁盘并行交叉存取

(2) RAID 1 级。主要是通过二次读写实现磁盘镜像,所以磁盘控制器的负载也相当大,尤其是在需要频繁写入数据的环境中。为了避免出现性能瓶颈,使用多个磁盘控制器就显得很有必要。

(3) RAID 3 级。这是具有并行传输功能的磁盘阵列。它利用一台奇偶校验盘来完成数据的校验功能,比起磁盘镜像,它减少了所需要的冗余磁盘数。例如,当阵列中只有 7 个盘时,可利用 6 个盘作数据盘,一个盘作校验盘,磁盘的利用率为 6/7。RAID 3 级经常用于科学计算和图像处理。

(4) RAID 5 级。这是一种具有独立传送功能的磁盘阵列。每个驱动器都各有自己独立的数据通路,独立地进行读/写,且无专门的校验盘。用来进行纠错的校验信息,是以螺旋方式散布在所有数据盘上。RAID 5 级常用于 I/O 较频繁的事务处理中。

(5) RAID 6 级。设置了一个专用的、可快速访问的异步校验盘,该盘具有独立的数据访问通道,具有更好的性能,但是价格昂贵。

(6) RAID 7 级。RAID 7 所有的 I/O 传送均是同步进行的,每个磁盘都带有高速缓冲存储器,可以分别控制,这样提高了系统的并行性,也提高了系统访问数据的速度。

## 5.9　小结

在现代操作系统中,设备管理的功能是在计算机硬件结构提供的既定设备范围及其连接模式下,完成用户对 I/O 设备的使用并做到方便、高效、安全和正确。本章介绍了为提高设备与 CPU 并行,所采用的操作系统的技术,例如中断、DMA、通道、缓冲、虚拟设备等。设备管理采用了软件与硬件配合的技术来提高系统效率,设备管理子系统借助抽象接口使得优化技术得以在内部实施且对用户透明。

## 思考与习题

**1.** I/O 设备分为哪几类?

**2.** 什么是 I/O 控制? 它的主要任务是什么?

**3.** I/O 控制可用哪几种方式实现? 各有什么优缺点?

**4.** 什么是设备的独立性? 如何实现设备独立性?

**5.** 请图示实现 SPOOLing 技术时的系统构成图,说明需要设置什么系统进程参与管理操作。SPOOLing 技术的实质是什么?

**6.** 设备管理需要哪些数据结构? 作用是什么? 试描述一个进程从申请设备到释放设备

的完整流程。(假设系统为每类设备分别设置不同的驱动程序)

**7.** 为什么要设置主存 I/O 缓冲区? 通常有哪几类缓冲区?

**8.** 磁盘请求以 9、21、18、2、40、66、38 柱面的次序到达磁盘驱动器。假定磁臂起始时定位于柱面 25,工作方向为磁道号增加的方向,实行循环扫描算法磁盘调度时,写出调度的柱面次序。

**9.** 设从磁盘将一块数据传送到缓冲区所用时间为 80 $\mu s$,将缓冲区中数据传送到用户区所用时间为 40 $\mu s$,CPU 处理一块数据所用时间为 30 $\mu s$。如果有多块数据需要处理,并采用单缓冲区传送某磁盘数据,则获取并且处理中间块数据所用总时间为多少 $\mu s$?

**10.** I/O 软件的层次结构从上至下由哪几个层次构成?

**11.** 设备驱动程序是什么? 为什么要有设备驱动程序?

**12.** 假定磁盘有 200 个柱面,编号 0—199,当前磁臂的位置在 143 号柱面上,并刚刚完成了 125 号柱面的服务请求,如果请求队列的先后顺序是:86,147,91,177,94,150,102,175,130;试问:完成上述请求,分别采用先来先服务算法(FCFS)、最短查找时间优先算法(SSTF)、扫描算法(SCAN)、循环扫描算法(CSCAN)下的磁臂移动的总量各是多少?

**13.** 某磁盘共有 200 个柱面,每个柱面有 20 个磁道,每个磁道有 8 个扇区,每个扇区为 1 024 B。如果驱动程序接到访求是读出 606 块,计算该信息块的物理位置。

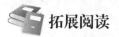 **拓展阅读**

## Linux 设备管理

### 一、Linux 设备的分类

Linux 操作系统的设备管理为用户提供了和文件访问一致的方法——用"按名存取"的方式实现了对外围设备的访问,使用户从直接控制外设的繁琐工作中解脱出来。Linux 的设备管理子系统在实现对外围设备的物理存取和设备控制功能的基础上,依托于文件系统来实现。

Linux 系统的外设被分成三类:块设备、字符设备和网络设备。这种分类可以将控制不同 I/O 设备的驱动程序和其他操作系统软件分离开来。

字符设备指那些无需缓冲区可以直接读写的设备。如系统的串口设备/dev/cua0 和/dev/cua1。块设备是仅能以块为单位进行读写的设备,如软盘、硬盘、光盘等,典型的块的大小为 512 字节或 1 024 字节。从名字上可以看出,字符设备在单个字符的基础上接收和发送数据。为了改进传送数据的速度和效率,块设备在整个数据缓冲区填满时才一次性传送数据。而网络设备可以通过 BSD 套接口访问数据。

在 Linux 中,对每一个设备的描述通过主设备号和从设备号进行。其中主设备号描述控制这个设备的驱动程序,也就是说驱动程序和主设备号是一一对应的;从设备号用来区分同一个驱动程序控制的不同设备。例如主 IDE 硬盘的每个分区的从设备号都不相同,/dev/hda2 表示主 IDE 硬盘的主设备号为 a,而从设备号为 2。Linux 通过使用主、从设备号将包含在系统调用中的设备特殊文件映射到设备的管理程序以及大量系统表格中。

### 二、Linux 设备无关性

在 Linux 操作系统中,设备无关软件功能大部分由文件系统完成,其基本功能就是执行适用于所有设备的常用的 I/O 功能,向用户软件提供一个一致的接口。其结构如图 5 - 16 所示。

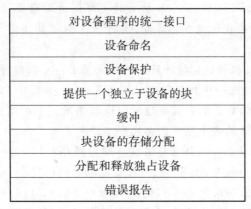

| 对设备程序的统一接口 |
| :---: |
| 设备命名 |
| 设备保护 |
| 提供一个独立于设备的块 |
| 缓冲 |
| 块设备的存储分配 |
| 分配和释放独占设备 |
| 错误报告 |

**图 5 - 16　实现设备无关功能的层次结构**

### 三、Linux 设备驱动程序

在 Linux 中,管理硬件设备控制器的代码并没有放置在每个应用程序中,而是由内核统一管理的,这些处理和管理硬件控制器的软件就是设备驱动程序。Linux 内核的设备管理是由一组运行在特权级上、驻留在主存以及对底层硬件进行处理的共享库的驱动程序来完成的。

设备管理的一个基本特征是设备处理的抽象性,即所有硬件设备都被看成普通文件,可以通过操作普通文件的方式对其进行管理。例如,在 Linux 系统中第一个 IDE 硬盘表示成 /dev/hda。在 Linux 系统中用户进程请求设备服务的流程如图 5 - 17 所示。

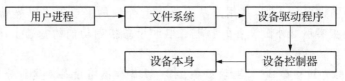

**图 5 - 17　用户进程请求设备服务的流程**

首先当用户进程发出 I/O 请求时,系统把请求处理的权限放在文件系统,文件系统通过驱动程序提供的接口将任务下放到驱动程序,驱动程序根据需要对设备控制器进行操作,设备控制器再去控制相应的设备。这样对用户而言就屏蔽掉了设备的各种特性。

在操作系统中,I/O 系统关心的是驱动程序。在 Linux 系统中设备驱动程序的主要功能有:

1. 对设备进行初始化;

2. 使设备投入运行和退出服务;

3. 从设备接收数据并将它们送回内核;

4. 将数据从内核送到设备;

5. 检测和处理设备出错情况。

在 Linux 中,设备驱动程序是一组相关函数的集合,包含服务子程序和中断处理子程序。设备服务子程序包含了所有与设备相关的代码,每个设备服务子程序只处理一种设备或紧密相关的设备。其功能是从与设备无关的软件中接受抽象的命令执行。当执行一条请求时,具体操作是根据控制器对驱动程序提供的接口,并利用中断机制去调用中断处理子程序配合完成的。

### 四、Linux 设备驱动程序的几个通用函数

不同设备有不同的结构,其功能的实现代码也各不相同,下面的几个函数所对应的功能对于不同的设备基本相同:

#### 1. open()函数

int open(struct inode * inode,struct file * file);

其中 inode 为指向被访问设备对应的特殊文件的索引结点结构的指针,file 为指向这一设备文件的指针。它用于确定硬件是否可用且联机,验证从设备号是否有效,如果是独占设备则验证是否忙。打开成功则返回 0,否则返回负数。

#### 2. release()函数

void release(struct inode * inode,struct file * file);

该函数的功能是清理未结束的相关 I/O 操作,如果需要释放硬件资源,对 open()设置的任何排他操作进行置位。

#### 3. ioctl()函数

int ioctl(struct inode * inode,struct file * file,unsigned int cmd, unsigned long arg);

其中 cmd 是设备驱动程序要执行的命令特殊代码,arg 是任意类型的四字节数,为特定cmd 提供参数用。

### 五、Linux 中的中断

基于中断的设备驱动程序是指在硬件设备需要服务时向 CPU 发一个中断信号,引发中断服务子程序被执行。Linux 内核为了将来自硬件设备的中断传递到相应的设备驱动程序,在驱动程序初始化的时候就将其对应的中断程序进行了登记,即通过调用函数 request_irq()将其中断信息添加到结构为 irqaction 的数组中,从而使中断号和中断服务子程序联系起来。

request_irq()的函数原型如下:

```
int request_irq( unsigned int irq, //中断请求号
void ( * handler) (int, void * ,struct pt_regs * ),
//指向中断服务子程序
unsigned long irqflags,                //中断类型
const char * devname,                  //设备的名字
void * dev_id)                         //设备的 id 号
```

irqaction 的数据结构如下:

```
struct irqaction{
    void ( * handler) (int, void * ,struct pt_regs * );
    unsigned long flags;
    unsigned long mask;
    const char * name;
    void * dev_id;
```

```
            struct irqaction * next;
        };
    static struct irqaction * irq_action[NR_IRQS + 1];
```

根据设备中断号可以在数组中检索到设备的中断信息,对中断资源的请求在驱动程序初始化时就完成了。

Linux 中断处理子系统的一个基本任务是将中断正确联系到中断处理代码中的正确位置。中断发生时,Linux 首先读取系统可编程中断控制器的中断状态寄存器,判断出中断源,将其转换成 irq_action 数组中偏移值,然后调用其相应的中断处理程序。

当 Linux 内核调用设备驱动程序的中断服务子程序时,必须找出中断产生的原因以及相应的解决方法,这是通过读取设备上的状态寄存器的内容来完成的。中断在驱动程序工作过程中的作用:

1. 用户发出某种 I/O 请求。

2. 用驱动程序的 read() 函数或 request() 函数,将完成的 I/O 的指令送给设备控制器,设备驱动程序等待操作的发生。

3. 一小段时间后,硬件设备准备好完成指令的操作,并产生中断信号标志事件的发生。

4. 中断信号导致调用驱动程序的中断服务子程序,它将需要的数据从硬件设备复制到设备驱动程序的缓冲区中,并通知正在等待的 read() 函数和 request() 函数,此时数据可以使用了。

5. 在数据可使用时,read() 和 request() 函数可将数据提供给用户进程。

# 第 6 章

# 文件管理

操作系统中负责管理和存储文件信息的部分称为文件系统,文件系统是操作系统必不可少的重要组成部分,不仅为用户程序所需要,也为操作系统自身所需要。在现代多用户、多进程环境中,文件系统需要随时为用户或应用处理并存储大量数据,实现永久性数据信息存取的介质是计算机的外存,如何高效地管理外存并访问外存上的数据是操作系统文件管理子系统的主要任务。同时,操作系统从启动开始就需要对外存上的引导数据进行读取,可以说文件系统数据的访问将贯穿于系统启动到正常工作及系统关机的整个过程中。本章介绍文件与文件系统的基本概念,以及文件结构、文件目录等内容,揭示文件信息组织存储、存取检索、共享和保护等技术的实现原理。

## 6.1  概述

文件是操作系统中的一种抽象的概念,它提供了一种把信息保存在外部存储设备,便于以后访问的方法,这种抽象体现在用户不必关心具体的实现细节。

### 6.1.1  文件的概念

文件对用户而言是具有符号名的逻辑意义完整的一组信息项的有序序列,对系统而言是存储介质上的一组相关的数据的集合。操作系统以进程为基本单位进行资源的调度和分配,而用户则以文件为基本单位对信息进行读写。

### 6.1.2  文件的分类

现代计算机系统通常保存有大量的文件,对文件进行分类有利于文件的管理,文件的类型可因系统设计的不同而不同。不失一般性,按文件的用途和作用可分为系统文件、库文件、用户文件;按文件的操作权限分为只读文件、读写文件、不保护文件;按文件的性质分为普通文件、目录文件等。普通文件一般又分为 ASCII 文件和二进制文件。文件系统必须能够识别其支持的文件类型,如 Windows 系统使用固定的文件扩展名来关联打开文件的。

### 6.1.3  文件系统的引入原因

在无文件管理功能的时代，用户只能直接使用繁杂的外存物理地址，以磁盘为例，需要记住磁盘的柱面、磁道、扇区来记录信息的分配情况，以便将来的访问，如果记忆不准确或稍有疏忽，就会找不到数据或使已保存的数据信息丢失，易用性很差。而让用户自行记住信息在外存的存放位置和外存空间的使用情况这几乎是不可实现的，因此必然需要操作系统负责文件信息的组织和存储，从而实现用户的存储与访问需求；另一方面，并发环境下，多个进程可能会同时存取同一信息，显然系统必须保证被共享的数据的安全性和一致性，而这也是用户不能自己完成的，文件系统应运而生。

文件系统实现了文件的管理，具体地说，它负责为用户建立文件，存入、读出、修改、转储文件，控制文件的存取，当用户不再使用时撤销文件，为用户提供了大量的文件编程接口，如文件的命名、保护、访问（创建、打开、关闭、读和写）等，极大地方便了用户。从系统角度来看，文件系统实现了存储介质的管理及文件存储、保护和检索等功能。

### 6.1.4  文件系统的基本功能

设计优良的文件系统既能使用户方便灵活、安全可靠地访问文件，又能节省系统的空间和时间开销，其基本功能主要有：

#### 1. 统一管理存储空间，实施分配与回收

要把文件保存到存储介质上，文件系统必须记住哪些存储空间已被占用、哪些存储空间是空闲的，因为文件只能保存到空闲的存储空间，否则会破坏已保存过的数据。当文件被彻底删除时，其所占的存储空间应设置为空闲空间，即应实现外存存储空间的分配与释放。

#### 2. 按名存取

按名存取即实现名字空间到对应外存存储空间的映射，又称文件的定位，本质上就是实现查找外存上文件的各个存储块。文件目录是实现"按名存取"的一种基本设计，即对用户所要建立的一个新文件，应把与该文件有关的属性记录保存在文件目录中，当进程请求读该文件时，系统便从对应的文件目录中查找指定的文件是否存在，并检查权限是否合法，最终转化为磁盘的地址从而读出数据。一个目录结构的设计应满足两个方面的基本需求：能快速方便地检索；能保证数据的合法性访问。

#### 3. 确定文件信息的存放位置及存放形式

从用户的角度，按应用的需要来组织文件的内容，这种组织方式称为文件的逻辑结构或称为逻辑文件。把逻辑文件的数据保存到存储介质上的工作显然由文件系统来完成，避免用户涉及存储介质的底层操作，减轻用户负担。根据用户对文件的存取方式以及存储介质的不同特性，系统在实现数据的存储时可以设计出多种组织形式。把文件在存储介质上的组织方式称为文件的物理结构或称为物理文件。因此，当进程请求保存文件时，文件系统必须把用户按应用需要组织的逻辑文件的数据转换成物理文件的数据来存储，而当进程请求读文件时，文件系统也要实现把物理介质上读出的物理文件数据转换成逻辑文件数据，呈现给用户，即实现文件的逻辑分块与外存的存储块相互配合。

4. 实现对文件的操作

为了保证用户能正确、方便地存储、读取和检索文件,文件系统设计实现了一组对文件的基本操作,如建立、删除、打开、关闭文件等和存取操作如读、写、修改、复制、转储等;文件操作是文件系统提供给用户和 I/O 设备的一组接口,用户无需关注底层实现,只需要通过调用"文件操作"就能方便地访问文件,系统在实现上必须取得外存设备的访问和控制等技术的支持,并采用 I/O 缓冲技术,优化访问性能。

5. 文件的共享、保护和保密

在多任务并发系统中,有些文件要支持多个用户或者进程共享,例如,编译程序、库文件等。实现文件信息的共享既能节省存储空间,又能减少传送文件的时间,但也必须提供对文件的保密和安全保护措施,以防止有意或无意地破坏文件、修改文件。

## 6.1.5 文件系统的层次结构

文件系统由被管理的文件以及为实施文件管理所需的一些数据结构和系统实用程序组成。因此,文件系统是典型的层次模型,自下而上由三部分构成,如图 6-1 所示。

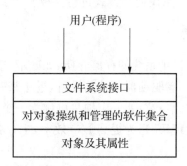

**图 6-1 文件系统模型结构**

1. 对象及其属性

文件系统管理的对象有要管理的文件本身、为实现按名存取所建立的目录、磁盘存储空间等。

2. 管理文件数据的系统文件

这部分是文件管理系统的核心部分。包括对文件存储空间的管理、对文件目录的管理、实现逻辑地址到物理地址转换、对文件读写访问、对文件的保护与共享等相关软件。

3. 文件使用接口

文件系统为用户提供两种类型接口:命令接口提供了一组文件操作命令,使得用户能得到操作系统的服务;程序接口为用户开发应用程序,提供了文件访问的系统调用(如 read()、write())从而能操纵文件。

## 6.1.6 文件系统的实例

为了建立文件及文件系统的概念,这里给出一个简单的文件系统实例。一个系统的磁盘通常仅采用一种方法或结构来组织数据并存储信息,所以文件系统的具体实现的技术在不同的操作系统中会有较大的差别,常见的如 DOS 系统的 MS-DOS 文件系统、Windows NT 的 NTFS 文件系统、UNIX 的 EXT 文件系统等都各具特色,不尽相同,但无论哪种类型的文件系统,其最基本的设计就是每一个文件都需要赋予一个文件名,用户是通过文件名来唯一标识一个文件的,用户也是通过文件名进行相关操作的,除了文件名和数据之外,文件系统还会附加一组信息来记录该文件的属性,如类型、权限、大小、创建日期和时间、文件物理地址等等,这组信息一般存放在文件的目录项中。例如 MS-DOS 系统中,文件属性占目录项的一个字节,在这个字节中,01 表示文件只读,02 表示隐含文件等。

通常文件系统都采用了多级目录树组织文件,在每个目录中有两个特殊的目录项"."和"..",分别指当前目录和父目录,在 UNIX 中,路径各部分之间用"/"分隔,而在 Windows 中,分隔符是"\"。

## 6.2 文件的存取方式与逻辑结构

文件"读"与"写"的操作对应存储设备的是"取"与"存",文件的操作需要关注两个关键要素:1. 对应什么存储介质? 2. 采用何种方式进行存取?

### 6.2.1 文件的存储介质

信息的永久性存储必须依托于系统的存储介质,如磁带、软磁盘、硬磁盘等,信息的读写操作必须借助相应的磁带机、磁盘驱动器等外部设备,近年来磁盘是主要的存储设备。

通常把磁盘的物理单位称为"卷",如一个硬盘可称为一个卷;把磁盘上连续信息所组成的一个区域称为"块"(又称"物理块"),为提高 I/O 效率,主存和磁盘之间的数据传输以块为单位,故磁盘也被称为块设备。

系统每次把一块或若干块信息读入主存,或者相反。块同时也是外存设备数据组织的基本管理单位。例如,在大多数操作系统的实现中,磁盘使用前需要先格式化,以便把磁盘空间划分成扇区,每个扇区中的各磁道都有大小相同的存储区,称为磁盘块。

有了物理块的概念,文件系统的设计就可以将各种不同特性的存储设备简单地统一抽象为物理块的有序集合,通常称为"簇"(Cluster),从而屏蔽底层硬件的差异。块的大小与存储介质、传输效率等多种因素有关,块的大小通常是扇区(通常为 512 字节)的倍数,如 512 B、1 KB、2 KB 或者4 KB 等。

### 6.2.2 文件的存储方式

用户对文件的存取通常采用顺序存取和随机存取两种方式,顺序存取是指对文件中的信息按顺序依次进行读写的存取方式;随机存取是指对文件中的信息可以按任意的次序随机地读写。存取方式的选择一般与以下两个因素有关:

1. 应用的需要

不同的应用场景决定了不同的存取方式。例如,一个源程序文件,它由一连串的顺序字符所组成,编译程序在对源程序进行编译时,必须按字符顺序进行存取;而对于数据库的访问,例如,对于学生成绩档案文件应允许方便地查找一个学生的学习成绩,应选择随机存取方式。

2. 存储介质的特性

磁盘的每一个块都有确定且唯一的位置,设备驱动会将块号转化为"柱面号""磁头号""扇区号"三个具体的参数,所以,磁盘能够较快速地随机读写任何一块的信息,既支持顺序存取方式,又支持随机存取方式。

### 6.2.3 文件的逻辑结构

文件的逻辑结构是指面向用户的文件组织和构造方式,反映了信息的逻辑关系,独立于物理环境和存储介质。文件的逻辑结构可以分为流式文件和记录式文件。

1. 流式(无结构)文件

整个文件是由一串字节序列组成,所以也称为无结构文件。操作系统不感知文件内容及其意义,所见到的就是字节,其含义只在用户程序中解释,这为操作系统提供了最大的灵活性。如"源程序""目标程序"等就是由一串顺序的字符流组成的流式文件。DOS、UNIX、Windows 都采用流式无结构文件。

2. 记录式(有结构)文件

记录式文件是按应用的需要,把信息在逻辑上再组织成若干个信息单位,每个单位称为一个逻辑记录,记录式文件是由若干个逻辑记录组成的,如图 6-2 所示。记录式文件是有结构文件,例如"学生成绩表"就是有结构的记录式文件。每位学生的记录都由固定的课程的分数项组成,逻辑记录是文件内可以独立存取的最小信息单位,读、写操作处理的都是一个记录,只有读出一个逻辑记录后,用户才可以对逻辑记录中的各个数据项进行处理。一般应用在数据处理为主的数据库系统中。

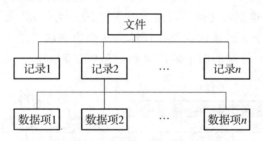

图 6-2 文件、记录和数据项之间的层次关系

## 6.3 文件的物理结构

文件在存储介质上的组织方式称为文件的物理结构,或称物理文件。数据在外存的组织(文件的物理结构)将直接影响存储空间的使用和检索信息的速度,采用什么方式组织文件的物理结构,必须根据应用目标、响应时间、文件大小和存储空间等多种因素权衡决定,物理结构的优劣将直接影响文件系统的性能和效率。

### 6.3.1 物理结构概述

对一个文件而言,逻辑结构和物理结构描述其两种不同的数据组织方式,就如同一个班级的学生,每个学生都有自己的学号,学生是按照学号顺序组织的,与其所在教室中的位置无关,类似于文件的"逻辑结构";而班级都分配了对应的教室,教室中的学生是按照座位来安排组织的,类似于文件的"物理结构"。物理结构与存储介质相关,由文件系统来实现存储空间的存储与访问,其内部的实现对用户透明,用户不必关心,用户只需要从自身对信息的定义和组织出发进行文件访问,而逻辑记录大小(字节流文件中逻辑记录就是一个字节大小)和物理块大小之间并无固定的对应关系,逻辑记录和物理块之间也无一一对应关系,但文件系统必须能把具体的字符或记录转换为物理上对应的位置(如磁盘的扇区号),才能驱动外部设备把所需的数据从存储介质上读取出来。

磁盘作为大多数系统的外存,以它为例,一个磁盘物理块中可以存放若干个逻辑记录,一个逻辑记录也可以存放在若干个物理块中。为了有效地利用外存和便于系统管理,一般也把文件信息划分为与物理存储块大小相等或呈倍数关系的逻辑块,又称"簇"。

用户对文件的存取方式、存储介质的特性及存取性能,是决定文件物理结构构成的三个要素,下面将详细介绍在以磁盘为主要存储介质的文件物理组织结构。

## 6.3.2 文件的物理组织

对磁盘而言,实现文件存储的关键问题是如何使用磁盘块,不同的操作系统采用不同的组织方法。通常采用三种主要的物理组织方式,即顺序结构、链接结构和索引结构,又称为顺序文件、链接文件、索引文件。

### 1. 顺序结构

顺序结构是将文件存放到一组连续的磁盘块上,即逻辑记录顺序与磁盘块的顺序相一致。顺序文件的存储过程简单地说有如下四步,即确定所需的磁盘块数,找出连续的空闲盘块,启动磁盘存入数据,建立该文件的目录。以文件 file1 为例,其文件目录示意图如图 6-3 所示,file1 的起始盘块号是 2,依次存放在连续的三个磁盘块 2、3、4 中;同理文件 file2 的起始盘块是 27,依次存放在连续的四个磁盘块 27、28、29、30 块中。

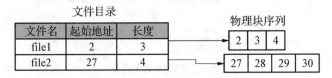

图 6-3 连续文件空间分配

顺序文件的最大优点是存取速度快,实现简单。对于定长记录(长度为 $l$)的文件可以利用其目录项中的第一个物理块号和所访问的记录编号,通过简单的地址定位算法公式:$a_n = a_0 + (n-1) * l$,得出任何其他块号地址,不需查找记录的存放位置,但如果是不定长记录则无法直接定位下一个记录的块地址,需要通过文件系统事先为变长记录文件所建的索引以方便查找。

无论是定长的记录式文件还是不定长的记录式文件,磁头移动的范围都很小,通常,它们都位于同一个磁道上(仅当位于同一磁道的最后一块时才会改变磁道),只需要对首盘块进行一次寻找,之后几乎不再需要寻道的时间开销,数据以磁盘全带宽的速率传输,访问速度是非常快的。

顺序文件的缺点也很明显,主要有以下两个方面:一方面对磁盘空间要求高而利用率低,容易形成碎片,具体表现为随着文件不断创建、存取和删除,连续的磁盘空间越分越小,类似于内存的分区分配,频繁地创建与删除必然产生很多磁盘空间碎片,这些连续块数较少的空闲空间,满足不了一般文件的长度需要而无法利用,进行磁盘碎片空间的整理又势必付出较高的系统开销;另一个方面,必须事先知道文件的长度,文件内容的扩缩不方便,具体表现在当创建一个大小不确定的文件时很难一次估计其需多少磁盘块,如应用程序边处理边产生结果,结果输出成文件保存下来,顺序存储也很难适应这类动态增长的需要,在文件内容扩充时需要有与其相邻的空闲磁盘块来存放增加的信息,但相邻的盘块如果已被其他文件占用,就面临压缩磁盘或重新分配其他盘块的难题。

顺序文件一般适用于大小事先确定且大小不变的应用中,如早期的系统文件、批处理文件等,在 CD-ROM 文件格式中也曾被广泛使用。

2. 链接结构

如果把磁盘块看成线性表中的一个结点,采用指针把这些磁盘块连接起来,这种存储结构称为链接结构,其特点是链接的顺序和文件的逻辑顺序一致。

(1) 隐式链接

链接结构不要求盘块连续分配,数据可以存放到空闲的磁盘块的任意位置,如图 6-4 所示,文件 file1 存放到磁盘一组不连续的块上,分别是 135,148,156,228,每个盘块除了存放数据外,都预留了一个字的空间来存放指向下一盘块的地址,盘块的地址同文件数据一起存放在磁盘块中,因此又称为“隐式链接”,最后一块中的指针域填充文件结尾标志符“∧”,表示文件结尾。文件系统只需把链接文件 file1 的首磁盘块号 135 登记到文件目录中就可以实现链式结构的查找。

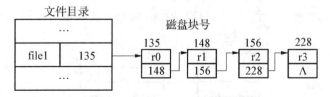

**图 6-4　隐式链接文件的文件目录**

链接结构改进了顺序结构的缺点,首先磁盘上的所有空闲块都可以被利用,其次创建文件时不必事先知道文件的长度,只要有空闲的磁盘块,文件便可随时扩充,能满足用户对文件大小变化的需求。此外,还支持在文件的任何位置处插入一个记录或删除一个记录,当需要插入记录时,只要先寻找磁盘上的空闲块用以存放文件信息,然后修改相应位置的链接指针,使其指向含有新数据的盘块,新盘块指针指向插入位置的下一个盘块号位置。如果要删除一个记录,则也要修改链接指针,把该记录所占的磁盘块从链接文件中脱离出来,并把它占用的磁盘块设置为空闲块,文件扩缩易于实现。

从图 6-4 链接文件的访问过程可以看出,每读出一个盘块总能得到下一个盘块号,因此,对顺序存取方式是高效的,而对随机存取,比如,想要得到第 $i$ 个记录(假设一个逻辑记录大小与磁盘块大小相同)的信息,则必须从文件的首块开始,跟随链接指针依次读出前面的 $i-1$ 个记录,才能得到第 $i$ 个记录的存放位置,以后如果还要第 $j$ 个记录的信息,则还需再从第一个盘块开始依次读出前面的 $j-1$ 个记录，显然，随机存取相当于顺序从头逐个盘块一一读取，即使只访问一个字节的数据，仍需多次磁盘 I/O 访问。此外，每一个磁盘块中既存放了文件信息，又存放了用于链接的指针，破坏了物理块的完整性，降低了系统的运行效率。最后，可靠性差也是链接文件的一个缺点，一旦某个盘块的指针丢失或磁盘故障而被破坏，文件就会断链而无法被访问，有的系统采用双指针或在每个磁盘块中再加入文件名的方法来加强可靠性，但这样在每一块中增加了用于管理的信息，使得用于存放文件信息的空间进一步减少。

（2）显式链接

为了克服以上缺点，对隐式链接进行了改进和优化，把所有链接指针从物理块中取出，存放在一张专门的表中，并用表项来存储指针间的链接关系，表的长度是该文件卷划分的物理块总数，表的序号就是物理块号或簇号，取值范围是 $0\sim(N-1)$（$N$ 为盘块总数），在每个表项中，存放链接指针，即下一个盘块号，该链接表存放在外存的零磁道零扇区，当系统启动时被加载进主存。从磁盘的第二个块开始记录，分配给文件的所有物理块的块号都在该链接表中。

文件分配表 FAT(File Allocation Table)简称 FAT 技术，就是理论上的显式链接的实际应用。MS-DOS、Windows 及 OS/2 等操作系统的文件管理就采用了 FAT 技术。FAT 表在磁盘格式化后建立，为提高文件系统的可靠性，建立两个相同的 FAT，互为备份。从 0 至 $N-1$ 分配给一个文件的所有物理块都在该表中标出，文件的第一个盘块号记入文件控制块(FCB)中，从目录中找到文件的首地址后，就能找到文件在磁盘上的所有存放地址。如图6-5所示，系统有两个文件，文件 A 依次使用了磁盘块 4、6 和 11，文件 B 依次使用了磁盘块 9、10 和 5。通过图 6-5 中名为 A 的文件的 FCB 读出的首盘块号 4 开始，读出 4 号表项的下个链接指针 6，由 6 号表项读出下个盘块号 11，11 号表项中是文件结束标志 EOF，从而确定文件 A 存储在盘块 4、6 和 11 中，可以依次读取相关数据也可以随机读取。

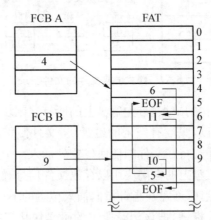

图 6-5　文件分配表示意图

显式链接的 FAT 表的优点在于查找快速，缺点是 FAT 很大，又必须把整个表都存放在主存中，对于大磁盘而言不太合适，例如对于 200 GB 的磁盘和 1 KB 大小的块，这张表需要有 2 亿项，每一项对应于这 2 亿个磁盘块中的一个块。每项至少 3 个字节，为了提高查找速度，有时需要 4 个字节。根据系统对空间或时间的优化方案，这张表要占用 600 MB 或

800 MB内存。

### 3. 索引结构

索引结构是实现外存非连续存储的另外一种方法。系统为每个文件建立一个专用数据结构即"文件索引表",并保存在空闲可用的磁盘块中,由文件目录表项指出文件索引表所在的盘块号,存放文件数据的外存盘块号与文件的逻辑块号一一对应,集中存储在此索引表中。采用这种索引结构的文件称"索引文件",如图6-6所示。文件file1在文件目录中存储了索引表所在的磁盘块号16,系统通过盘块号16读取到file1的索引表,该表有四个表项,表示file1文件存储在外存的四个盘块中,按照文件逻辑块号的顺序对应的块号依次是9、25、68、97。

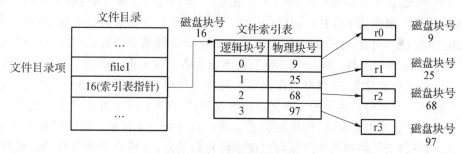

**图6-6 索引结构分配图**

索引表中的每个表项存储逻辑盘块的存放位置,逻辑盘块按序登记在索引表中,例如第 $i$ 个表项就指示了第 $i$ 个逻辑盘块所在的物理盘块号。

当索引表的表项数大于逻辑盘块个数时,可用特殊字符(比如-1)表示无效登记项。访问文件时,根据文件目录所存储的索引表盘块号把索引表读入主存,索引表本身是按记录键排序的定长顺序文件,能利用算法提高索引表检索速度,既支持顺序存取,又支持随机存取。例如顺序存取时,只要顺序检索索引表中的表项,就可按各记录存放的位置依次读出逻辑记录;当随机存取时,对于给定的记录号,在索引表中可按数组的下标立即找到第 $i$ 个表项,由其指示的盘块号读出该逻辑盘块信息。

显然,对索引文件能方便地实现文件的扩展、记录的插入和删除。例如假定某索引文件有 $n$ 个记录,在索引表中登录有 $n$ 个登记项,现该文件要扩充,增加一个编号为 $n+1$ 的记录,只要先找一个空闲的磁盘块,把第 $n+1$ 号记录存入该磁盘块且把该磁盘块的块号填入索引表的第 $n+1$ 个登记项就可以了。如果要在第 $i$ 个记录后插入一个新记录,主要的工作是调整索引表中的表项,从第 $i+1$ 个表项开始,将其内容顺序下移到下一个表项中,再把存放新记录的磁盘块号填入第 $i+1$ 个登记项中,完成了一个新记录的插入。如果要删除某个记录,只要把该记录在索引表中的表项清"0",且收回它所占用的磁盘块,收回的磁盘块成为空闲块。对索引文件进行修改后,它的索引表也被修改了,为了保证文件信息的一致性,应把修改过的索引表写回磁盘覆盖原来的索引表。

由上面的分析可以看出,索引文件利用单独的盘块空间来建立并存储索引表,当文件比较小时,如只有一两个盘块大小的长度,却要用一个额外的盘块来存储,显然是浪费了空间并需要额外的读写索引表的时间,因此索引结构不适合特别小的文件,索引结构既保持了链接结构的优点,又克服了其缺点,既方便顺序存取,又支持随机存取,实现记录的插入、删除和扩充很容易,所以被广泛应用。由于每次存取都要查找索引表,索引表的组织和查找策略必然很重要,对文件系统的效率影响很大,因此,需要对索引表的组织进行研究。

(1) 一级间接索引

在一级间接索引结构中,利用一个磁盘块作为一级间接索引表块。如果假设磁盘块的大小为 1 024 B,记录磁盘块号的目录表项占用 4 B,则索引表能存储 256 个表项,由此可以得出一级间接索引所能存储的文件最大长度是 256×1 024 个字节。现在,随着信息技术的普及以及大数据技术的兴起,文件大小呈指数级增长,如何扩大文件系统的存储能力,以便能存储更大的文件,无疑非常重要。由此产生了多级间接索引结构。

(2) 二级间接索引

当文件较大时,索引表要存储的表项就很庞大,假如超过 256 个表项,一个物理块就存不下,需要用多个磁盘块来存放,为找到一个记录而须查找的记录数目就很多,多个索引表的存取成为新问题,对此,解决的方法类似于分页存储管理的多级页表问题,可把存放索引表的各磁盘块用指针链接起来,采用二级间接索引或者三级多重索引方式。例如,对于一个含有 266 个记录的顺序文件,当把它作为索引顺序文件时,为找到一个记录,平均须查找一千以上个记录(266×4)。为了进一步提高检索效率,可以为顺序文件建立多级索引,即为索引文件再建立一张索引表,从而形成两级索引表,例如图 6-7 所示。当随机存取大文件的某个记录时,可能要沿链搜索才能找到该记录的存放地址,这是很费时间的,系统的存储开销也增加了。

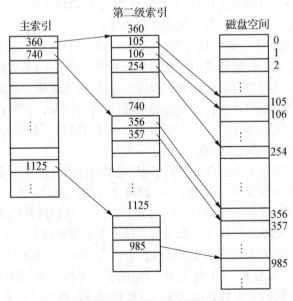

图 6-7 二级间接索引结构

【例 6-1】 一个文件有 100 个磁盘块,假设文件控制块在内存(如果文件采用索引分配,索引表也在内存)。在下列情况下,请计算在连续分配、链接分配、单级索引分配三种分配方式下,分别需要多少次磁盘 I/O 操作? 每读入一个磁盘块需要一次磁盘 I/O 操作。假设在连续分配方式下,文件头部无空闲的磁盘块,但文件尾部有空闲的磁盘块。

(1) 在文件开始处删除一个磁盘块;

（2）在文件结尾处添加一个磁盘块。

**【解答】**

下面均假设文件块的逻辑编号从 0 开始。

（1）在文件开始处删除一个磁盘块：连续：198　链接：1　索引：0

a）连续分配：为了保证题目中提到的文件头部无空闲块，但文件尾部有空闲块，从 1 号文件块开始，到 99 号文件块，均要向前移动一个位置。首先移动 1 号块，读入 1 号块到内存，再从内存把 1 号块写到原先 0 号块的位置；再读入 2 号块到内存，从内存把 2 号块写到原先 1 号块的位置；……；直到读入 99 号块到内存，再从内存把 99 号块写到原先 98 号块的位置。每次读入和写出都是 1 次 I/O，所以一共是：$99 * 2 = 198$ 次磁盘 I/O。

b）链接分配：要修改文件控制块（FCB）中文件起始块号字段，将原先 0 号块所在的物理块号改为 1 号块所在的物理块号。要完成这个操作，首先要找到 1 号块在哪个物理块上？1 号块在哪里的信息隐含在 0 号块中，因此需要读入 0 号块到内存，得到 1 号块的物理位置信息，再将这个信息写到 FCB 中。由于题目中说明 FCB 在内存，所以需要 1 次磁盘 I/O（读入 0 号块）即可完成要求。

c）索引分配：要修改 FCB 中的信息，且仅仅需要修改 FCB 中的信息。由于题目中说明 FCB 在内存，所以完成要求不需要任何磁盘读写。

（2）在文件结尾处添加一个磁盘块：连续：1　链接：102　索引：1

a）连续分配：由于文件尾部有空闲块，只需要将添加的块直接写到磁盘上，所以需要 1 次磁盘 I/O。

b）链接分配：此时假设 FCB 的字段有：文件名、起始块号、结束块号。也就是说，目前知道 99 号块的物理磁盘位置。此时，在尾部添加一个磁盘块要做的事情是：① 找一个空闲磁盘块，将内容写入；② 修改 99 号块的链接信息。写入新块需要 1 次磁盘 I/O，修改 99 号块的链接信息需要首先读入 99 号块到内存，在内存中将链接信息改为新块的物理位置，再将内存中 99 号块写出到磁盘上。所以一共是 3 次磁盘 I/O。

c）索引分配：在写入新块之后，要修改 FCB 中的信息。由于题目中说明 FCB 在内存，所以只需要 1 次磁盘 I/O（写新块）即可。

# 6.4　目录管理

类似于对进程的管理，系统为每个文件都设置一个描述性的数据结构——文件控制块（File Control Block，FCB），若干文件的文件控制块组成的文件叫作目录文件。目录文件最重要的意义在于提供了符号名到物理地址的一种映射，从而方便用户"按名存取"，支持对信息的共享与保护及信息检索功能。

## 6.4.1　文件目录

从文件管理角度看，一个文件包括两部分：文件说明和文件体。文件体指文件本身的信息，它可能是前面讨论的记录式文件或流式文件。

文件说明有时也叫文件控制块即 FCB，它包括文件名、与文件名相对应的文件内部标识、在存储设备上第一个物理块的地址、文件逻辑结构、物理结构、存取控制和属性以及用于系统管理的信息(如访问时间、记账信息)等实施控制管理的信息,由若干文件的文件说明信息组成的文件叫做目录文件,文件系统通过目录文件来完成对文件的创建、检索以及维护操作。文件目录的管理除了要解决存储空间的有效利用之外,还要实现快速搜索、文件不能重名以及文件共享等问题,对文件系统的设计和实现意义重大。

对早期小型系统而言,当系统中文件数量较少时,在文件目录中查找文件比较简单;而多用户多任务系统文件数量众多,文件目录的合理组织就非常重要了,为了高效完成检索和管理,根据实际的需要,一般把文件目录设计成多级树型目录结构,多级结构是由单级、二级目录结构发展而来的。

## 6.4.2　单级目录

单级目录是一种最简单、最原始的文件目录结构。通常该目录表存放在存储设备的某个固定区域。在系统初启时或需要时,系统将该目录表调入主存,或部分调入主存。文件系统通过该目录表提供的信息,对文件进行创建、搜索、删除等操作。例如,当建立一个文件时,首先从该表中申请一项,并存入有关说明信息;当删除一个文件时,就从该表中删去一项。

单级目录实现了对文件空间的管理和"按名存取"。例如,当用户进程要求对某个文件进行读写操作时,它调用有关系统调用通过事件驱动或中断控制方式进入文件系统,此时,CPU 控制权在文件系统手中,文件系统首先根据用户给定的文件名搜索单级文件目录表,以查找文件信息的物理块号,如果搜索不到对应的文件名,则失败返回(读操作时)。如果已找到对应的第一个物理块块号,则根据文件对应的物理结构信息计算出所要读写的信息块物理块块号,然后把 CPU 控制权交给设备管理系统启动设备进行读写操作。

在单级目录表中,各文件说明项都处于平等地位,只能连续存放,因此,文件名与文件必须一一对应。如图 6-8 所示,如果两个不同的文件重名的话,则系统将把它们视为同一文件。另外,当文件数量很多时,目录文件检索时间最好是 1,最坏是 $n$(假设目录表的长度为 $n$),平均需要表目长度 $n/2$ 的搜索时间,效率较低。

| 文件名 | 物理地址 | 文件其他属性 |
|---|---|---|
| Alpha | | |
| Report | | |
| Test | | |
| …… | | |

图 6-8　单级目录结构

## 6.4.3　二级目录

为克服单级目录中文件命名冲突及对目录表的搜索速度较慢的问题,单级目录被改进扩充成二级目录。在二级目录结构中,目录被分为第一级主目录 MFD(Master File Directory)和第二级用户文件目录 UFD(User File Directory)两级,其结构如图 6-9 所示,第一级主文件目录给出了用户名和用户子目录所在的物理位置。如图,有三个用户:Wang、

Zhang 和 Gao,并分别给出了指向这三个用户的用户目录文件的指针。第二级称为用户文件目录,给出了该用户所有文件的 FCB。在 Wang 用户目录文件中列出了两个文件 Alpha、test 的文件控制块。

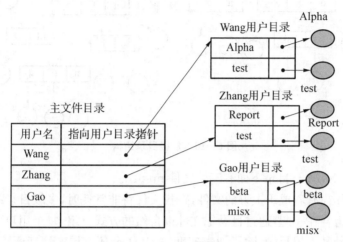

图 6-9　二级目录结构

当用户要对一个文件进行存取操作或创建、删除一个文件时,首先从 MFD 找到对应的用户名,并从用户名查找到该用户的 UFD。余下的操作与单级目录时相同。使用二级目录可以解决不同用户间的文件重名问题和文件共享问题,并可获得较高的搜索速度。

由于搜索二级目录时首先从主目录 MFD 开始搜索,因此,从系统管理的角度来看,文件名已演变成为用户名/用户文件名。从而,即使两个不同的用户具有同名文件,系统也会把它们区别开来。

再者,利用二级目录,也可以方便地解决不同用户间的文件共享问题,只要在被共享的文件说明信息中增加相应的共享管理项,并把共享文件的文件说明项指向被共享文件的文件说明项即可。

在二级目录中,由于长度为 $n$ 的目录已被划分为 $m$ 个子集,则二级目录的搜索时间是与 $m+r$ 成正比的。这里的 $m$ 是用户个数,$r$ 是每个用户的文件的个数。一般有 $m+r<=n$,从而二级目录的搜索速度要快于单级目录。

## 6.4.4　多级目录

为了进一步提高目录的检索速度和文件系统的性能,通常采用三级或三级以上的目录结构。而多级目录就是基于二级目录的层次关系加以推广而形成的,多级目录又称为树型目录结构。在多级目录结构中,除了最低一级的物理块中装有文件信息外,其他每一级目录中存放的都是下一级目录或文件的说明信息。由此形成层次关系,最高层为根目录,最低层为文件,结构如图 6-10 所示。

图中的方框代表目录文件,圆圈代表数据文件,主目录又叫根目录,图中显示了 root 用户的目录项 spell、bin、programs 和 opt,spell 子目录项又包括一个分目录 b 和两个文件 a 和 bin,其中 b 目录又包含两个文件 b.c 和 bak,bin 目录包括两个文件 a 和 exe,programs 子目录包括了 a 文件及子目录 b 和 X,其中子目录 b 包含两个文件 a 和 b,X 子目录包括了一个

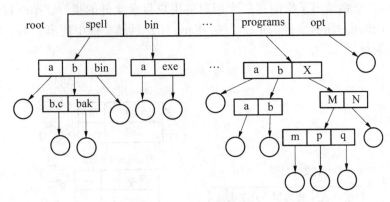

图 6-10　多级目录结构

子目录 M 和文件 N,M 子目录下面有三个文件 m、p、q。

　　多用户系统往往有着成千上万的文件,查找文件将非常耗时,多级目录结构用分层的方式将相关的文件组合在一起,通过目录把文件以自然的方式分组,每个用户可以方便地为自己的目录树拥有其私人根目录,除了搜索速度快,其优点还有层次清楚便于管理和保护,解决了文件重名问题。文件在系统中的搜索路径是从根开始到文件名为止的各子目录名组成。因此,只要在同一子目录下的文件名不发生重复,就不会出现因文件重名而引起的混乱。

　　在树型结构目录中,从根目录到任何数据文件都只有一条唯一的通路,在该路径上,从树的根(即主目录)开始,把全部目录文件名与数据文件名依次地用"/"或"\"连接起来,即构成该数据文件唯一的路径名,又称为"绝对路径",例如,路径/programs/X/M/p 绝对路径名一定从根目录开始,且是唯一的。如果用户或进程需要存取某个文件,而不论当前目录是什么,应该采用绝对路径名,绝对路径名总能正常工作。

　　当一个文件系统含有许多级时,每访问一个文件,都要使用从树根开始,直到树叶(数据文件)为止的、包括各中间节点(目录)名的全路径名,这种方法显然存在相同路径的多次重复查找,效率不高,而另一种指定文件名的方法是使用相对路径名,它常和工作目录(也称作当前目录)一起使用。例如,如果当前的工作目录是/programs/X/M,则绝对路径名为/programs/X/M/p 的文件可以直接用 p 来引用。相对路径显然使用更方便。

## 6.4.5　目录查询技术

　　由于文件系统组织成了一个多级树状的命名空间,当用户要访问一个文件时,系统首先需要对文件路径名进行拆分,对各级子目录进行查询,找出该文件的目录项(FCB)或对应的索引节点,然后根据目录项(FCB)或索引节点所记录的文件的盘块号,换算出文件在磁盘上的物理位置,最后通过磁盘控制器和磁盘驱动程序,启动磁盘,将所需文件信息读入主存。文件系统提供了两种对目录查询的方法:线性检索法和 Hash 检索方法。

### 1. 线性检索法

　　线性检索法又称为顺序检索法。在单级目录中,利用用户提供的文件名,用顺序查找法直接从文件目录中找到指定文件的目录项。在树型目录中,用户提供的文件名是由多个文件分量名组成的路径名,此时需对多级目录进行查找。假定用户给定的文件路径名是 /usr/ast/mbox,则查找 /usr/ast/mbox 文件的过程如图 6-11 所示,首先系统读入第一个目录项 usr,用 usr 与根目录文件中的各个目录项中的文件名顺序地进行比较,找到匹配的表项索引节点编号 6,再接着读 6 号索引节点中存放 usr 目录文件的磁盘块号是 132,启动磁盘将 132 盘块内容读入主存,然后,系统再将路径名中的第二个目录项 ast 读入,用 ast 与存放在 132 号盘块中的第二级目录文件中的各目录项的文件名顺序进行比较,找到匹配项,从中得到 ast 的目录文件放在 26 号索引节点中,再从 26 号索引节点中得知,/usr/ast 是存放在 496 号盘块中,再将 496 号盘块内容读入主存,同理,系统继续读入文件名 mbox,用它与第三级目录文件/usr/ast 中各目录项中的文件名进行比较,最后得出/usr/ast/mbox 的索引节点号为 60,再从 60 号索引节点中得到指定文件的物理地址,目录查询操作到次完成。如果在顺序查找过程中,发现有一个文件名未能检索到,则应停止检索,并返回文件检索失败的信息。

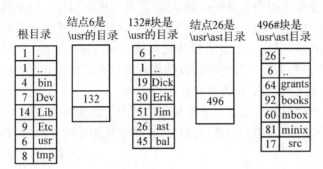

图 6-11　顺序查找/usr/ast/mbox 的图示

#### 2. Hash 检索法

Hash 检索法的本质是构造哈希函数通过对文件名转换的值来寻址的,事先建立一个 Hash 索引文件目录表,根据文件名计算出文件目录的索引值,再利用该索引值到目录中去查找文件的物理地址,当系统的文件数量较大时,Hash 检索法须对"冲突"(把多个不同的文件名转换为相同的 hash 值)进行处理,哈希文件目录表的每个条目既可以是单个确定的值,也可以是链表,发生冲突时,查找就需要搜索由冲突条目组成的链表,hash 函数将再次形成新的索引值,进行二次确定,查找速度显然会变慢,但仍比线性检索整个目录快很多。

哈希检索的劣势是,不支持文件名中使用通配符"＊"、"?",这时系统采用线性检索法完成查找。

## 6.5　文件存储空间的管理

文件通常存放在磁盘上,对磁盘空间的管理即记录外存空间的使用情况,以便动态而高效地进行存储和读写,则是文件系统必须要解决的一个重要问题。本节介绍常用的几种磁盘空间组织方法,其原理与思想类似于主存空间的管理。

### 6.5.1　空闲盘块表

空闲盘块表,是把一个连续的未分配的盘块区域称为"空闲文件"(或称"空闲盘块表")。

系统为所有这些"空白文件"单独建立一个目录。对于每个空白文件,在这个目录中建立一个表目,如表6-1所示,每个空闲文件在该目录中占一个表目,其中至少包括:空闲区序号、第一个空闲块盘块号、空闲盘块数目等信息。

表6-1 空白文件目录

| 序号 | 第一空闲盘块号 | 空闲盘块数 |
| --- | --- | --- |
| 1 | 2 | 4 |
| 2 | 9 | 3 |
| 3 | 15 | 5 |
| 4 | —— | —— |

当用户建立新文件进而需要分配存储空间时,系统依次扫描空闲文件目录表目,直到找到一个大小合适的空闲文件为止。当用户撤销一个文件时,系统回收文件所占用的物理块,这时也需顺序扫描目录,寻找一个空表目并将释放空间的第一个物理块号及它占的块数填到这个表目中,这个过程需要查看当前回收的物理块是否可以与原有空闲块邻接,如邻接需要合并成更大的空闲区域,最后修改有关空闲块表项。

这种方法仅当有少量的空闲区时才有较好的效果。如果存储空间中有着大量的小的空白区,则其目录变得很大,效率会变低。这种方法特别适用于建立物理结构为顺序结构的文件系统。

## 6.5.2 空闲块链表

将外存上所有的空闲物理块利用指针连接在一起,构成一个空闲块链表,系统用一个首指针指向第一个空闲块,随后的每个空闲块中都含有指向下一个空闲块的指针,最后一块的指针为空,表示链尾,这样就构成了一个空闲块链表,如图6-12所示。当分配空闲块时,就从链头取下一块并修改链头指针使之指向下一空闲块;反之,收回空闲块时,将该块加入链头,并修改链头指针使之指向收回的物理块即可。

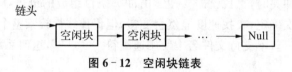

图6-12 空闲块链表

空闲块链表方法简单,易于实现,节省内存,但效率较低,因为每次向链中增加或去掉空闲块时,需要额外的I/O操作,以便读出空闲块找到相应的块号、修改空闲块的链接字。因此,分配时花费的时间开销比较大,适用于单个物理块的分配,对于连续结构的文件或一次分配较多物理块的情况则不适合。解决的方法可以用块簇技术,即用连续块簇而不是块,来记录磁盘存储区。在一个负载较高的系统上顺序读取文件,寻道的次数可以减少,从而改善文件系统的性能。

## 6.5.3 位示图

位示图简称位图,是利用二进制的位串标识物理块使用情况的方法。位示图的实质是一个二维数组 map,占用一块连续的存储单元,由 $m \times n$ 个位数构成,以连续文件形式存放在磁盘上,譬如如果字长为 16 位,共占用 16 个字,则位示图就是一个 16 行 16 列的数组。磁盘各个盘块和位示图中各个位建立一一对应关系,如图 6 - 13 所示。位示图中第 1 个字的第 1 位对应盘块 0,第 2 位对应盘块 1,依此类推,其中取值"0"表示空闲盘块,取值为"1"表示已用盘块,位示图在分配自由盘块时处理较慢,因为每次都要遍历数组的每个位,比较其值是否为 0,是则将它置 1 表示已分配,并计算出它的物理块号,以便存储,回收盘块时只要将相应的位置 0 即可,处理速度较快。

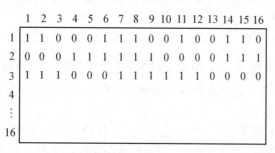

图 6 - 13 位示图

用位示图来记录空闲盘块优点很多,如占用空间小,可以把整个磁盘块空间放在主存中,而选择与前一块最近的空闲块很容易(寻道时间短)。为此,很多操作系统的文件系统都采用位示图来管理外存空间。

**1. 盘块的分配**

(1) 顺序扫描位示图,从中找出一个或一组其值为"0"的二进制位("0"表示空闲时)。

(2) 将所找到的一个或一组二进制位,转换成与之相应的盘块号。假定找到的其值为"0"的二进制位,位于位示图的第 i 行、第 j 列,则其相应的盘块号应按下式计算:

b=n * (i−1)+j,n 代表每行的位数。

(3) 修改位示图,令 map[i,j]= 1。

**2. 盘块的回收**

(1) 将回收盘块的盘块号转换成位示图中的行号和列号。转换公式为:

i=(b−1) DIV n+1,j=(b−1) MOD n+1

(2) 修改位示图。令 map[i,j]=0。

# 6.6 文件的操作与使用

文件系统把按应用需要组织的逻辑文件以一定的方式转换成物理文件存放到存储介质上,当用户需要文件时,文件系统又从存储介质上读出文件并把它转换成逻辑结构呈现给用户。文件系统不但为用户实现了"按名存取"功能,而且为用户提供了对文件访问和操作的方法,用户可以方便地调用系统实现的文件操作方法来使用文件。

## 6.6.1 文件的操作

为了正确地实现文件的存取,文件系统设计了一组与存取文件有关的系统调用块,用户

通过系统调用接口实现对文件的存取。一般把文件系统设计的这一组功能模块称为"文件操作",文件操作主要有以下六种:

### 1. 创建文件

用户需要创建一个文件或要求使用一个文件而文件不存在,系统就会调用"创建文件"操作来创建该文件。在调用该操作时,用户必须给出如下参数:文件名、文件类型、文件属性等。

创建文件的主要工作是检查文件目录,确认无重名时寻找空白文件目录,并按照文件结构和存取方法的要求,在目录项中登记相应的信息,并写入目录文件中,寻找空闲盘块以备存储文件信息或存放索引表。

### 2. 打开文件

用户要求使用文件前,首先调用系统的"打开文件"操作,取得对文件的使用权,建立文件与用户之间的联系,同时简化存取文件的操作,提高访问效率。在请求调用时应给出如下参数:文件名、存取方式。

打开文件操作的主要工作是:找出用户的文件目录并读入主存;检索文件目录找出与文件名相符的登记项;核对存取方式是否一致;对索引结构的文件还要把该文件的索引表读到主存;在系统核心设置的"已打开文件表"中登记该文件的有关信息(例如,文件的打开者、设备类型等)。

### 3. 读文件

用户要求读文件信息时调用文件系统的"读文件"操作。用户在请求调用时应给出的参数是用户名、文件名、存取方式、存放信息的主存地址等。对随机存取方式的文件,还要说明读哪个记录。

读文件操作的主要工作是:查"已打开文件表",该文件是否已打开且核对是否是打开者请求读文件;核对无误后,对顺序存取方式的文件,每次按逻辑顺序读一个或几个逻辑记录传送到用户指定的主存地址;对随机存取方式的文件,按用户指定的记录号(或键)查找索引表,得到该记录的存储地址后,读出并传送到用户指定的主存地址。

允许用户对一个已经打开的文件分多次读,但要注意,对顺序文件系统总是从当前位置或按记录顺序读出信息。

### 4. 写文件

用户要求写文件信息时,调用文件系统的"写文件"操作。用户调用"写文件"操作时也要给出参数,参数形式同"读文件"操作。

写文件操作的主要工作是:查找文件目录核对文件是否已建立;若已建立,对顺序存取方式的文件,找出存放文件信息的位置且写入文件信息,同时保留一个"写指针"指出下一次写文件时的存放位置。对随机存取方式的文件,把索引表读入主存,在索引表中找一空白表项并检索一个空闲的磁盘块,把记录写入磁盘块,同时把记录号和盘块号填入索引表。允许用户对一个文件分多次写。

### 5. 关闭文件

用户对文件读写完毕后,需要调用文件系统的"关闭文件"操作。用户调用"关闭文件"操作时需给出的参数是用户名、文件名、设备类型等。

关闭文件操作的主要工作是：核实是否具有关闭的权限，只有文件的建立者或打开者才有权关闭文件；检查读入主存的文件目录或索引表是否被修改过，若被修改过，则应把修改过的文件目录或索引表重新写回到外存上；在系统"已打开文件表"中清除该文件。

一个被关闭后的文件不能再使用，若要使用则必须再次调用"打开文件"操作。

### 6. 删除文件

用户认为自己的文件没有必要再保存时，可以调用文件系统的"删除文件"操作。调用时应给出的参数是文件名和设备类型。

删除文件操作的主要工作是：把用户指定的文件在文件目录中除名；收回文件所占用的存储空间。

## 6.6.2 文件的使用

从上面介绍的文件操作的功能可以看出，"打开文件""建立文件"和"关闭文件"是文件系统中的特殊操作。"打开文件"和"建立文件"两个操作实际起着用户申请对文件使用权的作用，经文件系统验证符合使用权时才允许用户使用文件，并适当地为用户做好使用文件前的准备。"关闭文件"操作的作用是让用户向系统归还文件的使用权。

文件系统提供"按名存取"功能后，为保证对文件的正确管理和文件信息的安全可靠，规定了用户使用文件应该遵循先打开后使用再关闭的顺序和原则。例如读文件时，应依次调用："打开文件""读文件""关闭文件"，这样能保证一个文件被打开后，在它被关闭之前不允许非打开者使用，只有打开文件者才有权去读文件，以避免一个共享文件被多个用户同时使用而造成的混乱。同理，写文件时用户请求写文件信息时依次调用："建立文件""写文件""关闭文件"，这样可保证在同一级目录中不会有重名文件，一个文件可分多次写，用"关闭文件"表示有关该文件的信息已经结束。用户请求删除文件时依次调用："关闭文件""删除文件"，一个正在使用的文件是不允许删除的，所以，只有先归还文件的使用权后才能删除文件。

有的系统为了方便用户，提供一种隐式使用文件的方法，允许用户不调用"打开文件""建立文件"和"删除文件"的操作，而直接调用"读文件"或"写文件"操作。当用户要求使用一个未被打开或未被建立的文件时，文件系统先做"打开文件"或"建立文件"的工作，然后再执行"读文件"或"写文件"操作。当用户使用了一个 A 文件后又要使用 B 文件，文件系统就先关闭 A 文件，再打开或建立 B 文件，然后对 B 文件执行读写操作。

提供隐式使用的系统中，用户既可显式地提出"打开文件""建立文件""关闭文件"的要求，也可不直接提出这些要求。但是，在用户采用隐式使用时，文件系统仍必须做这些工作。

## 6.7 文件的共享

共享是现代操作系统的特征之一，文件系统也必须提供文件共享方法，为进程之间、用户之间共享文件提供方便。如何在共享文件的过程中又能有效地保护文件，也是文件系统要实现的一个重要问题。随着计算机技术的发展，文件共享的范围也在不断扩大，从单机系统扩展到多机系统中的共享，进而又扩展为网络范围的共享，甚至实现全世界范围的文件共享。

### 6.7.1 共享文件的形式

文件共享是指一个文件可以让指定的某些用户共同使用。例如利用共享文件进行通讯,充分发挥信息的价值,多个用户共同使用同一个执行程序等等。文件共享可以减少大量重复性劳动,免除系统复制文件的工作,节省文件占用的存储空间等,有着非常多的好处。在允许文件共享的系统中,必须对共享文件进行管理,共享文件的使用有两种情况:

#### 1. 不能同时使用

任何时刻只允许一个用户使用共享文件,即不允许两个或两个以上的用户同时打开一个文件。一个用户打开共享文件后,待使用结束关闭文件后,才允许另一个用户打开该文件。

#### 2. 可以同时使用

允许多个用户同时使用同一个共享文件,但系统必须实现对共享文件的同步控制,因为多个进程共享同一个文件时,涉及对文件的读写操作,在每一个时刻,只允许一个进程对文件实施写操作,但允许多个进程同时打开共享文件执行读操作,不允许读者与写者同时使用共享文件,也不允许多个写者同时对共享文件执行写操作,这样才能保证文件的完整性和数据的一致性。读者/写者问题的具体实现见第二章"经典进程同步问题"。

### 6.7.2 共享文件的实现

#### 1. 绕道法

在绕道法中,用户对所有文件的访问都是相对于当前目录进行的,如果所要访问的共享文件不在当前目录下时,通过"向上走"的方式,从当前目录出发向上返回,一直到与共享文件所在路径的交叉点,再沿路径下行到共享文件,其本质是直接通过文件绝对路径找到文件,这是计算机早期采用的静态共享方式,其缺点是可能需要花费很多时间访问多级目录,效率低下,目前已很少采用。

#### 2. 链接法

链接技术是通过在文件目录项的说明属性中增加一项"链接"属性来存放链接的目标,即从一个目录项直接用一个指针指向另一个目录项以达到共享文件的目的,又称"连访法",如允许一个用户共享另一个用户的某个子目录,在这个子目录下的所有子目录和文件皆自动被共享。

对具体文件常作如下处理:每个用户都在当前目录下工作,访问当前目录下的文件。如果当前目录中的某个文件和另一个目录的某个文件间存在一条通路,即一个当前目录中的一个目录表目指向另一个目录中的一个表目,则称这两个文件间存在连接访问。

因此,往往在文件目录的表目中,增加一个指针,指明是否存在连接访问,再增加一个标志位,表明文件的物理地址是指向文件地址,还是指向共享文件的目录。删除文件时须查看该文件是否还有共享的用户即是否存在连接访问,如果存在,则应在撤销所有的连接后,才能删除文件。

Windows 系统中快捷方式以及 UNIX 系统中的符号链接(Symbolic Linking)又称软连

接都是基于链接法实现文件共享的。譬如 UNIX 系统的用户甲为了共享用户乙的 user2 目录下的一个文件 f1.c,可以创建一个新的软连接文件 x,x 中仅包含被链接文件 f1.c 的路径名。符合链接文件中并不包括实际的文件数据,而只是包括了它指向文件的路径,它可以链接到任意的文件和目录,包括处于不同文件系统的文件及其目录。当用户对链接文件操作时,系统会自动地转到对源文件的操作,但删除链接文件时并不会删除源文件。

链接方式突出的优点是能够通过计算机网络链接世界上任何地点的机器中的文件,只需提供该文件所在机器的网络地址及其文件路径即可。

### 3. 基于索引点的共享方式

UNIX/Linux 系统对每一个保存的文件都会创建一个索引节点。文件除了文件名之外的其他文件属性信息,不再放在目录项中,而是放在索引结点中,包括文件的磁盘存储的位置即物理盘块号放在该节点中描述,文件目录中只设置文件名和指向相应索引节点的指针,此时,由任何用户对文件执行新增或修改所引起的相应索引节点内容的改变对其他共享用户都是可见的,从而可为其他用户共享文件,解决了动态共享文件的问题。

利用文件的索引节点的共享方法是在每个文件的目录中建立一个指向某个被共享文件的索引节点的指针,如图 6-14 所示。同时建立一项该文件被引用的个数,默认值是 1,当文件被创建链接时就增加引用计数 count,当删除链接时就减少引用计数,只有当引用计数为 1 时,文件才能被删除。UNIX 系统中的硬链接(hard Linking)是基于索引节点的。

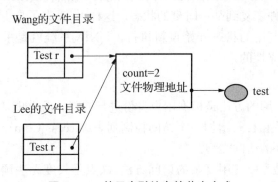

图 6-14 基于索引结点的共享方式

## 6.8 文件的保护与保密

文件系统主要实现了信息的永久性存储,但不可忽略的是其中有些信息十分重要而私密,必须考虑文件的安全性和可靠性。此外,系统在满足应用实现文件访问和共享时,可能会导致文件被破坏或未经核准的用户修改文件,即防止未经授权的信息被共享、使用或被破坏,共享文件系统必须控制用户对文件的存取,即解决对文件的读、写、执行的许可问题。为此,必须在文件系统中建立相应的文件保护与保密机制。

### 6.8.1 文件的保护

计算机系统中的文件是非常脆弱的。文件系统在为用户带来信息存储方便的同时也存在潜在的不安全性。影响文件安全性的主要因素有:人为因素,系统因素,自然因素,共享要求等。如果系统发生故障,就有可能造成文件被破坏、受损或丢失,而用户使用不当,也同样可能造成文件被破坏、受损或丢失。除了较为常见的软、硬件故障,有时是由于用户共享文件时发生错误引起的。

## 6.8.2 文件保护措施

文件系统必须有防止各种意外可能破坏文件的能力,应根据不同的情况采用不同的保护措施来保护文件。文件的安全性体现在文件的保护和文件的保密两个方面。文件保护通过建立副本、定时转储和访问控制等方式实现。

### 1. 建立副本

文件系统经常采用建立副本的方法来保护文件。即把同一个文件保存到多个存储介质上,这些存储介质可以是同类型的,也可以是不同类型的。这样,当对某个存储介质保管不善而造成文件信息丢失时,或当某类存储设备出现故障暂不能读出文件时,就可用其他存储介质上的备用副本来替换。这种方法简单,但设备费用和系统开销增大,而且当文件需修改或更新时,必须要改动所有的副本。因此,建立副本一般用于短小且极为重要的文件。

### 2. 定时转储

每隔一定的时间把文件转储到其他的存储介质上,当文件发生故障时,就用转储的文件来复原,把有故障的文件恢复到某一时刻的状态。这样,仅丢失了自上次转储以来新修改或增加的信息,可以从恢复后的状态开始重新执行。UNIX 系统就是采用定时转储的方法保护文件,来提高文件可靠性的。

### 3. 访问控制

解决访问控制最常用的方法是根据用户身份进行控制。而实现基于身份访问的最为普通的方法是为每个文件和目录增加一个访问控制列表(Access Control List,ACL),以规定每个用户名及其所允许的访问类型。

这种方法的优点是可以使用复杂的访问方法,缺点是长度无法预期并且可能导致复杂的空间管理,使用精简的访问列表可以解决这个问题。对共享文件要防止非法使用文件造成的破坏,这就涉及用户对文件的使用权限。

(1) 采用树型目录结构

凡能得到某级目录的用户就可得到该级目录所属的全部目录和文件,按目录中规定的存取权限使用目录或文件。

(2) 设置存取控制表

对文件的保护可以通过限制对文件的访问类型实现。通常对文件的访问主要有以下几种类型:读、写、执行、添加、删除、列表。

系统利用一个矩阵列出每个用户对每个文件或子目录的存取权限,矩阵中的每一个元素 a(i,j)规定了第 i 个用户对第 j 个文件的存取权限。当某个用户对一个文件提出使用要求(读、写、执行或删除)时,系统按权限表中规定的操作与用户的使用要求做比较,当二者一致时才允许使用这个文件。存取控制表的最大问题是用户与文件较多时这个矩阵就很大,实现起来系统开销很大。

（3）设置文件使用权限

UNIX 系统把与每个文件连接的用户分成三类：文件主、伙伴和一般用户。文件主是文件的建立者，通常可对自己的文件执行一切操作；伙伴是指可共享文件主建立的文件且具有相同存取方式的一组用户，一般用户是指除文件主及其伙伴外系统中的所有其他用户。文件权限管理程序对每一类用户规定使用文件的权限（读、写、执行），当用户访问某个文件时，系统先检查该用户的身份，再根据用户的身份核对权限，权限相符时才允许用户操作该文件。

文件的存取权限如表 6-2 所示，表中 r 表示读操作，w 表示写操作，x 表示执行操作，值为"1"时表示允许执行相应的操作，而为"0"时表示不允许执行该操作。文件主可以根据情况规定他的伙伴及其他用户对文件的使用权限。

**表 6-2  存取权限控制表**

|     | r | w | x |
| --- | --- | --- | --- |
| 文件主 | 1 | 1 | 1 |
| 伙伴 | 1 | 1 | 0 |

此外还可以对文件的重命名、复制、编辑等加以控制。这些高层的功能可以通过系统程序调用底层系统调用来实现。保护可以只在底层提供。例如，复制文件可利用一系列的读请求来完成。这样，具有读访问用户同时也具有复制和打印的权限了。

需注意的是现代操作系统常用的文件保护方法，是将访问控制列表与文件主、伙伴和一般用户访问控制方案一起组合使用。对于多级目录结构而言，不仅需要保护单个文件，而且还需要保护子目录内的文件，即需要提供目录保护机制。目录操作与文件操作并不相同，因此需要不同的保护机制。

### 6.8.3  文件的保密

文件的保密是防止未经文件拥有者授权而使用文件。虽然规定文件的使用权限可以在一定程度上对文件进行保密，但文件的使用权限可由用户或文件主设定或修改，仅仅通过规定文件的使用权限不能有效地实现保密，通常文件系统还提供了以下三种常用的控制访问文件的方法从而实现文件保密。

1. 隐蔽文件和目录

用户把要保护的文件或文件目录隐蔽起来，在显示文件目录信息时由于非授权的用户不知道这些文件的文件名因而无法使用，在小型计算机系统或简单的操作系统中可以采用，如 DOS 和 Windows 中，可以通过设置文件属性来隐蔽文件和目录，在 IBM 的 CMS 操作系统中，凡是特殊模式的文件目录都不会显示。

2. 设置口令

口令指用户在建立一个文件时提供一个口令，系统为其建立 FCB 时附上相应口令，存放在文件目录中，同时告诉允许共享该文件的其他用户。任何用户请求访问时必须提供相应口令，只有口令相符才可按规定的使用权限使用文件，否则系统拒绝用户访问。为防止口令泄密，应采取隐蔽口令的措施，即在显示文件目录时应把口令隐藏起来，如果口令泄密，应及时更改口令。当收回某个用户的共享使用权时必须更改口令,而更改后的口令又必须通知其他的授权用户,对文件共享来说不方便。使用口令的保密方法的时间和空间开销不多,缺点是口令直接存在系统内部,不够安全。

3. 使用密码

对极为重要的保密文件,可把文件信息转换成密码形式保存,使未授权者不能理解其真实含义,授权者能够通过解密技术还原文件,达到保密的目的。密码的编码方式及密钥只有文件主及允许使用文件的授权用户知道,即使文件被非法窃取或失误泄密,非授权用户也窃取不到文件信息。采用密码的方法在可靠的加密算法下保密性强,节省了存储空间,不过增加了文件重新编码和解密的工作,要花费一定时间。

# 6.9 小结

文件系统是操作系统的重要组成部分,为系统和用户管理信息提供了数据访问的方法。文件系统实现了文件的逻辑结构到物理结构的转换,实现了文件存储空间的管理,实现了数据的存储、控制、共享和保护,为用户提供了"按名存取"及基本的文件操作。本章介绍了文件系统的基本概念、基本功能,给出了文件系统的数据组织及有关文件操作的实现技术和算法。

# 思考与习题

**1.** 什么是文件? 什么是文件系统?

**2.** 文件系统的功能和优点有哪些?

**3.** 文件系统实现按名存取的主要数据结构是什么?

**4.** 如何解决多个用户之间的文件命名冲突问题?

**5.** 文件系统对目录管理的主要要求是什么?

**6.** 文件目录的作用是什么? 一个目录表目应包含哪些信息?

**7.** 多级目录结构的特点有哪些?

**8.** 文件的物理组织有哪几种形式? 它们和存储介质有什么关系?

**9.** 为什么要引入索引结构? 其主要问题是什么?

**10.** 设某文件为链接文件,由 5 个逻辑记录组成,每个逻辑记录的大小与磁盘块大小相等,均为 512 字节,并依次存放在 50、121、75、80、63 号磁盘块上。若要存取文件的第 1 569 逻辑字节处的信息,需要访问哪一个磁盘块?

**11.** "打开文件"的内部操作是什么? 为什么要有"打开文件"的操作?

**12.** 关闭文件和删除文件在内部操作上有什么不同?

**13.** 对文件存储器空闲块的管理有几种方法? 各有什么优缺点?

**14.** 对文件的保护有哪些方法? 试比较它们各自的优缺点。

**15.** 假定盘块的大小为 1 KB,硬盘的大小为 500 MB,采用显式链接分配方式时,其 FAT 需占用多少存储空间?

**16.** 使用文件系统时,为什么通常要显式地进行 OPEN、CLOSE 操作?

**17.** 有一个磁盘组共有 10 个盘面,每个盘面有 100 个磁道,每个磁道有 10 个扇区。若以扇区为分配单位,试问:用位示图管理磁盘空间,则位示图占用多少空间?

**18.** 某文件系统采用链式存储管理方案,磁盘块的大小为 1 024 B。文件 file1.doc 由 5 个逻辑记录组成,每个逻辑记录的大小与磁盘块的大小相等,并依次存放在 121,75,86,65 和 114 号磁盘块上。若需要存取文件的第 5 118 逻辑字节处的信息,应该访问哪个磁盘块?

**19.** 若 8 个字长(假设字长为 32 位)组成的位示图管理磁盘空间,用户归还一个块号为 100 的盘块时,它对应位示图的位置是什么?(假设行列号均从 1 开始,块号从 1 开始)

 **拓展阅读**

## UNIX 文件系统的主要特点及实现

### 一、UNIX 文件系统的特点

UNIX 文件系统是 UNIX 系统成功的关键之一,UNIX 文件系统以少量而高效的代码实现了非常强的功能,其主要特点概况为以下几点:

**1. 树型层次结构**

UNIX 文件系统结构采用树型层次的目录结构。用户可以把自己的文件组织在不同的目录中,方便对文件的访问和有控制的共享。

**2. 可安装卸载的文件系统**

用户可以把自己的文件组织成一个文件系统(文件卷),需要时安装到原有的文件系统上,不需要时可以拆卸下来,既扩大了用户的文件空间,具有很强的扩展性,也有利于文件的保护和安全。

UNIX 的文件系统分成基本文件系统和可装卸的文件系统两部分,基本文件系统是整个文件系统的基础,固定于根存储设备上(一般为磁盘)。各个子文件系统存储于可装卸的文件存储介质上,如软盘、可装卸的盘组等。系统一旦启动运行后,基本文件系统不能脱卸,而子文件系统可随时更换。

**3. 文件是无结构的字符流式文件**

UNIX 文件主要是正文文件,不需要复杂的文件结构。如果需要,用户可以为文件增加结构。这种简单的文件概念有利于用户的使用,便于不同文件之间的通信,简化了系统设计。

**4. 把外部设备作为文件统一处理**

UNIX 文件系统把外部设备作为特殊文件处理,使用户摆脱了外部设备的具体而繁杂的物理特性,方便了用户的使用,也有利于对设备进行存取控制,简化系统设计。

### 二、UNIX 的混合索引结构

UNIX 系统的文件是无结构的流式文件,文件的物理结构采用易于扩展的多重混合索引方式,便于文件动态增长,同时也可以方便地实现顺序和随机访问。基于字节流的概念,UNIX 系统把目录、设备等都当作文件来统一对待。UNIX 默认的是 Ext2 逻辑文件系统。

Ext2 文件系统中的所有文件都采用 i 节点(inode、索引表、索引节点)来描述,每一个文件、目录或者设备都对应于一个且只能对应于一个 i 节点。每一个 i 节点包含两个部分的基本参数：文件说明信息和索引表。根据所存放的位置，i 节点又可以分为磁盘 i 节点和主存 i 节点，分别使用数据结构 ext2-inode 和 ext2-inode-info 来描述。其中磁盘 i 节点静态存放在外部存储器，包含了整个文件的完整说明信息和物理块分布情况，而主存 i 节点是为了减少设备存取次数、提高文件访问效率，在主存中特定区域中建立的磁盘 i 节点的映像。

磁盘 i 节点文件说明信息包括文件名称、类型、文件长度、所占用的物理块数、创建和最近一次访问时间等基本信息，以及链接数、拥有者用户名、用户组名以及存取控制表等与文件共享、保护和保密相关的信息。这里的文件类型包括：普通文件、目录文件、连接文件、管道（FIFO）文件、块设备文件、字符设备文件和套接字文件。如图 6-15 所示，每一个 i 节点的索引表中总共有 15 个项，其中前 12 个项记录文件直接物理块的位置，后面 3 项分别是间接、二级间接和三级间接物理块索引，这样的方式既可以保证小文件能够快速存取，又可以适应大文件存储扩展的需要。Ext2 文件系统物理块的大小可以是 1 024、2 048 或者 4 096 字节，在初始化文件系统的时候由用户指定，默认值是 1 KB，块地址占 4 字节，因此每个物理块可以存放 256 个块的地址，这样，如果把一个 i 节点所有的物理块放满，得到最大的文件应该是：

直接块+间接块+二次间接块+三次间接块，即：12 KB+256 KB+64 MB+16 GB。

实际上，在 32 位 PC 上的 UNIX 系统中，寻址范围 32 位，文件最大只能达到 4 GB。如果一个文件的内容小于等于 12 个块，物理块采用默认值时是 12 KB，就可以全部使用直接块来存放，能够保证相当高的存取效率。i 节点具体结构可以参考图 6-15。主存 i 节点除了包含磁盘 i 节点的说明信息之外，还增加了当前文件打开状态信息。

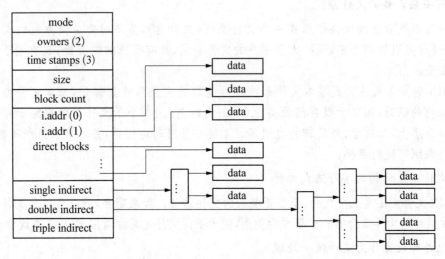

**图 6-15　UNIX 文件混合索引结构**

### 三、UNIX 目录分布

UNIX 系统中采用的是树型的多级目录结构。从使用者的角度看，整个文件系统是一棵倒置的树，称为目录树。目录树的根节点是"/"，称为 root，每一个子目录都是目录树的枝节点，它们都可以作为一个独立的子树，可以有自己的子目录和文件，而每一个文件则是目录树的叶节点，它们处于目录树的最末端。

确切地讲，只有在没有使用链接文件的情况下，整个文件系统构成完整的目录树，每一个目录或者文件都有唯一的绝对路径来确定。如果为了达到共享目的,建立链接文件之后,目录树就由树状结构变成了网状结构,目录树变成目录图,被共享的文件内容可以通过不同的绝对路径来访问,造成有些文件的绝对路径不唯一。

UNIX 系统中的目录大致分布是这样的,根目录下通常有多个默认的子目录:bin 实用程序子目录,存放大多数用户都可以使用的常用系统工具;boot 子目录,存放系统启动时必须的内核映像等文件;dev 设备子目录,系统在这个子目录里为每个设备分配一个 i 节点;etc 基本数据子目录,存放系统的用户口令、网络配置等设置文件;home 用户数据子目录,默认情况下,每个用户登录后的工作目录都设在这个目录下;lib 系统函数库子目录,存放着系统提供的动态和静态库函数;proc 系统状态子目录,通过这个目录,可以动态地了解系统内核的运行情况;root 系统管理员(超级用户)的用户目录;sbin 系统管理实用程序子目录,专门提供给系统管理员使用的各种系统管理工具;另外还有 tmp 临时文件目录、usr 用户软件子目录以及 var 记载系统运行情况的日志子目录。

除了这些默认的子目录之外,系统管理员还可以根据实际需要在根目录下建立新的子目录,比如专门用来安装(mount)其他文件系统的特殊子目录等等。一般用户,通常只能在自己的工作目录下或者其他得到授权的目录下工作,根据需要建立合适的子目录,安排自己的文件,未经授权,一般用户无法访问其他人的用户目录和其中的文件。

## 四、虚拟文件系统

现代的 UNIX 系统做了一个很认真的尝试,即将多种文件系统整合到一个统一的结构中。一个 Linux 系统可以用 ext2 作为根文件系统,ext3 分区装载在/home 下,另一块采用 ReiserFS 文件系统的硬盘装载在/home 下,以及一个 ISO 9660 的 CD-ROM 临时装载在/mnt 下。从用户的观点来看,只有一个文件系统层级。它们事实上是多种(不相容的)文件系统,对于用户和进程是不可见的。但是多种文件系统的存在,在实际应用中是明确可见的,而且因为先前 Sun 公司所做的工作,绝大多数 UNIX 操作系统都使用虚拟文件系统(Virtual File System,VFS)概念尝试将多种文件系统统一成一个有序的框架。关键的思想就是抽象出所有文件系统的共有部分,并且将这部分代码放在单独的一层,该层调用底层的实际文件系统来具体管理数据。大体上的结构如图 6 - 16 中所示。

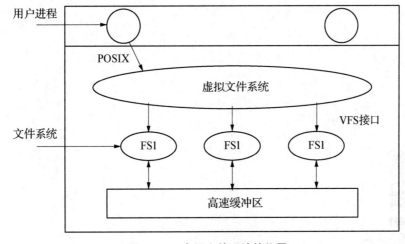

**图 6 - 16　虚拟文件系统的位置**

　　所有和文件相关的系统调用在最初的处理上都指向虚拟文件系统。这些来自用户进程的调用，都是标准的 POSIX 系统调用，比如 open、read、write 和 lseek 等。因此，虚拟文件系统对用户进程有一个"更高层"接口，它就是著名的 POSIX 接口。VFS 也有一个对于实际文件系统的"更低层"接口，就是在图 6-16 中被标记为 VFS 接口的部分。这个接口包含许多功能调用，这样 VFS 可以使每一个文件系统完成任务。因此，当创造一个新的文件系统和 VFS 一起工作时，新文件系统的设计者就必须确定它提供 VFS 所需要的功能调用。

# 参考文献

［1］Andrew S. Tanenbaum. Modern Operating Systems（second edition）. China Machine Press，2002（影印版）.

［2］Abraham Silberschatz，Peter Galvin，Greg Gagne. Applied Operation System Concepts. Higher Education Press，2001（影印版）.

［3］Andrew S. Tanenbaum，Albert S. Woodhull. Operating Systems Design and Implementation（second edition）. Prentice Hall，1998.

［4］William Stallings 著，魏迎梅译.操作系统——内核与设计原理.北京:电子工业出版社,2001.

［5］Andrew S. Tanenbaum 著,陈向群译.现代操作系统.北京:机械工业出版社,1999.

［6］Moshe Bar 著,王超译.Linux 技术内幕.北京:清华大学出版社,2001.

［7］任爱华.操作系统实用教程.北京:清华大学出版社,2001.

［8］徐甲同,陆丽娜,谷建华.计算机操作系统教程.西安:西安电子科技大学出版社,2001.

［9］汤小丹,梁红兵,哲凤屏,汤子瀛.计算机操作系统(第四版).西安:西安电子科技大学出版社,2014.

［10］潘景昌.操作系统实验教程(Linux 版).北京:清华大学出版社,2010.

［11］庞丽萍.操作系统原理与 Linux 系统实验.北京:机械工业出版社,2011.

［12］毛德操,胡希明.Linux 内核源代码情景分析.杭州:浙江大学出版社,2001.

［13］陈莉君.深入分析 Linux 内核源代码.北京:人民邮电出版社,2002.

［14］孙钟秀,费翔林.操作系统教程.北京:高等教育出版社,2003.

［15］李善平,刘文峰.Linux 内核 2.4 版源代码分析大全.北京:机械工业出版社,2002.

［16］Remzi H. Arpaci-Dussea.操作系统导论.北京:人民邮电出版社,2019.

［17］陈海波,夏虞斌.现代操作系统:原理与实现.北京:机械工业出版社,2020.

［18］William Stallings.操作系统——精髓与设计原理(第九版).北京:电子工业出版社,2020.

［19］罗秋明.操作系统原型——xv6 分析与实验.北京:清华大学出版社,2021.

［20］陈美汝,郑森文,武延军,吴敬征.鸿蒙操作系统应用开发实践.北京:清华大学出版社,2021.

［21］邹恒明.操作系统之哲学原理.北京:机械工业出版社,2012.